知人善任的用人智慧

用人智慧 下

看故事學任人、育才與御人

郝勇◎編著

前◆言

　　每個深諳中國歷史的人都知道，自古以來，歷朝歷代凡成就大業的領導者，無不以「江山社稷、用人為先」為準則，從而因用人而興──齊桓公重用管仲，成就了一番春秋霸業；秦始皇利用韓非、李斯橫掃六國，一統天下；劉邦有張良、韓信的「運籌帷幄之中，決勝千里之外」的智謀，而成為西漢的開國之君；劉備以隆中對識得諸葛亮，而得「三分天下」之勢；唐太宗正是採用「慎擇」的用人方式，終有「貞觀之治」的盛景；朱元璋憑藉自己的真誠，感動了心如死灰的前朝落魄士子劉伯溫，使他終歸自己帳下……舉不勝舉的領導者在揮灑著他們的用人藝術，以至於無數後人為此拍案叫絕。

　　古人云：「得人才者成大事。」因為人才是最寶貴的資源，是成就事業的關鍵。但關鍵中之關鍵還是用人，可以說這是成就事業的真理。當然，用人並不是一個簡單的過程，只有講方法、講藝術才會有更佳的效果。而且用人也是一個系統工程，它必須要會識人、擇才、任人、育才、御人。缺少其中之一，用人都達不到完整和完美的統一。

　　時光到了今天，我們繼承著古代先人們留下來的寶貴遺產，也都想在用人上有所作為，但反躬自省，有的人卻發現自己在用人上，遠未達到先人們那種超凡自如的境界，因為現代人往往習慣地想到用人僅是一種權力，忽視了用人也是一門學問，更是一門藝術。為此，本書將古代先人們那歷久彌新而富有東方式智慧的用人故事，展現在讀者面前，並透過「用人點撥」中的哲理點醒，指明先人們用人藝術之精髓，和現在如何掌握用人藝術的要領。相信每位讀者徜徉其間，儘管各自的情況與經歷不同，但對用人藝術都會有深切的體悟。

Contents

目 ◆ 次

任人篇

育才篇

Contents

御人篇

任人 篇

凡用人之術，任之必專，信之
必篤，方能盡其才而共成事。

——歐陽修

任用八元與八愷國泰民安

　　在堯舜時代以前，高陽氏和高辛氏統治管理著天下。高陽氏有八個非常有才能的子孫，他們分別是蒼舒、隤凱、檮戭、大臨、龍降、庭堅、仲容、叔達，他們中正、通達、寬宏、深遠、明亮、信守、厚道、誠實，天下人稱之為八愷。另外高辛氏也有八個非常有才能的子孫，他們分別是伯奮、仲堪、叔獻、季仲、伯虎、仲熊、叔豹、季狸，他們的優點是忠誠、恭敬、謹慎、端美、周密、慈祥、仁愛、寬和，天下的百姓稱之為八元。這十六個家族，世世代代繼承了他們的美好，沒有喪失前世和先祖的聲名，一直為百姓所稱道。一直到了堯統治的時代，他們依舊如故地堅持著自己的美德，不過堯並沒有能夠按照百姓的意願舉拔他們，而是對他們不管不顧，任其自然。直到舜做了堯的臣下以後，他利用手中的權力舉拔了八愷，讓他們主持管理土地的官職，以處理各種事務，沒有不順當的，大地和上天都平靜無事，百姓安居樂業，國泰民安，風調雨順。然後舜又舉拔八元，讓他們在四方之國宣揚五種教化，父親有道義，母親慈愛，哥哥友愛，弟弟恭敬，兒子孝順，裡裡外外都平靜無事，於是天下太平了，這些都是八元與八愷的功勞。

用 人 點 撥

　　堯之前的高陽氏和高辛氏任用八元與八愷，所以天下太平、人民安居樂業。而堯的時候則不注意使用八元與八愷，對他們不管不顧，結果堯的統治並不如高陽氏和高辛氏那麼好。隨後舜吸取堯的教訓，重新重用八元與八愷，所以國泰民安、風調雨順。

　　這個故事就是要告訴我們，一個領導者最關鍵的是要會合理使用手下的人才。手中的人才如果不能給以合理的安排，那麼他們就不能發揮出自己應有的作用，只能使自己的能力白白浪費，這不但是對自己的浪費，更是對管理者的浪費。如果合理安排他們，讓他們發揮作用，那麼管理者就會輕鬆許多。

楚才晉用

　　楚國大夫聲子出使晉國，等到他回到楚國後，令尹子木找他談話，詢問晉國的事情，而且問他：「你覺得楚國的大夫和晉國的大夫誰較賢明？」聲子回答說：「晉國的卿不如楚國，它的大夫是賢明的，都是當卿的人才。好像杞木、梓木、皮革，都是從楚國出去的。雖然楚國有人才，可是他們卻都被晉國使用。」子木又問：「他們沒有同宗和親戚嗎？」聲子回答說：「有，但是晉國確實在使用我們楚國的許多人才。現在楚國濫用刑罰，以至於我們的許多大夫都逃到了別的國家，並且得到了重用，以危害我們楚國。子儀叛亂的時候，析公逃到了晉國，晉國人把他安置在晉侯戰車的後面，讓他作為主要謀士。繞角那次戰役，我們楚國大勝，晉軍被打得紛紛潰散。可是析公卻說：『楚軍輕佻，容易被震動。如果同時敲擊許多戰鼓，發出巨大的聲響，在夜裡發動進攻，楚軍一定害怕，那時候我們就可以不戰而勝。』晉國人聽從了析公的建議，果然打敗了楚軍。接下來，晉國進攻蔡國、沈國，俘虜了沈國的國君，在桑隧擊敗了申國和息國的軍隊，俘虜了沈國國君。鄭國在那時候不再敢繼續跟隨我們楚國，害怕因此而得罪晉國。楚國從此失去了廣大的中原地區。這就是析公幹出來的事情。」

　　聲子繼續說：「雍子的父親和哥哥誣陷雍子，我們的國君和大夫不為他們調解，任憑他們骨肉相殘。雍子沒有辦法，就逃到了晉國。晉國給他封地，讓他做了晉國國君的主要謀士。彭城那次戰役，晉國、楚國在靡角之谷相遇，晉國人開始害怕我們楚國的軍隊，因為我們兵多將廣，紛紛想逃跑，可是雍子卻對他的軍隊發佈命令說：『年紀老的和年紀小的都回去吧，孤兒和有病的也回去，兄弟兩個都在服役的可以回去一個。我要精選

士兵，檢閱車馬，餵飽戰馬，讓士兵吃飽，然後軍隊擺開戰勢，燒掉帳篷，準備明天決戰。」雍子讓該回去的回去，並且故意放走楚國的俘虜，楚國夜裡崩潰，晉國允許彭城投降而歸還給宋國，帶了魚石回國。楚國失去東夷，子辛為此而死，這就是雍子幹出來的。子反和子靈爭奪夏姬而阻撓子靈的婚事，子靈於是逃到了晉國，晉國人封給他鵲地，讓他做主要謀士，抵禦北狄，讓吳國和晉國通好，教吳國背叛楚國，教他們坐車、射箭、駕車奔馳作戰，讓他的兒子狐庸做了吳國的行人。吳國在那時候攻打巢地、占取駕地、進入州來，楚國疲於奔命，到今天還是禍患，這就是子靈幹出來的。」

　　若敖叛亂的時候，伯賁的兒子賁皇逃往到晉國，晉國人封給他苗地，讓他作為主要謀士。鄢陵那次戰役，楚國的軍隊早晨迫近晉軍擺開陣勢，晉國人將要逃走了，賁皇說：「楚軍的精銳在於他們中軍的王族而已，如果填井平灶，擺開陣勢以抵擋他們，欒、范用家兵引誘楚軍，中行和谷猗、谷至一定能夠戰勝子重、子辛。我們就把四軍集中對付他們的王族，一定能夠把他們打得大敗。」晉國人聽從了，吳國興起，楚國失去諸侯，這就是賁皇幹出來的。子木說，這些都是事實。

　　聲子說：「現在又有比這更厲害的，椒舉娶了申公子牟的女兒，子牟得罪而逃往，國君和大夫對椒舉說：『實在是你放他走的。』椒舉害怕而逃亡到鄭國，伸長了脖子望著南方，說：『也許可以赦免我』。但是我們也不放在心上，現在他在晉國了。晉國人將要把縣封給他，以和叔向並列，他如果策劃危害楚國，豈不成為禍患？」子木害怕，對楚王說了，增加子牟的官祿爵位而讓他回楚國官復原職，聲子於是讓椒鳴去迎接。

用 人 點 撥

　　之所以會出現「楚才晉用」的局面，原因就在於楚國不知道如何愛惜人才、如何使用人才，以至於那麼多的人才都逃到了別的國家。

　　做為一個領導者最關鍵的一點，就是要懂得御人之術。如果不懂得這點，即使你手上有再多的人才，最後也會紛紛離你而去。對於人才，首先要尊重他們的意見，對於他們的建議和意見要給予足夠的重視；其次，還要關心人才的生活和工作環境，如果楚國國君能夠即時調節雍子父子的關係，也許雍子就不會逃到晉國了。最後，還要給人才很好的待遇，這樣他們才會心甘情願地跟著你。

秦文公任用罪犯的兒子

臼季，春秋時期晉國大夫，有一年他出使別國，在回來的路上經過冀國，看到冀缺正在田裡除草。冀缺的父親本來是晉國大臣，由於獲罪而被殺，而冀缺全家也因此而淪為庶人，他們夫妻以耕田為生。他在太陽下不顧辛苦，任勞任怨地工作。快到晌午的時候，冀缺的妻子提著籃子來給他送飯，他妻子給他送飯很是恭敬，彼此相待如同客人一般。只見她走到冀缺面前，恭恭敬敬地說：「您休息一會吧，吃飯了。」說著拿起擦汗的汗巾遞給冀缺，並給他拿出飯菜，為他倒水。冀缺則同樣恭敬地對自己的妻子說：「您也辛苦了，請坐下一起吃吧。」臼季看到這裡，覺得冀缺夫婦能夠這樣相敬如賓的確很不容易，這說明冀缺夫婦都是很有德行的人。於是他就來到冀缺面前，恭恭敬敬地對他說：「我是臼季，我看到您和您的妻子相敬如賓的樣子，覺得您是個高尚的人，請跟我回去見我們的國君吧。我願意舉薦您。」冀缺說：「我的父親是個有罪的人，我也是，大王怎麼可能使用我呢？」臼季說：「您不必擔心，大王是個愛惜人才的人，他看到您的德行，必定會重用您的。您不要推辭了。」說著拉著冀缺就走。

臼季和冀缺一起回到晉國，臼季對文公說：「恭敬，是德行的集中表現。能夠恭敬，就必定有德行。用德行來治理百姓，那麼百姓一定會心服口服。我看到冀缺和他的妻子在平常耕田的時候，都是彼此恭恭敬敬，那麼說明冀缺肯定是個德行高的人，請君王您任用他。而且我還聽說：『出門好像會見賓客，承擔事情好像參與祭祀，這是仁愛的準則。』」文公說：「他的父親冀芮有罪，我可以任用他嗎？」臼季回答說：「舜懲辦了罪人，流放了，他舉拔人才的時候，卻用了其兒子禹。管仲是齊桓公的仇

人，但是桓公卻任命他為相而取得成功。康浩曾經說過：『父親不慈愛，兒子不誠敬，哥哥不友愛，弟弟不恭順，這是和別人無關的事情。』詩經上說：『採蔓菁，採蘿蔔，不要把它下部當糟粕。』您只要選他的長處利用就可以了，其他的不用考慮太多啊！」文公聽了覺得非常有道理，於是任命冀缺擔任下軍大夫。

用人點撥

　　冀缺雖然是罪犯的兒子，但是他的確有德行，是個人才，父親犯了錯，兒子並不一定就是個壞人，就像臼季說的：「父親不慈愛，兒子不誠敬，哥哥不友愛，弟弟不恭順，這是和別人無關的事情。」詩經上說：「採蔓菁，採蘿蔔，不要把它下部當糟粕。」只要是人才，不管他的親人是否有壞的德行，拿來用就是了。我們用的是這個有德行的人，而不是他的親人。這一點尤其需要注意。

　　那麼我們在使用人才的時候，也要注意這一點，只要保證人才的品德和能力，不要去管其他的東西。我們用的是人才的長處，不必考慮太多。

魯仲連論用人之長

　　孟嘗君手下有個舍人，雖然平時也沒有什麼錯誤，工作也算認真，但是孟嘗君就是看不上他，總是覺得他不好，看他不順眼。因而時常挑他的毛病，還總想辦法把他趕走。

　　魯仲連看到這種情況，就勸說孟嘗君不要這樣做，他對孟嘗君說：「猿猴、獼猴離開樹木浮到水面，就不如魚鱉靈活；要說經過險阻攀登危岩，良馬也趕不上靈活的狐狸。曹沫高舉三尺長的寶劍，一支軍隊的人馬都擋不住他；假如讓曹沫扔掉三尺寶劍操起鋤頭除草，和農夫一樣在田地裡幹活，他肯定不如農夫幹的好。因此每個人都有自己的長處，做事情如果捨其所長，用其所短，即使聖賢如堯舜也有做不到的事情。現在讓人幹他不會幹的，就稱之為沒有才能；讓人做他做不了的，就說他笨拙。所謂笨拙就斥退他，所謂無才就遺棄他，假使人人都驅逐不能共處的人，將來又要相互謀害、報仇，這難道不是為後世開了一個不好的開頭嗎？」孟嘗君一聽非常贊同，於是就不再驅逐那個舍人了。

用人點撥

　　其實每個人都有自己的特長，只不過很多時候人們沒有發現罷了。就像魯仲連說的那樣，人各有其長，說不定什麼時候就會派上用場。那麼作為領導者不是去挑屬下的毛病，而是應該多發掘他們的優點和特長，爭取為自己所用。

　　有的人可能沒有做出什麼功績，但是如果能保證永遠不犯錯誤，也是一件難得的事情。領導者不要苛求自己手下的人才，只要他們能人盡其才，能夠為你的事業做出貢獻，就是好樣的，就可以用。

莫敖子華論社稷之臣

　　楚威王問莫敖子華說：「自從先君文王到我這一代，也有不圖功名不為利祿，而以國家大事為憂慮的人嗎？」莫敖子華回答說：「像這樣的事情，我是不太瞭解的啊！」楚威王說：「不從大夫你這裡瞭解，我就無法聽到了。」莫敖子華回答說：「大王打算問什麼樣的人呢？這其中有廉潔奉公、安於貧困而為國分憂的人；有設法使自己的爵位升高，使自己的俸祿豐厚而為國分憂的人；有不惜犧牲性命，死而後已，毫不考慮個人利益而為國分憂的人；有情願讓自己身體勞累，不顧自己心情苦悶，而為國分憂的人；也有不圖功名，不為利祿而為國分憂的人。」威王說：「你這一番話，說的都是哪些人呢？」

　　莫敖子華回答說：「過去令尹子文，上朝的時候穿黑綢衣，回家脫掉朝服就換上鹿皮粗衣；天還沒有亮就站在朝廷等候，天黑了才回家吃飯；家裡窮的朝不保夕，沒有一天的存糧。我所說的那些為官清廉，安於貧困，為國分憂，令尹子文就是這樣的人。過去葉公子高，出身貧賤，卻有在國都掌權的才幹。平定了白公勝禍亂，穩定了楚國的形勢，擴大了先王的地盤，攻打到方城之北，四方邊境都不受侵犯，國威不受別國挫傷。正是這個時候，天下沒有誰敢向南進兵。因此葉公子高受封田地六百畝。所以說那些設法使自己的爵位升高，使自己的俸祿豐厚，又能為國分憂的，葉公子高是這樣的人。過去吳國與楚國在柏舉開戰，兩輛兵車之間士兵已經交手，莫敖大心撫摸著車夫的手，回頭長嘆一聲說：『哎呀！楚國滅亡的日子到了！我將殺入吳軍裡去，如果打倒一個，再抓住一個，用他們對換我的性命，若都是這樣，楚國該不會滅亡吧！』所以不惜犧牲性命，死而後已，毫不考慮個人利益，而能為國分憂的，莫敖大心就是這樣的人。

　　「過去吳國與楚國在柏舉開戰，經過三次戰鬥，吳人就攻入楚國郢城，楚昭王逃了出來，大夫全部跟隨後面，百姓四處逃散。梦冒勃蘇說：『如果我身披堅固的鎧甲，拿著銳利的武器，去跟強敵拼死，這只趕得上一個士兵的力量，還不如奔走諸侯各國求援。』於是裝滿乾糧偷偷上路，登險峻的高山，越過深深的溪谷，腳掌、膝蓋都磨破了，七天才到秦王的朝廷。像鶴鳥一樣站著不動，白天呻吟夜裡哭訴，七天七夜仍然無法面訴秦王。滴水沒有入口，昏倒在地奄奄一息，昏迷不省人事。秦王聽到這個消息趕緊跑來，帽子和衣帶都沒有來得及戴上，左手捧住他的頭，用右手向他嘴裡灌點水，勃蘇這才甦醒了。秦王問他：『你是誰啊？』梦冒勃蘇回答說：『我不是別人，是楚國的使者，剛剛獲罪的梦冒勃蘇，楚國和吳國開戰，經過三戰就攻入郢城，敝國之君只好外逃，大夫們全部跟隨，百姓妻離子散，讓我來稟告亡國的消息，並且請求援救。』秦王顧念他的身體讓他起來說：『我聽說，大國的國軍，得罪一個士人，國家可能就危險，可能說的是救治這樣的人啊！』秦王於是派出一千輛戰車，一萬名士兵，把這個任務交給子滿、子虎兩員大將，出關東進，與吳國人在濁水開戰，並徹底擊敗了他們，也聽說是在遂浦大敗吳軍。所以說甘願讓自己的身體勞累，不顧自己心情愁苦，而為國分憂的，梦冒勃蘇是這樣的人。」

　　威王於是感嘆道：「這些都是古時的人。現在的人哪能這樣的呢？」莫敖子華回答說：「過去先帝靈王喜歡細腰的人，楚國的士大夫都節食，身體弱得靠著東西才能站住，扶著東西才能站起來。飲食這東西是人之所欲，有人卻要忍住不吃；死是人之所憎，有人卻敢靠近它而不想躲避。我聽說那些喜歡射箭的國君，他的臣子就給帶抉拾。大王只是沒有什麼愛好，如果大王真的喜歡賢才，這五種人，都可以讓他們來到眼前啊！」

用 人 點 撥

　　楚威王感嘆自己沒有賢人相助，而實際上不是賢人不幫助他，而是他不懂得如何使用人才啊。要想使人才真心實意、努力地為你工作，那麼做為領導者就要愛惜他們，給他們展示自我的機會。如果領導者連這些都做不到，那麼人才無法施展自己的才華，又怎麼能幫助你呢？

　　招攬人才重要，但是更重要的是人才招來之後，如何很好地使用他們。如果使用不當，不但不利於你的事業，還可能會更糟。做為領導者應該瞭解每個人才的情況，根據他們的特長和性格安排適當的工作，不要對他們不理不睬、不關心，而應該讓他們感覺到關心和愛護，只有這樣他們才會有被重視的感覺，才會更加努力工作。

姚賈為上卿

　　燕、趙、吳、楚四國聯合在一起，準備進攻秦國。秦王召見群臣和六十位賓客，向他們問道：「四國聯合成一體，準備算計秦國，我國現在國內軍費短缺，百姓的力量又都消耗在外邊，對這場戰爭怎麼辦好呢？」群臣之中沒有人回答。姚賈回答說：「我願意出使四國，必定制止他們的陰謀，使四國按兵不動。」於是秦王送給他一千輛車，一千兩金幣，把自己的衣服送給姚賈穿上，又把自己的寶劍給他佩上。姚賈辭別，制止了他們的陰謀，使四國按兵不動，並和四國締交，然後姚賈才回報秦王。秦王十分高興，用千戶的城邑封賜姚賈，任命他為上卿。

　　韓非說姚賈的壞話，他對秦王說：「姚賈用珍珠和貴重的寶物，南到楚國、吳國，北到燕國、趙國，這之間共有三年。與四國締交不一定和好，然而珍珠和寶物國內都是有限的。這是姚賈用大王的權力和國家的寶物對外締交諸侯，希望大王調查瞭解。再說他是魏國看門人的兒子，又曾經在大梁做過盜賊，在趙國做臣子的時候被驅逐出來。大王任用世代為看門人的後代、魏國的大盜、趙國的逐臣，又和這樣的人治理國家的事情，我認為不是鼓勵群臣的辦法。」

　　秦王於是召見姚賈，問他說：「我聽說你用我的財物交結諸侯，有這回事嗎？」姚賈回答說有。秦王說：「你有什麼顏面再來見我呢？」姚賈回答說：「曾參孝順他的雙親，天下人願意讓這樣的人做兒子；伍子胥忠於他的君主，天下諸侯願意讓這樣的人做他的大臣；貞淑的女子手很巧，天下人願意讓這樣的人做他的妻子。現在我真心忠於大王然而大王不知道。我不往四國去，還能到哪裡去呢？假使我不忠於大王，四國之王怎麼還能相信我呢？夏桀聽到讒言就誅殺自己的良將，殷紂聽到讒言就殺死自己的忠臣，終於導致身死國亡。如果現在大王聽信讒言，那可就沒有忠臣

了。」

秦王說：「你過去是看門人的兒子、魏國的大盜、趙國的逐臣。」姚賈說：「太公呂望，在齊國時是被妻子趕跑的，在朝歌時曾經是賣不出肉的殺豬的，還是被子良趕跑的。在棘津時是個沒人雇的幫工，然而周文王任用他卻統一了天下。管仲，他是鄙人地方的商販，在南陽時隱身苟活，在魯國時又是沒有頂嘴的階下囚，然而齊桓公任用他卻稱霸諸侯。百里奚，曾經是虞國的乞丐，只能用五張羊皮就能轉手賣出去的人，然而秦穆公用他做相國，竟使西戎來朝跪拜。晉文公也曾經任用過中山大盜，卻在城濮打了勝仗。這四個人都有讓人羞辱的事情，讓天下人看不起，然而英明的君主卻任用了他們，知道可以和他們建功立業。英明的君主不採用他們不好的地方，不把他們的過失放在心上，雖然有人誹謗也不聽從；即使有超出人世的名聲，如果一點功勞也沒有就不予賞賜。這樣群臣沒有人敢用不切實際的想法希求國君。」

秦王說：「非常有道理，是寡人錯怪你了。」於是繼續任用姚賈，並下令誅殺了進讒言企圖謀害姚賈的韓非。

用人點撥

　　既然將權力給了屬下，那麼就充分相信他的能力，讓他去辦理。不要聽信別人的讒言，處處牽制他，這樣事情永遠也辦不好。古今中外，有許多人才都是因為得不到君主的信任，將本來可以做好的事情，因君主的介入被搞得一塌糊塗。

　　既然選擇了人才，就不要再考慮他的出身，不要因為他的出身不好或者有過什麼犯罪記錄，而對他不信任，其實世上很多奇才，年輕的時候都犯過錯誤，只要能夠改正，那就是個好人，是個值得用的人。做為領導者不要總是翻舊帳，這不但是不尊重人才，更是不尊重自己。

權責分明，任人用賢

　　張需擅長於管理百姓，先前他在鄆州做輔佐知州的州佐時，州裡有條水渠淤塞不通，幾十年來不能引水灌溉，先後幾任知州，沒有一個能疏浚水渠的。張需剛到那裡，知州就向他提起了這件事情。知州說：「州中那條水渠淤塞不通，我多次想派人修繕它，可是我又怕因此而興師動眾、耗費過大增加百姓負擔，不知你有何良策啊？」

　　張需並不急於回答，只是說我先去看看再說。等張需看過管道後，他對知州說：「大人，如果給我足夠的人手，那麼我三天就可以將管道疏浚完畢。」知州不信，認為他在說大話。張需說：「大人，您只管看著我實施就好了。」第二天，張需派人統計了州中各家各戶的勞動力情況，要求每戶的勞動力都要到管道那裡工作三天，並且讓他們自己帶著工具，有官員負責丈量和分配地段，每家每戶按照勞動力的多少分配任務。百姓們一方面知道疏浚河道是為自己好，另一方面各家各戶都分配了任務，誰都不肯服輸，於是就爭先恐後地做了起來，不到三天的時間，就把所有的河道疏浚完畢了。知州十分驚訝，認為張需簡直是個天才。

　　等到張需做了霸州知州時，他見到當地百姓遊手好閒的人很多，就在每個里中設置一本簿冊，列上這個里中的戶數，每戶自報家裡男女老少的人數，然後為他們規劃好每戶該種糧食多少擔，種桑樹、棗樹多少棵，以及織布、養雞、養豬的數量，到處轉告讓大家知道。他有時間就下鄉，查看百姓的戶籍簿，對少種、少養的戶進行懲罰。於是百姓們都勤於出力，不敢再偷懶。不到兩年的時間，州中百姓家家都有了固定資產，生活也越來越好。

用人點撥

　　張需治理渠道、改善百姓遊手好閒的狀況，不是靠哪些官員的輔助，或者靠嚴厲的刑法，而是採取權責分明的方法，把任務分配給每家每戶，讓百姓自己擔起任務，這樣百姓們做自己家的事情，就不敢不認真了。

　　那麼做為現代企業的領導者，也可以學習一下張需的做法，如果事事靠領導者一人的話，肯定管不過來，那麼不如實行股份制，讓每個員工都成為企業的主人，這樣他們在為自己工作，就不敢怠慢了。

鄭子皮舉薦子產

　　西元前五六五年，年僅五歲的鄭簡公即位。鄭簡公長大成人後，對相國子孔的專權很是惱火，於是就找個理由把他給殺了，委任品德高尚的上卿鄭子皮執掌國家大政。鄭子皮是鄭國的老臣，這個時候他已經好幾十歲了。他感到自己年老體弱，恐怕不能擔當掌管國政的大任，無力支撐子孔留下的這個爛攤子，更談不上使鄭國重振雄風了。於是他暗暗察訪賢才，希望能夠找到能夠接替他職位的人，後來他發現了年輕的子產，可以說完全符合德才兼備的標準。

　　西元前五四三年，鄭子皮決定把自己上卿的職務讓給子產。子產誠懇地說：「鄭國是個小國，是靠侍奉大國才存留到今天，雖然日子不好過，要時常看大國的眼色行事，但是還可以想辦法；而國內王公顯貴的驕橫，連大王對他們都沒有辦法，鄭國的執政者多死於非命，我這麼年輕，怎麼能應對這麼複雜的局面呢？」於是堅決不肯接受上卿的職位。

　　鄭子皮說：「你說的這些我都想過了，我年紀大了，做不了什麼事情了，但是我可以讓位不離政，有我帶頭聽從你的命令，誰還敢冒犯你呢？」在鄭子皮的輔助下，子產當上了鄭國的上卿，他大刀闊斧地輔助鄭簡公整頓朝政。

　　當時鄭國所面臨的最大的難題，就是「國小而逼，族大寵多」，也就是對外大國強逼，對內公族勢力強大，對國王的權力形成威脅。因此在子產執政後，他對外抗衡晉、楚，對內採取了「大人之忠儉者，從而與之；泰奢者因而斃之」的政策，安撫公族，打擊豪強。在他執政初期，就繼承父輩的遺志，毅然決然地推行「作封洫」的改革措施。所謂「作封洫」就是改革田畝制度，承認土地私有，按田畝徵收賦稅，取消土地定期分配的

井田制。在當時，這樣的改革方案要冒很大的政治風險。鄭國的執政子嗣和子國（子產的父親）、子孔、子耳一起制定了「作封洫」的整頓田界的政策，這直接動搖了舊的土地制度—井田制，觸怒了貴族司氏、堵氏、侯氏、子師氏以及尉氏。西元前五六三年，這些貴族曾攻殺了子嗣、子國、子耳，劫持了鄭簡公。可見當時強宗貴族的驕橫和囂張到何種程度。子產的國氏公族雖然位列「七穆」，但是國氏的勢力卻並不是很強大。

幸而子產有子皮這樣的政治盟友從旁協助，當時子皮的駟氏家族是當時勢力最大的公族，所以才能在荊棘叢生的險惡政治鬥爭中免於殺身之禍。「作封洫」的法令頒佈之後，反對之聲不絕於耳。公族封卷（子張，豐氏，七穆之一）對此意見最大，他藉祭祀祖先之名，迫使子產准許他出去獵取新鮮的野味作祭品，旨在挑釁。針對封卷「請田」的無理要求，子產嚴詞拒絕。封卷暴跳如雷，公開煽動貴族反對子產。他回到家中，集合了家兵，又糾集了一部分貴族的力量，揚言要殺死子產。子產面臨殺身之禍，準備逃往外國去避難。鄭子皮聽說這事後，立即率領軍隊，把封卷趕出鄭國，挽留住了子產。鄭子皮還召集王公顯貴，為子產說話，並發誓說：「誰要是蓄意反對子產，他就率領兵眾討伐，定殺不赦！」王公貴族們害怕子皮的勢力，從此對子產都不敢輕易造次。後來子皮把政事全部都交給了子產。

子產執掌鄭國大權三年的時間，國事處理得井井有條，生產發展，百姓安居樂業，鄭國也很快興盛起來。

用 人 點 撥

　　要成就一番大事業，就要使各類人才都脫穎而出。身居高位的人必須有愛才之心、識才之智、容才之量、用才之藝。任何一個取得成功的人，都不是孤身一人奮鬥的結果，在他的成功之路上，一定有各種各樣的人才幫助他。

　　有人說：「功業和度量，是一輛車子上的兩個輪子。」只有具備海納百川的寬廣胸懷和虛懷若谷的寬容精神，才能容得下比自己有能力的人，調動一切可以調動的積極因素，團結一切可以團結的力量。對於那些特別優秀的人才、年輕的人才，要敢於破格使用。能夠成功地使用人才，是一個人事業成功的基礎。

齊景公用將授權抵外侵

齊景公的時候，晉國進攻齊國的阿城和甄城，同時燕國又侵略齊國的黃河南岸一帶。齊國軍隊大敗，為此齊景公十分憂慮，寢食難安。心想，齊國這麼大的國家，竟然沒有一個文韜武略的大將，真是悲哀啊！

一天，大夫晏嬰悄悄來到齊景公跟前，對他說：「我向您推薦一個人，田穰且，這個人雖然是田氏門中偏室所生，但是他這個人既有文采，又有武略，是個不可多得的人才，希望大王試試他的才幹。」於是齊景公就召見了田穰且，和他談論軍事。田穰且娓娓道來，談得頭頭是道，齊景公很是欣賞，於是就想拜他為大將，領兵抗擊晉國和燕國的軍隊。

可是田穰且卻說：「為臣本來是個名不見經傳的小人，大王從平民中把我提拔出來，放在士大夫之上，士兵們肯定不會信服我，那樣我就無法控制他們，當然就打不了勝仗。不如您派一個您寵信的、為國家臣民所尊崇的人物，擔任監軍的職務，這樣才好。」齊景公答應了田穰且的要求，決定派寵臣莊賈擔任監軍的職務。

田穰且從齊景公處告辭出來，就到莊賈的住宅去拜見他，並和莊賈約定，第二天正午在營門集合出發。第二天，田穰且提前來到軍營，佈置好一切，等待莊賈的到來。與此同時，莊府裡卻非常熱鬧。莊賈的朋友們聽說他馬上要出征了，紛紛上門為他辭行。這個人祝福莊賈旗開得勝、馬到成功；那個人說您是大王和臣子們信服的人，有您帶領齊軍，那麼齊軍一定能夠所向披靡，無往而不勝。說得莊賈飄飄然，很是得意。

莊賈向來驕橫，這次他認為統領全軍的是自己，根本沒有把田穰且放在眼裡，至於田穰且和他約定好的出發時間，他更是不理。於是竟然高興地和朋友們喝起酒來，手下人提醒他該出發了，他仍舊不以為然。

　　到了正午時分，太陽格外刺眼。軍營的廣場上軍旗飄揚，幾個方陣的士兵排列整齊，整裝待發。田穰且幾次到高臺上眺望，仍不見莊賈的蹤影，他有些著急，就派人到莊府去請莊賈，自己獨自到軍營內指揮操練，檢閱軍隊，宣佈紀律。

　　此時，莊府裡眾人正喝得起勁，莊賈滿面通紅，走路有些打晃，不住地招呼他的朋友們喝酒，那些朋友們則胡言亂語笑得莊賈前仰後合。正在興頭上，門丁來報，說已過正午，門口有個兵士來請大人去軍營監軍。莊賈聽了，不屑一顧，並諷刺說：「小平頭當將軍，總把雞毛當令箭，時間很重要嗎？時間到了又怎麼樣？沒看我正忙著嗎？」

　　到了下午，齊軍大營的廣場上，操練完畢的將士們，依然排列整齊的方隊，等候出發的命令。田穰且看著將要落下去的太陽說：「兩個時辰過去了，有勞副將再去莊府走一趟，務必當面告訴監軍大人，出征的士兵已經恭候他多時了。」副將來到莊府時，只見莊府裡的人一個個喝得人仰馬翻，亂做一團。莊賈見副將進來，搖晃著身子，口齒極不清楚地指責說：「大膽，你竟敢擅自闖進莊府？」副將稟報莊賈，說是奉田穰且的命令前來請大人去軍營監軍。莊賈不耐煩地說：「你回去告訴他，我一會就到。」說完，就跌跌撞撞的往屋裡走去換衣服。

　　這時，忽有快馬來報，說又有一城失守。田穰且聽後，眉頭緊縮，準備親自去莊府請莊賈。正在這時，莊賈從馬車上下來，晃晃悠悠地進了軍營大門。田穰且快步上前，指責莊賈為何不按約定時間來軍營。莊賈像沒聽見似的，笑嘻嘻地說：「幾個朋友來送行，喝了些酒，耽誤了。」

　　田穰且壓抑住心中的怒火，嚴肅地說：「監軍大人，您可知道，將領在接受命令的那一天，就應該忘掉自己的家，到了軍隊宣佈紀律的時候，就應該忘記自己的父母，拿起鼓槌擊鼓作戰的時候，就應該忘記自己的生命。現在敵軍已經深入到我齊國境內，國家危在旦夕，百姓生靈塗炭，大王寢食難安，您卻還在家裡和朋友喝酒。您知不知道，就在剛剛，前方送來情報，說我們又丟了一個城池啊！」

　　說完，田穰且叫來軍法官問道：「按照軍法，將領不按規定時間到軍

營的，該如何處置？」軍法官回答說：「應當斬首。」莊賈聽到這，才知道自己錯誤的嚴重性。他忙派人去告訴齊景公，向齊景公求助。可是還沒等他派去的人回來，田穰且已經把莊賈給斬了。並且在三軍面前將莊賈斬首，將士們個個嚇得發抖。

又過了好一會，齊景公派使者拿著符節來赦免莊賈，使者快馬加鞭可是還是沒能救下莊賈。田穰且說：「將在外，君命有所不受。」接著又問軍法官：「有人在軍營中鞭馬急跑，該如何處置？」軍法官回答：「應當斬首！」使者也嚇壞了。田穰且說道：「君王的使者是不可以處死的。」於是就斬了使者的隨從，砍斷了車廂左邊的一根木頭，殺了左轅外的那匹馬，並告示三軍。然後命使者回去稟報齊景公，自己則帶著軍隊出發了。

齊景公聽到了這個消息，開始很是生氣，為失去莊賈這樣的寵臣感到悲痛，但是又想到他已經給田穰且處置權了，這是屬於田穰且權力範圍內的事情，自己就不該再多加限制，於是就不再傷心，反而更加支持田穰且的做法。

將士們看到田穰且說話算數，治軍有方，有法必依，鐵面無私，個個精神振奮、鬥志昂揚。晉國的軍隊聽到這個消息，不等交戰，就嚇得倉皇而逃；燕國的軍隊聽到這個消息，連忙從黃河南岸推到黃河北岸。齊軍趁勝追擊，收復了所有失地。

齊軍凱旋的時候，齊景公和文武百官親自到郊外迎接，還犒賞三軍。提升田穰且為大司馬，讓他執掌齊國的軍政大權。

用 人 點 撥

　　用賢，要信任和支持賢人施展才幹。要給他授權，對他權力範圍的事不可插手。對他在行使職權中牽涉自己親朋權利的事，更不可說情、護短和干擾。齊景公，做為一個君主，其一生是非，這裡無須評論，但此篇所反映的支持田穰且處死自己違紀的寵臣莊賈的事情，就是一面很好的鏡子，很值得我們學習。

趙惠文王用小管家制秦王

秦昭襄王為了得到趙惠文王從楚國得到的稀世珍寶「和氏璧」，派人以十五座城池去趙國換美玉。

趙惠文王召集廉頗等大臣商議對策，大家都感到很為難。如果把美玉送去，又擔心得不到十五座城池；如果不去送，又怕強大的秦國來攻打。大家商議來商議去，還是認為把和氏璧送去為好，為了不上當受騙，大家覺得需要選擇一個精明而穩重的人去送。但是選來選去，都挑不出一個合適的人選。

這時，宦官長繆賢推薦他家裡的管家藺相如出使秦國去送和氏璧。他說：「此人穩重大方，料事如神。大王還記得吧，這塊和氏璧，從楚國伊尹昭陽的家裡遺失後，我從一個外來客人手裡把他買到我家裡，由於沒有及早交出來，得罪了您。我原來唯恐大王處罰我，想逃往燕國。藺相如知道後勸我不要出逃。他說：『趙強燕弱，燕王早已知道您是趙王的寵臣，自然不敢收留您，說不定還會把您捆起來送回趙國，那時您的性命就難保了。我看您還是脫掉衣衫，伏在斧質上向大王認罪，請求寬恕的好。』我照他的意思辦了，果然得到了您的寬恕。我認為藺相如雖然是個小小的管家，但有勇有謀，辦事穩妥，讓他去秦國肯定不會空送。」

大家聽後，覺得此人可以考慮，趙惠文王就把藺相如召來，先徵求他對和氏璧換城的看法。藺相如說：「秦強我弱，我們不能不答應他們的要求，但是如果秦王得了和氏璧而不給城，是可以看出破綻的，可以隨機應變。」

趙惠文王說：「如果派你去送和氏璧，秦國不給城池，你怎麼辦？」藺相如回答說：「這要相機行事，一下子很難說清楚，要是大王真的要我

去送，他如果不交城，我一定會把和氏璧完好無損地帶回來。我願意以我全家性命做擔保。」

趙王見他說話如此堅決，想起了繆賢的推薦，心裡踏實了許多，更加堅定了派藺相如出使秦國的決心。

秦昭襄王在章台接見了藺相如，當他雙手奉上和氏璧時，秦王把和氏璧拿在手中仔細的觀賞，不住地稱讚，卻絕口不提換城的事情。藺相如又想到，這次秦王不在王宮接待他，就料定秦王沒有換城的打算。於是他急中生智，說：「這塊寶玉很好，就是有點小毛病，讓我指給大王看。」秦王聽後，就把璧交給他，藺相如接過璧，迅速後退幾步，身子靠著柱子，憤怒得連頭髮都快豎起來；義正詞嚴地對秦王大聲說道：「大王想要這塊美玉，寫信給趙王，答應用十五座城來交換，當時趙王召集文武大臣商議，都說秦國貪得無厭，仗著勢力強大，想用幾句空話騙取趙國的寶玉。大家都不同意把璧送來。但我卻認為：即使老百姓交朋友，尚且互不欺騙，何況秦國是個堂堂大國呢？再說也不能因為一塊璧的緣故而傷了兩國的和氣。趙王採納了我的意見，並且還齋戒了五天，寫了國書，然後派我做使臣帶著寶玉到秦國來，態度如此恭敬。可是大王卻在一般的離宮接見我，而且態度又這樣傲慢。大王把這麼貴重的寶玉，隨便遞給宮女侍從們觀看，分明是在戲弄我，也是對趙國不尊敬。我看大王並沒有用城換璧的誠意，所以我把它要了回來，如果大王一定要逼迫我，我情願把自己的腦袋和這塊寶玉在柱子上撞個粉碎。」說罷，舉起和氏璧，眼睛盯住柱子，作勢向柱子砸去。

秦王怕藺相如把璧砸壞，趕忙賠禮道歉，請他不要那樣做；一面叫來掌管地圖的官員送上地圖，秦王攤開地圖對藺相如說，從這裡到那裡的十五座城，準備劃歸趙國。藺相如想到秦王現在不過是裝裝樣子而已，絕對不會把城給趙國，於是又對秦王說；「這塊和氏璧，是天下公認的寶貝，趙王非常喜歡，但因為害怕秦國勢力強大。不敢不獻給秦王，在送走這塊璧的時候，趙王齋戒了五天，還在朝廷上舉行隆重的儀式。現在大王要接受這塊璧，也應該齋戒五天，然後在朝廷上舉行九賓之禮，我才能把璧獻

給大王。」秦王想到璧在藺相如手裡，不好強取硬奪，便答應齋戒五天，然後又派人送藺相如到廣城賓館休息。

到了賓館，藺相如想到秦王雖然答應了齋戒五天，但一定不會真把城給趙國，於是就選了一名精幹的隨從，讓他穿上粗布衣服，打扮成普通老百姓，揣著和氏璧，悄悄地從小路連夜趕回趙國去了。再說秦王假裝齋戒了五天，就在朝廷上設下隆重的九賓之禮。兩邊文武大臣排立，傳下命令，要藺相如來獻璧。

藺相如走上朝廷，對秦王行了禮說：「秦國從秦穆公以來，已經有二十一位國君了，沒有一個是講信用的。我怕受大王的欺騙而對不起趙國，所以早派人帶璧離開秦國，恐怕現在早已到趙國了。」秦王聽了，十分惱怒。藺相如仍舊從容不迫地說：「今日之勢，秦強趙弱，因此大王一派使者到趙國要璧，趙國不敢違抗。馬上就派我把璧送來，現在要是秦國真把十五座城割讓給趙國，以換取和氏璧，趙國哪敢要秦國的城邑而得罪大王？欺騙大王，罪當萬死，我已不存生還趙國之望，現在就請大王把我放在油鍋裡烹死吧，這樣也能使諸侯知道秦國為了一塊璧的緣故，而誅殺趙國的使者，大王的威名也能傳播四方了。」

秦王的陰謀被徹底揭穿，又狡辯不得，只好苦笑一番。而秦王左右的大臣衛士，有的建議把藺相如殺掉，但被秦王喝住了。秦王說：「現在即使把藺相如殺了，也得不到璧，反而損害了秦趙兩國的友誼，也有損秦國的名聲，倒不如趁機好好招待他，讓他回趙國去。」

於是秦王依舊用九賓之禮在朝廷上隆重地招待了藺相如，然後客氣地送他回國。以後秦國一直不肯把十五座城割給趙國，趙國自然也就沒有把璧送給秦國。

趙惠文王見藺相如沒有受強秦的騙，保住了趙國尊嚴和和氏璧，認為他是個膽識過人、應變自如的賢才，便將他封為上大夫。後來又封他為上卿。

用　人　點　撥

　　藺相如，這個原本是個小管家的人，卻制服了強大的秦王，這就說明，人才不論出身，小人物中也可能出大賢才。

　　要想提拔一個人，不能只看他的資歷、他的官職、他的出身和家境，最主要的是看他是否真的有本事，即使資歷再高，如果沒有真才實學也惘然。現代社會人們越來越重視能力的培養，競爭一個職位更多的時候是看這個人的能力，論資排輩的時代基本上已經過去了。所以做為領導者也要跟上時代的潮流，學會如何用人。

秦昭襄王不疑范雎

　　秦昭襄王，戰國時秦國國君，秦武王的異母弟弟，名稷又作側，亦稱秦昭王、公子稷。秦滅了西周後，便通告列國這個消息。這時候列國諸侯更不敢得罪秦國了，紛紛派出使者去咸陽道賀進貢。韓、齊、楚、燕、趙都派去了使臣，唯獨魏國沒有派出使臣前往。對此，秦昭襄王非常氣憤，便準備讓河東太守王稽去征伐魏國。王稽和魏國關係非常要好，他不願魏國受到兵戈之災，於是偷偷派人去告訴魏安釐王。魏安釐王得到這個消息後驚恐萬狀，因為當時秦國在眾諸侯國中實力是最強大的，哪個國家如果不小心得罪了它，那麼最早遭殃的肯定是那個國家。魏安釐王來不及多想，立刻派太子親自前往秦國去賠禮道歉。這樣，韓、齊、楚、燕、趙、魏六國都順從了秦國，秦昭襄王十分滿足，高興得合不攏嘴。

　　過了不久，王稽給魏國私下送信的事便走漏了風聲。這件事也很快傳到了秦昭襄王的耳朵裡。秦昭襄王很是生氣，心想這個王稽實在太可惡了，竟然偷偷去給魏國送信，這明顯是不把我放在眼裡，他雖然在我手下做事，但卻想著魏國，這不是奸細嗎？秦王越想越生氣。於是叫來掌管法律的官員，判王稽死罪。王稽一獲罪，秦國丞相范雎非常緊張。因為按照秦國慣例，如果推薦的人才下獄，或者具有嚴重問題，便對推薦者治罪。而王稽是范雎極力推薦給秦王的，如今王稽有私通魏國之嫌，這是天大的罪過，范雎作為王稽的推薦人，肯定逃不了關係。另外在此之前，范雎還為秦王推薦了一個叫鄭安平的人，這個人結果也投降了魏國。

　　范雎真是驚恐萬狀，他推薦的兩個人都成了奸細，自己的罪過可不小啊！按照律法，一定免不了受到責罰。范雎於是就打扮成罪人的樣子，把自己捆綁起來，來到秦昭襄王的宮殿裡，跪在地上，請求秦昭襄王處置

他。秦昭襄王顯得很驚訝的樣子，說：「范雎你這是幹什麼啊？為什麼要裝扮成罪人的樣子，快快起來啊！」范雎依舊跪在地上，不敢抬頭，說：「大王，我推薦的王稽、鄭安平都投奔了魏國，做為推薦人，我的責任重大，我沒有看清楚他們的本質啊，請您處罰我吧！」秦王哈哈大笑，說：「鄭安平和王稽都是我委以重任的，並下令讓他們率兵外出打仗的，這是我用人不當，與你沒有什麼關係。」說著，就讓人給范雎鬆綁，讓他回家去了。

對此，秦國的大臣們並不像秦昭襄王那樣想，他們紛紛議論說：「范丞相的功勞太大了，以至於犯了罪，大王都不敢懲罰他。」還有的說：「大王對丞相太寬大了。」總之關於這種話不絕於耳，范雎聽後也十分難受，因而自此以後很少出門，而每次出門都戰戰兢兢，生怕聽到類似的話。秦昭襄王後來也聽到這些議論，害怕范雎多心，就又下了一道命令：「王稽犯了死罪，已被滿門抄斬，以後誰也不許再提這件事了。」同時，格外關照范雎，經常賞賜他一些物品，以消除大臣們對范雎的偏見。大臣們看到秦王對丞相這樣的厚愛，沒有一個敢再議論了。

從此，范雎安心輔佐秦昭襄王，在范雎擔任丞相的時間裡，秦國的實力大大增強，為日後秦始皇統一中國奠定了堅實的基礎。

用人點撥

　　范雎是個難得的人才，他提任秦昭襄王的丞相後，為秦昭襄王推薦了王稽和鄭安平，結果二人相繼棄秦而去。為此，秦昭襄王並沒有治范雎的罪，而且沒有絲毫動搖他對范雎的信任，這正是秦昭襄王的高明之處。

　　事實上范雎並沒有反叛秦國的想法，如果因為他推薦的兩個人背叛了秦國，就給他治罪，這未免牽強。即使他沒有背叛秦國的想法，也會因為秦王和大臣們的懷疑而真的有背叛的想法。秦昭襄王的做法可謂高明，他消除了范雎的顧慮，讓范雎真心實意地為自己工作。

　　在我們的日常生活中，也經常會出現類似的情況，做為領導者不要隨意懷疑人才的忠誠，除非有了確切的證據，否則千萬不能懷疑他們，這對於整體的工作很不利。

鄭文公揚長避短用燭之武

　　魯僖公三十年九月甲午的這一天，晉文公、秦穆公以鄭國曾經對晉文公失禮，而且又以鄭國對晉國有二心，卻和楚國親近為由聯合攻打鄭國。晉國派兵駐紮在函陵，秦國派兵駐紮在汜水的南岸。

　　在這危急時刻，鄭國一位大夫佚之狐對鄭文公說：「現在鄭國面臨即將滅亡的危險。如果能派燭之武去會見秦君，秦晉兩國的軍隊就會撤離。」鄭文公按照佚之狐的意見召見了燭之武。燭之武卻推辭說：「我在壯年的時候，都還不如別人，現在已經老了，不能夠再做什麼事了。」鄭文公說：「我不能早些起用你，現在有了急事才來有求於你，是我的過錯。但是如果鄭國一旦滅亡，對你也不利啊！」燭之武只好答應了鄭文公的請求。

　　深夜，燭之武懸城而下去見秦穆公，並對他說：「秦、晉兩個大國圍攻鄭國，鄭國已經知道自己行將滅亡了，如累鄭國滅亡而對秦國有利的話，那麼我就麻煩你把鄭國滅掉吧。越過一個國家（指晉國）去奪取那邊遠的地方，你也知道這是很困難的。你為什麼想滅亡鄭國去增強你鄰國（指晉國）的實力呢？鄰國的力量雄厚了，你的實力就薄弱了。如果放棄滅亡鄭國，使其成為你過路時的東道主，秦國的外交人員往來於鄭國，鄭國就可以供給你們缺少的資糧，這對秦國是毫無壞處的。況且，你（指秦穆公）曾經給晉君（晉惠公）有過恩惠，晉國也答應把晉國的焦、瑕兩個地方割給你們以作酬謝，但是晉君早晨過黃河回國，晚上就在焦、瑕兩地佈設城防拒絕割地。對此，秦君你是清楚的。晉國的貪慾哪能滿足呢？晉國既然要滅亡鄭國，用來作為他東邊的疆界，又要想擴大他西邊的國界，如果不損傷你秦國，他又從哪裡取得土地呢？結果必然削弱秦國而有利於

晉國，希望國君你仔細考慮這件事吧！」秦穆公聽後，頓時毛骨悚然，後悔自己為什麼這樣的不深思熟慮，差點釀成大禍。於是就放棄了攻打鄭國的念頭，而是與鄭國結盟。還派了杞子、蓬孫、楊孫三位秦國大夫幫助鄭國防守，秦國的軍隊便從氾水的南岸撤退了。

　　鄭國在秦、晉重兵壓城，面臨國破家亡的危急時刻，竟然用一人在一夜之間，不費一刀一箭、不傷一兵一卒，使國家轉危為安，這不能不說是鄭文公能夠揚長避短起用人才，充分發揮燭之武能言善辯的特殊才能所帶來的好處。

用 人 點 撥

　　燭之武年齡較大，是他的短處，但是他能言善辯則是他的長處。鄭文公正是發揮了他的長處，而拯救了自己的國家。人各有所長，也各有所短，在用人問題上，只有用其所長，避其所短，適才適用，才能盡其所能。不同的人才有各自不同的特點和長處。因此對人才的使用和安排，要強調揚長避短，注意把工作需要和個人才能兩者有效地結合起來。這樣才有利於發揮個人的一技之長，為社會做出更大的貢獻。

楚懷王信讒，毀才辱國

　　屈原，名平，與楚國統治者同族。楚懷王時期，被任命為左徒。他知識淵博，懂得治國之道，又善於外交。經常在宮中與楚懷王商議國家大事，制定出各種制度法令，對外接待各國使節，應酬各國諸侯的訪問，楚懷王很信任他。

　　與屈原地位相等的上官大夫，也想取得楚懷王的信任，就嫉妒屈原的賢能。一次，楚懷王命令屈原制定國家的法令，屈原還未定稿，上官大夫看見後想據為己有，屈原沒給他，因而他就到楚懷王面前說屈原的壞話，他對楚懷王說：「大王您命令屈原制定國家法令，這個大家都知道。可是每次您發佈了命令，屈原都炫耀自己的功勞，他對別人說沒有他，各種制度、法令就沒有人能寫得出來。」楚懷王聽後非常生氣，慢慢地開始疏遠屈原。

　　後來秦國準備攻打齊國，但是齊國和楚國有合縱的聯盟，秦惠王有所顧忌，就派張儀假裝不願意在秦國做官而離開秦國，帶著豐厚的禮物送給楚懷王，以表示自己侍楚的忠心，並對楚懷王說：「秦國非常仇恨齊國，但又考慮到齊楚是有合縱的聯盟，如果楚國能與齊國絕交，秦王願意把商于六百里的土地奉獻給您。」由於楚懷王貪圖秦國的土地，就相信了張儀的話，與齊國斷絕了關係，過後派人到秦國去領受秦所許的六百里土地。張儀這時假裝吃驚地說道：「我許楚王的是六里，沒聽說過六百里啊。」楚國的使者見張儀不守信用，就憤怒地離開秦國，回來把張儀失信的情況告訴楚懷王。楚懷王大怒，調集大軍攻打秦國。秦國也出兵迎擊，在丹、淅一帶秦軍大勝，楚軍被消滅八萬，將軍也被俘虜了，楚國的漢中地區被秦國佔領。楚懷王氣憤至極，調集全國的軍隊攻打秦國，兩軍在藍田一帶

決戰。魏國聽說秦楚大戰的消息，立即派兵攻打楚國，一直打到鄧城一帶。這個時候齊國很生氣楚國的作為，眼看著楚國失利就是坐視不理。從此，楚國實力受到很大的削弱。

第二年，秦把漢中地區歸還楚國想和解。楚王說：「我不要地，你把張儀送給我，我就甘心了。」張儀聽說楚王要他，於是就對秦王說：「用我張儀一人能換回漢中，我請求到楚國去。」張儀到了楚國，又藉機會用大量財物賄賂大臣靳尚，靳尚用欺騙的手段說通了懷王最寵愛的妃子鄭袖。楚懷王在鄭袖甜言蜜語的迷惑下，又放走了張儀。這時候屈原既被疏遠又沒有實權，正出使到齊國去了。聽到張儀又到楚國的消息，就立刻趕了回來，規勸楚懷王：「您為什麼不殺張儀呢？」楚懷王也很後悔，叫人去追張儀，可是張儀這時候早就走遠了。

這時候秦昭王與楚國通婚，要求與楚王會面。楚懷王也想去，屈原卻說：「秦國像虎狼那樣兇狠殘暴，您不要輕易相信，不去為好。」楚懷王的小兒子子蘭卻對楚懷王說：「秦國邀請您去，您怎能不去而使秦國掃興呢？」楚懷王終於去了。當楚懷王一進入秦國的武關，秦國早就埋伏好了軍隊，切斷了楚王後退的路，扣留了楚王，迫使他割地。楚懷王上當了，非常的憤怒，打算拒絕這一要求。後來楚懷王跑到趙國，趙國迫於秦國的威勢，不敢收留他，沒有辦法，楚王又回到秦國，因憂憤難平，最後客死秦國。

用 人 點 撥

　　像屈原這樣有才能、又德行高的人，楚懷王聽信小人讒言，不加重用，而是重用靳尚、上官大夫這樣的奸臣，自己不失敗才怪呢。

　　做為一個領導者，誰有才誰無才，誰有德行，誰無德行，應該非常清楚，不能糊裡糊塗，有些人雖然才能高，但是沒有德行，也不能委以重任。尤其是那些在背後說人壞話的人，就更不能輕易相信。有的人可能會搞小集團，一起誣陷某個人，這種情況下也不能輕易相信，除非自己看到，有真憑實據。如果任這些小集團橫行，最後肯定搞垮你的整個集團。

錯用趙括遭大難

西元前二六二年，秦昭襄王派大將白起進攻韓國，佔領了野王，截斷了上黨郡和韓都的聯繫，上黨形勢危急。上黨的韓軍將領不願意投降秦國，打發使者帶著地圖把上黨獻給趙國。

趙孝成王（趙惠文王的兒子）派軍隊接收了上黨。過了兩年，秦國又派王齕圍住上黨。趙孝成王聽到消息，連忙派廉頗率領二十多萬大軍去救上黨。他們才到長平，上黨已經被秦軍攻佔了，王齕還想向長平進攻。廉頗連忙守住陣地，叫兵士們修築堡壘，深挖壕溝，跟遠來的秦軍對峙，準備作長期抵抗的打算。王齕幾次三番向趙軍挑戰，廉頗說什麼也不跟他們交戰。王齕想不出什麼法子，只好派人回報秦昭襄王，說：「廉頗是個富有經驗的老將，不輕易出來交戰。我軍老遠到這兒，長期下去，就怕糧草接濟不上，怎麼辦好呢？」秦昭襄王請范雎出主意。范雎說：「要打敗趙國，必須先叫趙國把廉頗調回去。」秦昭襄王說：「這哪兒辦得到呢？」范雎說：「讓我來想辦法。」然後范雎就使用反間計，派人到趙國散播言論說：「廉頗老了，不能打仗了，秦軍最害怕的是趙國的趙括將軍。」

趙王果然上當了，立刻把趙括找來，問他能不能打退秦軍。趙括說：「要是秦國派白起來，我還得考慮對付一下。如今來的是王齕，他不過是廉頗的對手。要是換上我，打敗他不在話下。」趙王聽了很高興，就拜趙括為大將，去接替廉頗。

藺相如對趙王說：「趙括只懂得讀父親的兵書，不會臨陣應變，不能派他做大將。」可是趙王對藺相如的勸告聽不進去。

趙括的母親也向趙王上了一道奏章，請求趙王別派他兒子去。趙王把她召了來，問她什麼理由。趙母說：「他父親臨終的時候再三囑咐我說，

『趙括這孩子把用兵打仗看作兒戲似的，談起兵法來，就眼空四海，目中無人。將來大王不用他還好，如果用他為大將的話，只怕趙軍會斷送在他手裡。』所以我請求大王千萬別讓他當大將。」

趙王說：「我已經決定了，你就別管吧。」西元前二六〇年，趙括領兵二十萬到了長平，請廉頗驗過兵符。廉頗辦了移交，回邯鄲去了。趙括統率著四十萬大軍，聲勢十分浩大。他把廉頗規定的一套制度全部廢除，下了命令說：「秦國再來挑戰，必須迎頭打回去。敵人打敗了，就得追下去，非殺得他們片甲不留不可。」

那邊范雎得到趙括替換廉頗的消息，知道自己的反間計成功，就祕密派白起為上將軍，去指揮秦軍。白起一到長平，佈置好埋伏，故意打了幾次敗仗。趙括不知是計，拼命追趕。白起把趙軍引到預先埋伏好的地區，派出精兵二萬五千人，切斷趙軍的後路；另派五千騎兵，直衝趙軍大營，把四十萬趙軍切成兩段。趙括這才知道秦軍的厲害，只好築起營壘堅守，等待救兵。秦國又發兵把趙國救兵和運糧的道路切斷了。

趙括的軍隊內無糧草、外無救兵、守了四十多天，兵士都叫苦連天，無心作戰。趙括帶兵想衝出重圍，秦軍萬箭齊發，把趙括射死了。趙軍聽到主將被殺，也紛紛扔了武器投降。四十萬趙軍，就在紙上談兵的主帥趙括手裡全部覆沒了。

用 人 點 撥

　　在用人的問題上，不知人善任，用錯了人，其嚴重危害性，已被無數歷史事實證明。固守長平，趙王錯用趙括換廉頗，不僅使趙括送了命，還使趙國四十萬將士全軍覆滅。這個慘痛的教訓，值得每一個領導者深思。

　　在我們選用人才時，不能光聽他如何說，還要看他的實際作為，聽取身旁的人對他的看法，只有經過詳細考察才能使用他。趙括雖然熟讀兵書，但是並沒有實戰經驗，這樣的人當然不能委以重任，他需要慢慢地磨練，也許才能重用。

　　我們在使用人才的時候，也要綜合考慮這個人的各方面素質，權衡利弊再做選擇。

趙王信讒殺李牧

　　西元前二二九年，秦王命令王翦率兵攻打井陘，楊端和率領河內的兵馬與他策應一起討伐趙國。趙王遷令李牧、司馬尚率兵禦敵，李牧是趙國有名的智勇雙全的名將。王翦急於求成，於是便派人使用反間計，賄賂趙王的寵臣郭開，讓他在趙王面前說李牧與司馬尚的壞話，就說他們擁兵自重，意圖謀反。

　　趙王聽信了他的讒言，當即下令撤銷李牧和司馬尚的職務，命令趙蔥與顏聚去替換他們，李牧不服從命令，認為趙王對他的處置不當，趙王便派人把他逮捕並殺死了，司馬尚也被撤了職。王翦見趙王中計，便進擊趙軍，大破趙軍，殺死趙蔥，俘虜趙王及顏聚，攻取邯鄲，滅掉趙國。

用人點撥

　　這件史實告訴我們，人才是國之瑰寶，李牧是趙國久經考驗的大將。趙王不知道愛惜、信賴，反而聽信讒言，中了反間計，自毀長城。

　　另外就管理而言，一個組織的管理系統必須具備抗干擾的能力，才能發揮出良好的功能。趙王的管理系統中摻入了郭開這樣的佞臣，貪贓枉法，唯利是圖，因而就失去了抗干擾的能力，這也就導致了趙國的滅亡和趙王的被俘。

秦穆公迎接敗軍之將

　　西元前六二八年，秦穆公趁晉文公病死之際，打算派兵經過晉國去攻打晉國的盟國鄭國。當時秦國的主要大臣百里奚和蹇叔，都對此表示反對，他們認為秦國出動這麼多的軍隊，行走這麼遠的路程，肯定會走漏風聲，還沒等秦軍到了鄭國，鄭國早就得到了消息，事先準備好防禦的攻勢了。那時候秦軍一路舟車勞頓，再去迎戰早已準備好的鄭軍，肯定不會佔優勢。可是秦穆公不聽勸告，堅持要派兵攻打鄭國。而且派百里奚的兒子百里孟明視為大將，西乞術、白乙丙為副將，率大軍浩浩蕩蕩的向鄭國進發。

　　晉國果然很早就得到了這個情報。晉國大將先軫認為這是打擊秦國的最好機會，於是就建議剛剛登基的晉襄公在崤山一帶攔擊。晉襄公親自率領大軍來到崤山。崤山地勢險要，晉軍在這裡佈下了天羅地網，只等秦軍到來。孟明視率領軍隊一進崤山，就中了埋伏，被晉軍團團圍住，進退兩難。秦國的將士死的死、降的降。孟明視、西乞術、白乙丙三員大將都被晉軍俘虜。

　　晉軍把這三員大將捆到晉襄公面前。如何處置這三個人呢？晉襄公一時發起愁來。晉襄公的母親是個深明大義的人，對晉襄公說：「秦國和晉國本來是親戚，一向彼此幫助。孟明視這幾個武夫為了給自己爭功勞，才挑起這場戰爭，傷了兩國的和氣。要是把這三個人給殺了，恐怕兩國的仇怨會越結越深，不如把他們放了，讓秦國的君主親自去懲治他們吧。」於是晉襄公聽從了母親的建議，把孟明視他們三人放了回去。

　　孟明視三人垂頭喪氣的回到秦國，本來想秦穆公一定不會饒了他們三個，可是沒想到，秦穆公聽說晉國放了孟明視三人，親自出城迎接他們三

個敗軍之將，而且還為死去的將士和孟明視等人所受的屈辱而痛哭流涕。

三個人頓時受寵若驚，大臣們不解，問秦穆公這是為何？敗軍之將，理應斬首啊，為什麼還這樣禮待他們？秦穆公說：「出征之前，蹇叔、百里奚都極力勸阻我，要我不要派兵，但是我沒有聽從他們的意見。孟明視他們三個都是非常傑出的將領，從來沒有打過敗仗，要不是我這次一意孤行，他們也不會吃敗仗，這都是我的原因啊！而且對於將軍，打了敗仗就殺他們的頭，這哪能安定軍心呢，將士們肯定不會全心效忠啊！再說我也不能因為他們打了一次敗仗，就抹殺了他們這麼多年來所立的戰功啊！」秦穆公不但沒有處罰他們三人，而且好言安撫，仍舊讓他們擔任原來的官職。孟明視三人感激得痛哭流涕，發誓一定誓死效忠秦國。

當年冬天，晉國聯合宋、陳、鄭三國攻打秦國邊界。孟明視認為自己的準備還不充分，不許自己的部隊與他們交戰。晉國又趁機奪去了秦國兩個城池。附近的小國見秦國連連失敗，也紛紛脫離秦國。秦國也有人趁機說孟明視的壞話，孟明視在眾議非非的情況下，也感到壓力很大。

可是秦穆公卻絲毫不受這些議論的影響，繼續安慰和鼓勵孟明視，對他說失去兩座城池，將來還可以得回來，帶兵的人要打有準備的仗，這次由於準備不充分，決定不戰是對的。你不要擔心那些閒言閒語，只要我們準備充分了，下次一定可以取勝。

孟明視為能夠在這樣一個信任下級的君主下做事，感到大幸。他好像欠了穆公一樣，更加努力地做好戰備，決心以奇勝的戰果報答穆公。

第二年，孟明視等人做好了充分的準備，請求去攻打晉國。大軍剛剛渡過黃河，孟明視就下令士兵燒毀戰船，以表示勇往直前的必勝決心。大軍長驅直入，打敗了晉國的軍隊。然後孟明視又帶領軍隊來到他們曾經失敗過的崤山，收斂和埋葬了陣亡的將士，為秦國報仇雪恨。從此秦國的力量一天比一天強大，並最終統一中國。

用人點撥

　　敢於自責，並信任敗軍之將，這是秦穆公功成名就的一個重要原因。對於有才能的人，不要對他們要求過於苛刻，不容許他們犯任何錯誤，要給他們改正錯誤的機會，只有如此，才能出現人才濟濟的局面，才能讓這些人才真心實意地效忠於你。

　　做為現代的領導者，愛惜人才，就要正確看待人才在工作中的失誤或失敗。領導者最先應該檢討自己的行為，下屬的過錯，有可能是自己工作的失誤造成的，不要一味地怪罪下屬，應先從檢討自己開始。

　　要給人才一個寬鬆的環境，讓他們在失敗中總結經驗教訓，並讓他們繼續發揮作用，為群體做出更多的貢獻。

秦孝公破格用商鞅

　　商鞅，衛國人，公孫氏，又名衛鞅或公孫鞅。因有功於秦，封於商地，史稱商鞅。他曾為魏相公叔座家臣，後來來到秦國向秦孝公提出「治世不一道，便國不法古」的主張。秦孝公破格重用他，任他為左庶長，並在孝公三年開始主持變法。

　　秦孝公在他二十一歲的時候便即位做了國君。當時秦國與其他諸侯國相比，地位比較低下，勢力比較弱小。因此不被諸侯大國所重視。對於秦國當時所處的地位，秦孝公十分不滿，決心奮發圖強，改變秦國的落後狀況。為此他下令求賢，廣招人才，公開宣告：「不論外來賓客或國內群臣，凡能出奇計強秦者，加官晉爵，委以重任，厚賞土地。」此令發出以後，不僅在國內引起很大迴響，而且在國外也引起了人們的注意。當時商鞅正值青年，空有一身抱負，但是卻得不到有識之士的認同。他曾投奔魏國但是卻沒有得到重用。看到秦孝公的求賢令後，他便滿心歡喜地急忙奔到秦國。

　　商鞅自幼喜歡「刑名之學」，到了青年時期，他已經成了一個遠近聞名的很有學問和才能的人。商鞅一到秦國，秦孝公的寵臣景監便把商鞅推薦給了秦孝公。秦孝公求賢心切，便以極大的興趣三次召見商鞅。第一次召見他，商鞅大談帝道，就是五帝興起的道理，但秦孝公卻聽得昏昏沉沉，毫無興趣。第二次召見他，商鞅又大講王道，就是三王之道，秦孝公還是不感興趣，邊聽邊打哈欠。看到秦孝公的這些反應，商鞅調整了自己的策略，在秦孝公第三次召見他的時候，他便大講霸道，他講述了五霸興起的原因，向秦孝公介紹了富國強兵之術，並說明了變法變革的需要。對於如何稱霸於天下的理論和方法，這次秦孝公十分感興趣，聽得津津有

味，竟然忘記了時間。兩個人在一起一連談了好幾天，秦孝公不但不覺得疲倦，而且越聽越有精神，興致勃勃。透過談話，秦孝公發現商鞅雖然年輕，但卻是一個難得的人才。

　　爾後，商鞅就向秦孝公提出秦國要想富強，必須破除陳舊的框框，實行變法的建議。但是秦國貴族認為變法會侵犯他們的既得利益，因而對於變法堅決反對。他們不斷地上書給秦孝公，說明變法的種種害處，弄得秦孝公也有些動搖，遲遲不肯下定決心。為此，在一天群臣上朝的朝堂上，商鞅以精闢的見解和滔滔不絕的雄辯，為秦孝公深入地分析變法的利與弊，並重申自己變法的觀點，還嚴厲駁斥了守舊派的思想，從而堅定了秦孝公實行變法而強秦的決心，並立即下令由商鞅負責變法事宜。

　　過了兩年，秦孝公的君位逐漸穩固，於是就拜商鞅為左庶長，並且對朝廷中的諸大臣說：「我不論怎麼想，都覺得改革對我們秦國有好處，所以我決心改革。從今天起，改革制度的事全由左庶長拿主意，誰敢違抗他，就是違抗我。」西元前三五六年，商鞅開始實行第一次變法，這次變法主要有三個內容：一是實行保甲制度；二是獎勵殺敵立功；三是獎勵農業生產。經過第一次變法，秦國發生了極大的變化，農業生產發展了，軍事力量強大了。而且秦國在與魏國的交戰中大勝，還佔領了魏國的都城，迫使強大的魏國不得不與秦國議和。

　　接著，秦孝公又繼續任用商鞅進行第二次改革，這次主要實施了三項改革措施：一是開闢阡陌封疆；二是設立郡縣制；三是遷都咸陽。

　　秦國實行變法後，僅十幾年的時間，就變成了一個十分強大的國家。當時的天子周顯王派遣使者去慰勞秦孝公，封他為一方諸侯的首領，稱為方伯。中原諸侯看到秦國迅速崛起，也不再把秦國當成戎族看待，紛紛派人去秦國祝賀，並向秦國學習，到處搜羅人才。

　　因為商鞅變法有功，西元前三五二年，秦孝公封商鞅為大良造（又稱大上造，在秦的二十等爵中，屬於第十六級）。後又封商鞅為侯，把商邑一帶十五座城封給他，稱他為商君，從此他被人稱為商鞅。

　　通過商鞅變法，秦國出現興盛局面。司馬遷在《史記‧商君列傳》中

評價說：「行之十年，秦民大悅，道不拾遺，山無盜賊，家給人足，民勇於公戰，怯於私鬥，鄉邑大治。」總之，通過商鞅變法，使秦國兵強而地廣，民休而國富，為後來秦始皇消滅六國統一中國，奠定了堅實的基礎。

用 人 點 撥

　　商鞅在沒有投奔秦國之前，只是個很普通的年輕人，他雖然滿腹才學，但是並沒有被人發現。秦孝公透過與他的交談，發現他是個人才，就大膽地提拔任用他，並委以重任。雖然朝中大臣反對，但是秦孝公還是能夠堅持自己的見解。

　　一個人才，沒有人用他，並不代表他不是人才，只能說他還沒有被人發現。既然將人才收歸己用，就要發揮他最大的本領，給他施展才能的機會，這樣才能留住人才。

十二歲甘羅為上卿

　　甘羅，秦國下蔡人，祖父甘茂，是秦國一位著名的人物，曾擔任秦國的左丞相。「將門出虎子」，在他祖父的教導下，甘羅從小就聰明機智，能言善辯，深受家人的喜愛。後來甘茂受到別人的排擠被迫逃離秦國，不久就死於魏國。甘羅小小年紀，就投奔到秦相呂不韋的門下，做他的門客。

　　有一天呂不韋回到家裡，臉色非常難看，看上去十分惱怒的樣子，甘羅見狀，就走上前問道：「丞相有什麼心事，可以告訴我嗎？」呂不韋心裡正煩躁得很，見是甘羅，就揮揮手說：「走開，走開，小孩子知道什麼？」甘羅高聲說道：「丞相收養門客不就是為了能夠替你排憂解難嗎？現在你有了心事卻不告訴我，我即便想要幫忙的話，也沒有機會啊！」呂不韋見他說話挺有自信的樣子，就改變了一下態度，說：「皇上派剛成君蔡澤到燕國為相，已經三年了，燕王對他很滿意。派太子丹到秦國做人質，表示友好，我派張唐到燕國為相，占卦的結果也很吉利，可是他卻藉故推辭不去。」

　　事情原來是這樣的，張唐是秦國一位大臣，曾率軍攻打趙國並佔領了大片的土地，趙王對他恨之入骨，聲稱如果有人殺死張唐，就賞賜給他百里之地，這次出使燕國必須經過趙國，所以張唐推辭不去。甘羅聽了，微微笑道：「原來是這樣一件小事，丞相何不讓我去勸勸他？」呂不韋責備他：「小孩子不要口出狂言，我自己請他他還不去，何況你小小年紀。」甘羅聽了不服氣地說：「我聽說項橐七歲的時候就被孔子尊為老師，我現在比他還大五歲，你為何不讓我去試試，如果不成功的話，你再責備我也不遲啊！」呂不韋見他語氣堅定、神氣凜然，心裡不由暗自讚賞，於是就

改變了態度，放緩了口氣說：「好，那你就去試試吧！事成之後，必有重賞。」甘羅見他答應了，也就沒多說什麼，高高興興地走了。

到了張唐家裡，張唐聽說是呂不韋的門客來訪，連忙出來相見，發現甘羅不過是個十多歲的小孩子，不由得心生輕視，張口就問道：「你來幹什麼？」甘羅見他態度傲慢，就說道：「我來給你弔喪來了。」張唐聽了大怒：「小孩子怎麼能這樣說話，我家又沒死人，你來弔什麼喪？」甘羅笑道：「我可不敢胡說啊，你聽我講清一下原因。你和武安君白起相比，誰的功勞較大啊？」張唐連忙答道：「武安君英勇善戰，南面攻打強大的楚國，北面揚威於燕趙，佔領的地方不計其數，功績顯赫。我怎麼敢和他相比啊？」「應侯范雎和文信侯相比，誰更專權獨斷啊？」應侯是秦國以前的一位丞相，文信侯即呂不韋，張唐答道：「應侯當然不如文信侯專權獨斷啦！」「你真的知道應侯不如文信侯專權嗎？」張唐說道：「當然了。」甘羅聽了笑道：「既然如此，那你為何還推辭不去呢？我聽說，應侯想攻打趙國的時候，武安君反對他，離開咸陽七里就被應侯派人賜死，像武安君這樣的人尚且不能被應侯所容忍，你想文信侯會容忍你嗎？」張唐聽了這話，不由得直冒冷汗，甘羅見狀又說：「如果你願意去燕國的話，我願意替你先到趙國去一趟。」張唐連忙稱謝答應了，請他回去稟報丞相。

甘羅回去把情況告訴呂不韋。呂不韋聽了很高興，甘羅說：「張唐雖然不得已答應去了，但經過趙國時可能還會遇到麻煩。我想替他先到趙國去一下。」呂不韋已經相信了他的才能，想了一下就答應了，並把這件事稟報給秦王，說：「大王，甘茂有個孫子叫甘羅。年方十二歲，投奔在臣的門下，他出身名門、工於心計，能言善辯，這次張唐托病不去燕國為相，經他一說就答應了，而且他還想替張唐先到趙國去一趟，請您答應他吧！」秦王聽了，就叫甘羅進來相見，過了一會兒，就見殿下走進一個眉清目秀的少年來。心裡不由喜歡，笑著問道：「就是你想要出使趙國嗎？」甘羅答道：「是的。」「那你見了趙王後要說什麼呢？」「我看他的神色，相機行事。不知道趙王反應如何，我也不能確定該說什麼話

啊。」秦王見他口齒伶俐，對答如流，就答應了他，給他十輛車、百餘名僕從，讓他出使趙國。

趙王早已聽說秦國準備派人到燕國為相了，心裡一直很焦急，擔心秦國和燕國聯合起來攻打他。這時聽說秦國使者求見，連忙說：「叫他進來。」不多時，就見一個少年緩步走上前來，朗聲道：「小臣甘羅奉秦王之命，拜見趙王。」趙王連忙讓他在旁邊坐下，心裡暗暗稱奇，秦國怎麼派了這樣一個小孩子來，再仔細一端詳，也不由心生喜愛之情，只見那甘羅長得儀表非凡，眼神清朗，眉宇間露著一股軒昂之氣，於是就問道：「秦國過去一位姓甘的丞相是你的什麼人？」甘羅答道：「是我的祖父。」「你今年多大年紀？」「小臣今年已十二歲了。」趙王聽了不由大笑道：「秦國難道沒有人可派嗎？讓你這個小孩子出來！」甘羅不慌不忙地答道：「我們秦王用人，都是按他們才能的大小讓他承擔不同的責任，才能高的讓他擔當重任，才能低的擔當小的責任，秦王認為這是件小事。所以就派我來了。」趙王聽了不由得對甘羅又敬重了幾分，問道：「你這次到趙國來究竟有什麼事嗎？」甘羅反問道：「大王是否聽說過燕太子丹入秦為質這件事。」趙王點了點頭，甘羅又問道：「大王是否聽說過張唐要到燕國為相？」趙王又點了點頭，「既然如此，那你為何還不著急啊？燕派太子入秦為質，說明燕國不欺騙秦國；秦國派張唐入燕為相，說明秦國不欺騙燕國。燕秦不相欺，趙國就危險了。」趙王聽了問道：「秦國和燕國和好，有什麼目的嗎？」甘羅答道：「秦燕和好沒有別的原因，就是想攻打趙國、擴大河間的地盤啊！」「哦，是嗎，那您這次來有何見教？」趙王問道，「大王不如給秦國五座城池擴大秦國的地盤，秦王自然高興，你再請求他遣回燕太子，斷絕秦燕之好，這樣你就可以去放心地攻打燕國了。以強大的趙國攻打小小的燕國，還愁得不到五座城池嗎？」趙王聽了很高興，就賞給他黃金百兩、白玉一雙，並且把送給秦國的五座城池地圖，讓他帶回給秦王。

甘羅回到秦國，秦王大加讚賞，說道：「你的智慧真是超出了你的年紀啊！」於是就封他為上卿（戰國時諸侯國最高的官職，相當於丞相），

並且把原先甘茂的田宅賜給他。趙國得知秦國與燕國絕交後，派軍攻打燕國，得到三十座城池，又把其中的十一座城池送給了秦國。

在戰國這個時代的大舞臺上，各種各樣的人才層出不窮，甘羅年方十二，就已經憑自己的智慧週旋於王侯之間，並且不費一兵一卒使秦國得到十六座城池，官封上卿，這在中國歷史上可以說是絕無僅有的，確實是一個才能出眾的小神童啊！

用人點撥

十二歲的甘羅能做大人不能做的事情，說服張唐從命，勸動趙國國君獻城池，秦王破格用他為上卿是公正的。甘羅的成功，當然也與呂不韋的支持和推薦有關。人才不論年齡大小，只要有本事就提升他，這是毋庸置疑的。

漢武帝打破成規用衛青

　　衛青是一位出身僮僕的著名將帥。從社會地位低賤的僮僕，成長為統率百萬之眾、叱咤風雲，並以之彪炳史冊的將帥，這並不是一件容易的事。考究衛青的成長，原因是多方面的。其中不乏歷史的際遇：衛青的姐姐衛子夫正好是漢武帝的寵姬和皇后；其中有時代的造化，武帝時代大規模抗擊匈奴的戰爭，為衛青的才能提供了用武之地；而用人者和被用者之間的默契和配合，更是衛青得以功成名就的重要因素。衛青的成名可以說是漢武帝用人政策成功的典範，衛青的才能和修養，又成為歷代人才的表率和榜樣。

　　衛青的父親鄭季，曾在平陽侯曹壽府中任職，與婢女衛媼私通，生下了衛青。衛青少時回到父親家中，而在鄭季與衛媼私通的時候，他已經有妻兒了。那麼衛青回到父親家中，鄭季的妻子和子女當然不會給他好臉色看，是把他當作奴僕來對待。讓他穿下人的衣服，做下人的工作。有一次，衛青碰到一個刑徒，他給衛青相面，說衛青有貴人之相，官至封侯。衛青根本不敢奢望及此，他笑著說：「我現在就是個奴僕，只要主人不鞭打我，我就滿足了，哪裡還會癡心妄想，成王成侯呢？」

　　等到衛青長大後，他又回到平陽侯府中，做了騎從。建元二年春，他的同母姐姐衛子夫得幸於武帝。陳皇后出於妒忌，想殺害衛青。武帝聽說後，反而召衛青為建章監、侍中，後來又升為太中大夫。

　　衛青因外戚的身分受到皇帝的青睞，但這種裙帶關係並不能保證他安享尊榮，更不能使他成為彪炳史冊的軍事統帥。時代是人才成長的搖籃。正是奮發有為的漢武帝時代，為衛青施展自己的才能、演出威武雄壯的話劇提供了歷史舞臺。

西漢初年，漢朝統治者致力於休養生息，穩定國計民生，對北方強大的遊牧民族匈奴的侵擾採取守勢，透過和親的方法，與匈奴各族保持友好關係。至武帝時，國力大大增強，雄才大略的武帝又無法繼續忍受屈辱的和親政策，於是部署大軍，抗擊匈奴。武帝用人從來不墨守成規，在抗擊匈奴的大規模戰爭中，他起用衛青為將帥。元光元年漢武帝拜衛青為車騎將軍，衛青率領大軍出征上谷，一路上衛青英勇殺敵，斬敵無數。漢武帝為了獎勵他的勇猛，特封他為關內侯。元朔年間，衛青連年率兵出擊匈奴。元朔二年，他率軍出征雲中，迂迴至於隴西，俘虜敵人數千，俘獲牲畜百餘萬頭，驅逐匈奴白羊王、樓煩王，收復河南地，此後，漢政府於此置朔方郡。漢武帝論功行賞封衛青為長平侯，食邑三千八百戶。元朔五年，衛青再率蘇建等軍出征朔方，擊敗匈奴右賢王，俘虜禪王十餘人，眾男女一萬五千餘人，牲畜近百萬頭。漢武帝於是拜他為大將軍，益封八千七百戶，其子衛伉、衛不疑和衛登雖在繈褓，也皆得以封侯。

元朔四年，衛青與霍去病分別出擊匈奴。衛青出定襄塞外千餘里，包圍匈奴伊稚斜單于。單于突圍潰走，精銳喪失殆盡。衛青乘勝追擊，將敵人所有餘部消滅乾淨。這次漢軍出擊，佔領朔方以西至張掖、居延間的大片土地，保障了河西走廊的安全。此後一、二十年，漢匈之間一直沒有發生大規模戰爭。武帝為了酬賞衛青、霍去病的軍功，專門設置了大司馬位，拜衛青為大司馬大將軍。衛青幾乎畢生與匈奴作戰，前後捕斬首虜五萬餘級，益封凡一萬六千三百戶。

用 人 點 撥

　　衛青本來是憑藉他姐姐的關係，沒有任何功勞，就封了官職。這很難讓人信服。但是衛青的確是個人才。正是因為漢武帝看到了這一點，所以才大膽起用他。事實證明漢武帝的眼光不錯，衛青果然是個英勇的帥才。如果當初漢武帝礙於衛青是外戚，從而不加重用，恐怕歷史上就少了一位名垂千古的英雄了。

　　只要是對自己的事業有用的人，就不必在乎他的出身、地位，即使他是罪犯的親人、仇人的親人，如果他真的有才能，也可以大膽的使用。何必計較許多呢？

張釋之論忌用誇誇其談者

一次，張釋之跟隨漢文帝出宮遊玩。當行至虎圈時，見裡面養著狼、獅、虎、豹百餘種動物。漢文帝從來也沒有見過這麼多兇猛、奇異的動物，今天有機會見到，真的是十分的開心，於是漢文帝興致勃勃的登上觀獸樓，一邊觀賞，一邊頗有興致地命人把上林尉叫來，接連問了十幾個問題。上林尉見漢文帝問了這麼多問題，不免有些緊張，平時熟知的東西，此時竟然張口結舌，連一個問題也沒有回答出來。正在這時，分管虎圈的嗇夫（秦漢時期官職名稱，屬小吏）見到這種情況，心想這正是顯示我自己才能的時候啊，於是急忙走到漢文帝面前，就其所問代上林尉做了回答，想以此顯示自己對答如流準確無誤的才能。漢文帝聽完嗇夫的回答後說：「作為主管官員，難道不應當像嗇夫這樣嗎？上林尉，你實在是太不稱職了。」於是命令張釋之起草詔令，封嗇夫為上林尉。

張釋之上前對文帝說：「陛下，您認為絳侯周勃是什麼樣的人呢？」漢文帝回答說：「他是德高望重的長者。」張釋之又問：「東陽侯張相如（漢高祖時任中大夫，後為河間守，因隨劉邦擊敗陳豨有功，封東陽侯。文帝時為太子太傅）是什麼樣的人呢？」文帝又回答說：「也是德高望重的長者。」

張釋之接著說：「絳侯周勃、東陽侯張相如都被人稱為德高望重的長者，可是這兩個人都曾在回答問題時張口結舌、啞口無言，但是我們並不因此而懷疑他們，說他們不是德高望重的長者。同樣，今天上林尉沒有回答出您的問題，也是和周勃、張相如一樣，並不代表他沒有真本領，只不過是一時緊張罷了。既然如此，您就不應該否認上林尉的才能，而去封賞這個說話喋喋不休、伶牙俐齒的嗇夫，難道您希望你的身邊都是像這個嗇

夫這樣的人嗎？況且秦朝就是因為任用舞文弄墨的人為官吏，他們在官場上競相比試看誰辦事快捷和督察苛細，造成的危害是徒具虛名而無其實，內心更缺乏仁愛同情之心。正因為這樣，秦始皇才聽不到對自己過失的批評而日益衰敗，所以只傳二世，天下就土崩瓦解了。如今陛下因為嗇夫善於辭令，有口辯之才就破格提拔他，我擔心天下人會爭相效仿，只注重口辯之才而不管實際效果。而且下面仿效上面比影之隨形、響之回聲還要快。因此什麼該辦，什麼不該辦，不得不慎重考慮啊。」漢文帝耐心地聽著，覺得張釋之說得很有道理，自己太不慎重了，差點因此而毀了整個國家，於是他趕忙收回了任命嗇夫的詔令。

　　從上面可以看出，張釋之認為在選用人才問題上，只憑一次回答問題，而未加全面而詳盡的考察就破格提拔某一個人，是十分不妥當的。尤其像漢文帝那樣，只憑嗇夫一次回答問題就予以重用，實在欠思索。況且，這樣只能助長誇誇其談的不良風氣，而不利於朝廷瞭解真實的情況，確實弊處太多。為此，他用秦始皇因聽不到對於他所犯過失的批評，致使二世而亡的教訓來勸說漢文帝。漢文帝接受了張釋之的意見，收回了詔令，表現了他一代明君的明智，值得決策者們效法和借鑑。

用人點撥

　　選人、用人最關鍵的一點，就是看這個人是不是有真才實學，如果只是憑藉嘴上功夫，而沒有真本領，那就不能用。就像故事中的嗇夫一樣，雖然伶牙俐齒，但卻沒有真本事，而周勃、張相如雖然沒有那麼能言善辯，但是卻有真本事。因此選用人才的時候，不能只憑別人的介紹或者他們自己的介紹，要看看他們處理問題的能力如何。

　　沒有真本事，光憑一張嘴，雖然可能獲得一時的成功，但是時間會檢驗一切，沒有真才實學，永遠不可能得到重用。

劉恒四次提升敢諫的張釋之

　　漢文帝劉恒的侍衛張釋之，為人正直無私，見多識廣，由於敢於直諫，容易得罪人，又不阿諛奉承，因而十多年來，沒有得到升遷。中郎將袁盎看中了他的德才，向漢文帝推薦，請求將他提升為接待賓客、傳達旨意的「謁者」。

　　漢文帝親自召見張釋之，要他講治國的意見，張釋之以秦亡漢興的事實，提出當政者要吸取秦二世的教訓和劉邦用賢納諫的經驗。他特別提出，為官者要善聽逆耳忠言，善用忠臣，文帝覺得張釋之果然有才，就任命他為「謁者」。

　　張釋之隨漢文帝去上林苑遊覽。文帝問上林尉這個苑裡有多少種飛禽走獸？上林尉一時緊張答不出。管理苑中老虎的嗇夫卻搶著回答，而且說得有頭有尾、滔滔不絕。文帝說這個嗇夫是個人才，要張釋之提升他為專管上林苑的上林尉。

　　張釋之不同意，他說：「陛下，您重用賢才是對的，但不能光聽其言。昔日絳侯周勃、東陽侯張相如並無口才，但忠厚實幹，功績卓著，受人尊敬。秦二世偏信口蜜腹劍的趙高，致使亡國。陛下要用人，不光要聽其言，更要觀其行。這個嗇夫熟知苑中的禽獸，是他的本職。但他所講的對不對，為人如何，能否實幹，都要做進一步的考察，不能單憑他對一個問題回答的好壞，決定取捨。」

　　漢文帝覺得張釋之說得有理，於是取消了提拔嗇夫的決定。他見張釋之想得週到全面，敢於直言，於是又將他提升為管理皇宮正門事務的公車令。

　　不久太子劉啟和梁王劉武，經過司馬門沒有下車，張釋之上前攔住，

不讓他們進殿門，並告他們犯了不敬之罪。此後這事鬧到傅太后那裡，傅太后很生氣，認為張釋之膽大，竟敢不尊敬皇親，要皇帝治張釋之的罪。而文帝則說：「這本是我們皇族訂立的規矩，張釋之按規矩辦事沒有錯。我的兒子違反規定，是我們教育不嚴。要懲處的是我的兒子，而非張釋之啊！」

傅太后無言可對。漢文帝見張釋之這樣剛正不阿，便將他提升為負責議論朝政的中大夫，不久，又提升他為中郎將。

張釋之隨漢文帝來到霸陵，文帝對那裡的石頭很感興趣，對隨從大臣說：「我百年之後，用此山的堅石做外槨，把苧麻和棉絮度細塞住石槨的縫隙，再用漆澆灌槨的縫口。那麼即使是最高明的盜墓賊，也動不了裡面的棺柩了。」隨從大臣們都說好，到時候一定照辦。唯獨張釋之提出反對意見，他說，賊人盜墓目的是棺木中的財寶，如果棺裡葬有珍珠寶貝，他們就會用各種方法，想盡辦法把珍寶盜走，如果棺木裡沒有什麼寶貝，那麼根本無人會來盜，人死屬土，帶去貴重財物，本來就是浪費，最終送入盜賊手裡，倒不如用之於國家和百姓好些。所以陛下要帶頭薄葬。

漢文帝覺得張釋之說得有理，於是囑咐眾臣將來要給他薄葬。以後霸陵的隨葬品都用瓦器，而不用金屬品。

不久，文帝巡視，路經中渭橋，忽然看到一人從橋下鑽出來，把鑾駕的馬嚇了一跳。文帝命衛士把這個人抓起來，交給張釋之處理。

張釋之審問那個人，那人說：「我剛從鄉下來到京城，聽到『御駕經過，禁止通行』的清道聲後，急忙鑽入橋底下躲避。等了好半天，也聽不到皇上從橋上路過的聲音，以為皇上已經過去了，這才走出來，不想正碰上皇上的馬車。」張釋之瞭解了情況，向文帝回稟說：「這人違反清道禁令，依法處罰金。」

文帝認為這樣的處罰太輕，張釋之就把此人驚馬的情況做了詳細的彙報，說他並不是故意的，處以罰金是秉公執法，不能因為是驚嚇了皇上的馬而重加責罰，那樣國人是不會答應的。

漢文帝無話可說，只好按照張釋之說的辦。

　　有一次，有人盜了漢高祖廟前的玉環，漢文帝命張釋之懲處。張釋之將盜者殺了，懸頭於市。文帝大怒，說要全家問斬，張釋之說：「如果有人盜了高祖的墓，怎麼處罰？」文帝當然知道盜墓之罪重於盜玉環，盜玉環要斬全家，盜墓豈不是要親朋都斬？漢文帝被張釋之問得無言可對，最後還是同意了張釋之的意見。

　　從此，漢文帝認為張釋之定罪準確，敢於直諫，提拔他為管理全國司法的廷尉。

用人點撥

　　漢文帝四次提升張釋之，每次都是憑他的勇於批評皇帝，在封建社會，這是十分不易的。漢文帝雖然遭到張釋之的批評，但是每次都能夠聽從張釋之的正確意見，而且越來越重用他，這就說明漢文帝是個善於用人的人。換作一般的人，下屬敢公開指責上級，肯定會治下屬的罪。

　　其實做為上級，就該多多提拔那些敢於納諫、敢於說真話的下屬，這樣的人才是真正為你好的人。那些見風轉舵、溜鬚拍馬的人其實是在害你。善用賢臣，就得有寬容的心，時刻保持清醒的頭腦，知道誰是真正為自己著想。

文帝醒悟救魏尚

　　馮唐，祖父是魏國人，父輩遷移到代地。漢朝建立後又搬到安陵。文帝時，馮唐任郎中署長職。有一天，文帝坐著馬車從馮唐身邊經過。問馮唐說：「老人家什麼時候開始做郎官的？家鄉在何處？」馮唐以實言回答了。文帝說：「我在代地居住的時候，負責我生活起居的太監高袪，曾多次向我說起趙國大將李齊，是個很有才能的人，以及他在鉅鹿英勇作戰的情況。因而我每次吃飯時，都想到他在鉅鹿作戰的情況。老人家您知道李齊嗎？」馮唐回答說：「李齊還不如廉頗、李牧。」文帝問：「為什麼？」馮唐接著說：「我祖父在趙國的時候，做過率領軍隊的軍官，和李牧很要好。我的父親原為代相，和李齊很熟悉，因此我知道他們的情況。」

　　文帝聽後，顯得非常高興，於是拍腿惋惜說：「唉！唯獨我得不到廉頗、李牧這樣的將領，否則那些匈奴哪敢來侵犯呢？」馮唐說：「陛下，您即使得到了廉頗、李牧他們，也不會重用他們。」文帝很生氣，起身下車，甩手走入皇宮。

　　過了一段時間，文帝招來馮唐，責備說：「你在大庭廣眾之下，不尊重我，難道有話不能在沒有人的地方告訴我嗎？」馮唐賠罪說：「鄙賤之人不懂得忌諱。」文帝接著問：「上次你為什麼說我不能重用廉頗和李牧呢？」馮唐回答說：「我聽說上古時代，做君王的派遣大將出征，跪著為大將推車子，還安慰他們說『國家內部的事務我會處理，外面的軍事事務就請將軍費心啦。對有軍功的將士將軍給予獎賞就是了，回來的時候向我奏明就成了』。這都不是空話。我祖父曾說過李牧做大將守邊的情況，軍隊和邊塞貿易收入都用來改善將士的生活，記功獎賞都由將軍決定，不必

請示皇上，得到答覆後才做。趙王對李牧委以重任是為了要求他能成功，所以李牧才得有機會發揮他的智慧和才能，趙王為他準備了上千乘戰車，選好上萬名善於射箭的士兵和十萬名有戰鬥力的戰士。由於這樣做，部隊戰鬥力增強，掃平了北邊匈奴的勢力，打敗了東胡的騷擾，抑制了西邊強秦的野心，支援了南邊韓、魏的戰爭。那時趙國國力強盛，幾乎稱霸於諸侯。但不巧，趙王死了，趙幽王繼位，他的母親是個樂家女，分不清是非好壞，聽信了郭開的讒言，把李牧給殺了，令顏聚代替李牧為將，由於上述變故，趙國很快就被秦國滅掉了。」

文帝不解馮唐說這些話的意思，馮唐就繼續說道：「現在我來說說我朝大將魏尚。他任雲中太守時，就把軍隊和外邊貿易的收入也全部分給了士兵，還拿出自己的生活費，殺牛招待賓客軍吏舍人，為他們改善生活，聚集人才，所以匈奴逃得遠遠的，不敢接近雲中的邊塞。有一次，敵人曾來偷襲雲中，魏尚立即率領眾官兵回擊，消滅了無數敵人，勝利而歸。魏尚的士兵都是雲中老百姓的弟子，都是當地種田的農民，哪裡知道什麼叫尺籍伍符，只知道英勇殺敵，為國立功。殺敗匈奴後，魏尚向幕府報功，由於所殺敵人數目不太準確，幕府中的官吏就以法令挑他的漏眼，對魏尚進行了處罰。這樣的大功不給獎賞，卻因為一點小事而給予處罰。我認為陛下的法令太細、太死，賞太輕、罰太重。況且雲中太守魏尚向上報功時，所殺敵人的首級只差六顆，陛下您就把他治罪下獄，還削去爵位。由此看來，陛下即使得到廉頗、李牧這樣的人，也不能很好地用他們。我很愚蠢，又觸犯您的尊嚴了。」說完，馮唐作揖謝罪。

文帝聽了馮唐一席話，覺得說得入情入理，很高興。當即命人放了魏尚，恢復他的官職和爵位，並拜馮唐為車騎都尉，主管中尉及車騎部隊的職務。

用 人 點 撥

　　文帝愛才，為得不到廉頗、李牧這樣的人而嘆息。但馮唐的一席話，要比文帝的嘆息高明得多，他指出了只有愛才之心，而無用才之法，即便得到了廉頗、李牧也不會用。文帝因為一點小事，就處罰戰功赫赫的魏尚，可見他的確不瞭解如何更好地使用人才。

　　對於人才，犯一點小錯誤是可以原諒的，要給他們改正的機會，不要一棍子打死，讓他們沒有翻身的餘地。其實每個人都不可能一點錯誤都不犯，關鍵是領導者應該知道如何對待這些人才的小錯誤，如何讓他們更好地改正，以便更好地投入到工作中，而不是透過嚴屬的懲罰來實現。

真將軍周亞夫

　　漢文帝時，匈奴侵入陝西北部和內蒙古自治區一帶，燒殺搶掠，無惡不作，形勢很緊張。邊疆的烽火傳到長安。文帝立即派劉禮、徐厲、周亞夫三位將軍率兵駐紮在霸上、棘門、細柳一帶，阻擊侵略者。

　　為了激發將士們的鬥志，皇上親自來到軍營慰勞他們。到霸上和棘門的軍營時，皇上的馬車長驅直入，毫無阻擋，軍中大將以及屬下的軍官都騎馬迎送皇帝。後來，皇帝來到周亞夫的細柳營，只見守軍營的官兵身披鎧甲，刀出鞘，弓上弦，時刻準備出擊敵人。皇上的先頭部隊到了軍營外邊，卻遭到守軍的拒絕。皇上先頭部隊的首領對守門的衛士說：「皇上馬上就到，趕快讓我們進去。」守門軍官回答說：「我們周將軍的命令：『軍營中只聽將軍的命令，不聽天子的詔令。』」過了一會，皇帝的馬車也到了營門口，還是不能進去。

　　於是皇帝只得派人拿著證明皇帝身分的旌節詔示將軍周亞夫，對他說道：「我要入軍營慰勞官兵。」這時周亞夫才下令打開軍營大門，讓皇上一行入營。管營門的負責官員又對皇上的隨從們說：「將軍有令，軍營中不准跑馬。」皇上就立刻命令隨從控制車馬行進的速度，緩緩走入軍營。入營後，將軍周亞夫手持兵器向皇上敬軍禮道：「為臣身穿鎧甲，不宜跪拜，請允許我以軍禮迎接皇上。」皇上很受感動，臉色嚴肅，莊重地站在車前的橫木前表示敬意。派人宣告說：「皇上慰勞將軍。」慰勞儀式完畢，皇上離開了軍營。

　　出了軍營大門，群臣都感到詫異。文帝慨嘆道：「唉，周亞夫才算真正的將軍啊！上次到霸上和棘門軍營時，那裡紀律鬆散，軍風不嚴，好像兒戲一般，他們的軍營易被敵人偷襲，主將易被敵人生擒。而周亞夫，他

的軍營誰能侵犯呢？」

　　後來，在周亞夫的率領下，果然打了勝仗，而且匈奴聽到周亞夫的名字都害怕得要死。

用人點撥

　　周亞夫雖然把皇帝的車馬拒之於軍營門外，讓皇帝失了面子，甚至冒了殺身之禍，但是文帝愛才，更明白什麼樣的人值得用，所以他並不為自己的喪失尊嚴而惱火，反而稱讚周亞夫為真將軍。

　　當前在用人的問題上，我們也要注意重用那些踏實肯幹、剛正直率的人，但這樣的人往往會遭到很多人的妒忌和破壞。做為領導者要充分肯定這些真幹實事的人，做到用人不疑；對於那些善於見風轉舵、極力恭維、奉承的人，則要處處小心，不要委以重任。

毀棄人才，錯殺晁錯

　　晁錯，潁川人。他為人性格嚴峻剛直。孝文帝時，天下研究《尚書》的人很少，僅聽說濟南有一伏生是原秦國的博士，精通《尚書》，但年紀已經九十多了，不能應徵到京師講授。漢文帝就下令詔太常，讓其派人到伏生那裡學習《尚書》。太常就派晁錯前往學習。晁錯學成歸來，向漢文帝報告，文帝很高興。任命晁錯為太子舍人、門大夫、家令。因為他很有學問，口才又好，所以深得太子寵幸，太子宮裡的人都稱他為「智囊」。後來晁錯又多次針對削弱諸侯王勢力，以及更定法令等事向文帝獻策，並數次寫文上呈給文帝，文帝雖然未採納他的意見，但對他的才能很是讚賞，升遷他為中大夫。當時太子也認為晁錯的計策很好，然而袁盎等一些大臣對晁錯則很嫉恨。

　　漢景帝劉啟即位後，升晁錯為內史。晁錯與漢景帝密議國家大事，景帝言聽計從，其得寵程度超過了九卿。在景帝的支持下，晁錯又對許多法令進行了修改。當時的丞相申屠嘉對晁錯很嫉恨，只是沒有找到合適的打擊晁錯的藉口。晁錯所居住的內史府在太上廟的內外牆之間，從東門走不方便，晁錯就命人穿鑿外牆，重新開了個南門以便出入。申屠嘉聞訊大怒，想藉此機會奏請景帝殺掉晁錯。晁錯得到消息後，連忙搶先向景帝說明了情況。申屠嘉來告發晁錯的時候，景帝說：「這不是廟的內牆，而是外牆，不應當法辦。」申屠嘉十分惱怒地退下，惡狠狠地說：「我應當先斬後奏，先奏請反而被這小子搶先誤了我的大事。」不久，申屠嘉病死了，晁錯就更受到景帝的厚愛了。

　　景帝前元二年，晁錯由內史升為御史大夫。擔任御史大夫後，晁錯上書景帝，請求景帝瞭解諸侯的罪行，削去他們的封地，收回他們所轄的一

些附屬地區。上書後，景帝召集三公、九卿、宗室大臣商議，沒有人敢反對，唯獨竇嬰提出反對意見。從此竇嬰與晁錯結下怨仇。晁錯制定了改革法令三十章，諸侯都起哄反對晁錯。晁錯的父親聽說這事後，從潁川趕來，對晁錯說：「皇上剛剛即位，你為政用事，侵削諸侯王的封地，離疏劉家的骨肉，怨聲很大，你何必這樣做呢？」晁錯回答說：「不這樣，天子的地位就不能穩固，國家政權就不安穩。」晁錯的父親接著說：「這樣做劉氏安穩了，可是我們晁氏就不安穩了。你跟我回家去，別在這裡了。我不忍心看你大禍臨頭啊！」晁錯不肯，晁父就當場飲毒藥而死。晁錯的父親死了沒幾天，吳、楚諸王串通一氣，以清君側、誅晁錯為名，發動了武裝叛亂。而竇嬰、袁盎則裡應外合，趁機離間景帝和晁錯的關係，於是景帝令晁錯穿上朝服，處斬於長安東市。

晁錯被處死，校尉鄧公從前線回來，向景帝彙報軍事情況。景帝問道：「你從前線回來，聽說晁錯已經被殺了，吳、楚罷兵沒有？」鄧公回答說：「吳王陰謀反叛已經數十年了，發怒於削地，以誅殺晁錯為藉口，可是他們的用意並不在晁錯，而是整個天下。我恐怕天下的有識之士不敢再談論削地的事情了。」景帝問道：「為什麼？」鄧公說：「晁錯是害怕諸侯強大而不能制服，所以請求您削弱諸侯的封地加強京師的實力，這是長遠的打算。計畫剛剛開始實行，晁錯就被殺了，對內堵住了忠臣的嘴不敢再說話了，對外是為諸侯報了仇，為他們拔掉眼中釘，我認為這件事陛下做得不對。」景帝喟然長嘆道：「你說得對，我也非常悔恨啊！」

用　人　點　撥

　　晁錯是中國歷史上一個非常有作為的政治家，他勇於改革，才智過人，是文帝、景帝時的重要謀臣。然而為了緩和與七國之間的矛盾，保住自己的帝位，一向十分信任晁錯的景帝，竟然也聽信了讒言，殺了晁錯。可見知人不一定能善任，善任還必須出以公心。

　　凡是改革和革新，肯定會有守舊的人多方阻攔。那麼做為領導者，一旦下定了決心，就該讓負責改革的人幹到底，無論遇到任何困難，都極力幫助他解決，而不是扯他的後腿，只有如此，才能使改革順利推行。既然把任務交給他了，就相信他，為他提供方便才對。

漢光武帝壓邪扶董宣

　　董宣，字少平，陳留郡人，他學問淵博，清正廉明，執法如山。大司徒侯霸對他很器重，向漢光武帝劉秀推薦他，被封為北海相。

　　北海郡武官公孫丹新蓋了一棟豪華住宅。風水先生說此屋宅基不吉利，需要一具屍體消災。公孫丹就指使兒子，殺了一個無辜的過路人，擺在這棟新屋裡消災。百姓憤憤不平，強烈要求董宣懲辦公孫丹，董宣即把公孫丹斬首示眾。

　　公孫丹的宗族朋黨三十多人在衙門前鬧事，他們帶著兇器打侍衛、砸宮門，叫喊著要董宣出來，還要他償還人命。董宣急得沒有辦法，命人把他們全都抓起來殺了。

　　青州刺史得知後，指責董宣不該殺這麼多人，將董宣等人逮捕處斬。正要開斬的時候，忽然聽到「刀下留人」聲傳來，原來是漢光武帝接到了北海百姓聯名要求赦免董宣的奏章，派使者持「免死牌」快馬趕來救人。青州刺史見是皇帝的命令，只得派人將董宣等暫時免死收押在監。

　　使者調查此案實情後，向漢光武帝稟報。漢光武帝認為董宣處死公孫丹父子是為民除害，而他命令手下人處死鬧事者是為了保衛地方治安。於是就宣佈董宣無罪，並改派董宣為宣化縣縣令，以後又派他當了賊寇猖獗的江夏郡太守。董宣任宣化縣令和江夏郡太守以來，仍然執法不阿，很受當地民眾擁護。江夏郡的賊寇無法藏身，社會秩序很快穩定，百姓無不稱讚董宣的作為。

　　許多皇親國戚和達官豪強聚居在京都洛陽，他們中的一些權貴仗勢欺人，常常搶劫民財，強搶民女，打死人命，人民怨聲載道，經常到朝廷告狀，鳴冤叫屈。漢光武帝為此頭痛極了，他為了壓抑這些非法權勢，保護

百姓利益，決心要換一個剛正不阿的人來當洛陽令。他想來想去，覺得董宣很適合這個職務。於是就任命董宣為洛陽令。

董宣上任後遇到的第一個案件，就是一件非常棘手的事情——湖陽公主的家奴行兇殺人。湖陽公主是光武帝的親姐姐，他的侍從在一家酒樓調戲一個賣唱的小姑娘。姑娘的父親上前阻攔，結果被這侍從一頓拳打腳踢，當場斃命。小姑娘奮力抵抗，也被活活打死。洛陽城的百姓都憤憤不平，強烈要求董宣懲辦兇手。但是湖陽公主存心袒護自己的侍從，將這侍從日夜藏在自己府上，不讓他出門。根據當時的法令，地方官是不能隨便到皇親國戚家中搜查的，董宣為此心急如焚。

董宣終於想出一個調虎離山的計策。他一面保持鎮靜，給人們製造一個不敢受理這個案件，企圖大事化小的假象；一面派人扮作普通平民，在湖陽公主府門前偷偷地觀察動靜，只要一有那個殺人兇手出來的消息，就馬上來稟報他。

幾天後，湖陽公主見風聲沒有那麼緊，料定董宣不敢處理她的家奴，便毫無顧忌地帶著這個家奴一起坐車出門。董宣派去觀察動靜的人，立刻回來稟報董宣。董宣聞訊，親自帶著衙役，飛步趕到湖陽公主車馬必經之地——坡北夏門亭等候。

公主的車馬果然來了。在行至夏門亭的時候，董宣拔出佩刀，大聲喝道：「殺人犯××下來。」馬車隨即停下。湖陽公主說：「董宣休得無理，家奴犯法，只能由我稟報皇上處理。」董宣說：「我是洛陽令，凡是本地區範圍的事情都由我處理。用不著勞煩聖上。」說著便將那個家奴拉下車來。

湖陽公主氣急敗壞地說：「你小小的芝麻官，好大膽子，竟敢藐視聖上？」董宣說：「王子犯法，與庶民同罪，何況是你的家奴。我作為洛陽令，理應為洛陽百姓做主，為皇上盡忠盡責，懲辦殺人兇手，哪有藐視皇上之理。」說罷，當場將那個殺人犯處死。

湖陽公主怒氣衝天地驅車直奔皇宮。他在漢光武帝面前哭訴，說董宣欺侮皇親，要皇上為他出氣。劉秀早就知道此事，聽公主說董宣已經懲辦

了兇手，心裡非常高興。他說：「好，董宣執法如山，為民除害，請姐姐息怒，殺人償命是自古以來的天理，董宣與你無冤無仇，懲辦殺人兇手不是對你而言的。」湖陽公主說：「文叔（劉秀名字）當百姓時，家裡也窩藏過逃犯和死囚，官府也不敢搜捕。如今做了皇帝，讓一個小小的洛陽令殺死了姐姐的家奴也不管，還要強作正經，教育起姐姐來了，你太沒有用處了。」光武帝說：「那是我當百姓時的事，現在做了皇帝，更要嚴以律己，帶頭嚴格執法。」

湖陽公主不聽，在光武帝的宮內大吵大鬧。光武帝沒有辦法，只好把董宣請來。在肯定董宣執法如山的行動後，要董宣給姐姐一個下臺階的機會，行個禮，說句處理過急的話。董宣說：「陛下，我沒錯，此禮不可行，此話不可說。」光武帝暗示兩個小太監將董宣推到湖陽公主面前，按著他的脖子作行禮狀。董宣硬挺著頭頸，脖子怎麼按也不動。

漢光武帝沒有辦法，示意董宣退下，說：「你這個脖子真硬，真是個強項令。」湖陽公主氣惱地走了。事後，漢光武帝親自來到洛陽府，大大表揚了董宣，賞給他三十萬金，以資鼓勵。董宣把這些金子都分給手下的官員和衙役。從此，董宣更加堅定不移地打擊那些橫行不法的強勢，洛陽邪氣開始受到壓抑。「強項令」也就成為洛陽居民對董宣稱讚的美名。

用　人　點　撥

　　董宣是個嚴格執法的好官，光武帝用他做洛陽令是選對了人。光武帝支持董宣處死權貴公孫丹，處死湖陽公主的家奴，這些事情都反映了光武帝對董宣的支持和輔助。既然把權力交給下屬，那麼只要下屬做得對，作為上級就該多多支持，不能因為自己的親戚朋友犯法，就試圖不遵守法律。只有領導者從自己做起，才能要求別人也遵守法律。

　　選擇執法者就該選那些公正廉潔的人，同時做為法律的制定者，也應該支持執法人員，不能徇私。只有如此，才能保證法律的公正性。

劉秀不拘一格用人才

　　劉秀不拘一格用人才，因此在他身邊薈萃了眾多的人才，這為他奪取天下奠定了有力的基礎。從以下幾個人的歸附，我們就可以看出劉秀用人的特點了。

　　鄧禹推薦寇絢給劉秀，說寇絢是「文物兼備，有牧人御眾」之才。於是劉秀就封寇絢做了河內太守，並且讓他行使將軍的職權。劉秀對寇絢關懷備至，將其視為心腹大臣。

　　有個叫卓莽的人，親仁友愛，官吏和百姓都不忍欺騙他，對他都十分尊敬，都說他很有治理地方的能力。當時他已經七十歲了，賦閒在家。劉秀聽說這個人，就親自去登門拜訪，以「名冠天下，當受天下重賞」為名拜其為太傅，封其為褒德侯。

　　伏湛是平原的太守，當時天下大亂，各處都在起兵，只有他安心治理自己的地區，安撫百姓，使境內安定平和，沒有讓百姓遭受戰爭之苦。百姓們都很敬佩他，都說他是個人才，可以擔當治理國家的大任。劉秀就封他做了尚書。

　　馮異跟隨劉秀東征西討，外號「大樹將軍」。他為人謙和不居功自傲，每次論功行賞，別人都在爭功，唯獨他卻坐在大樹底下休息，等別人都把功勞爭完了，自己才肯出來，留下的已經是最差的了。因而大家都把他叫做「大樹將軍」，以此來形容他不爭功的高尚品德。劉秀把他視為左右手，讓他獨當一面。

　　吳漢為人質樸，沉著而又有勇有謀，劉秀就封他做了大司馬。

　　賈複勇敢善戰，有決戰千里的威名。他在真定大戰中受了重傷，劉秀對此十分關心，親自去他家裡探望。聽說他的妻子懷孕了，劉秀就對賈複

說，如果你生了女兒，我生了兒子，那麼我就讓我的兒子娶你的女兒為妻子；如果你生了兒子，我生了女兒，我就把我的女兒嫁給你的兒子。賈複聽後非常感動，更加堅定了跟隨劉秀，為他效忠的決心。

朱鮪曾經參與殺害劉秀的哥哥劉演的行動。後來，更始皇帝打算派劉秀去北伐河北，朱鮪認為這樣會給劉秀兵權，於是勸皇帝不要這麼做。更始帝死後，劉秀圍困都城洛陽，朱鮪堅守洛陽，劉秀派人去勸降。並且要前去勸降的人告訴朱鮪說：「做大事的人不計較個人的恩怨，朱鮪如果歸降，我可以保證他的官爵，更不會殺他了。我可以對天發誓，我絕不食言。」朱鮪聽了這番話，命人把自己捆綁起來，親自來到劉秀面前請罪。劉秀十分感動，親手為他解開繩索，封他為平狄將軍，扶溝侯。

馬援曾經在蜀主公孫述那裡任職，後來投奔劉秀。劉秀就穿著便衣去迎接他，並且笑著說：「卿遨遊兩帝（指蜀主公孫述與自己）之間，今見卿，使人大慚！」馬援深受感動說：「當今之世非但君擇臣，臣亦擇君耳！臣與公孫述同縣，少相善，前至蜀，述陛戟（排好儀仗）而後進臣，臣今遠來，陛下何知非刺客奸人，而簡易若是！」劉秀笑著說：「你不是刺客，而是說客啊！」馬援說：「今天我看見陛下您恢宏大度，就好像當年的高祖劉邦一樣，我就知道您才是真正的帝王啊！」

用 人 點 撥

劉秀的領導核心由鄧禹、馮異、賈複、寇絢等組成。鄧禹善謀略，是劉秀的智囊；寇絢善於行政、理財；馮異、賈複等長於征戰。正是在劉秀周圍聚集了這些各式各樣、所長不同的人，劉秀才能在各個方面都棋高一招，以至於最後取得成功。

做為一個企業、一個集團的領導者來說，不必事事親力親為，一個成功的領導者應該像劉秀這樣，在身旁形成一個良性循環的管理機構，每個部門、每個方面都有得力的人手。這樣才是一個成功的領導者。

劉秀示信解疑

　　東漢初年，劉秀手下戰將馮異不僅英勇善戰，而且忠心耿耿，品德高尚。當劉秀轉戰河北的時候，屢遭困厄，在一次行軍途中，劉秀人困馬乏，糧草斷絕。饑寒交迫，眼看就要活不下去了，劉秀此時絕望到了極點。正在劉秀絕望之際，是馮異派人送來自己軍隊中僅有的豆粥麥飯，這才使劉秀擺脫困境。此後，劉秀的勢力越來越大，是馮異第一個建議劉秀稱帝。馮異為劉秀政權的建立立下了汗馬功勞。

　　馮異此人治軍有方，為人謙遜，每當將軍們勝利凱旋，各自誇耀自己的功勞時，他總是一個人躲在大樹下休息，不和其他人爭功。因此人們送他一個外號「大樹將軍」，可見這個人是多麼的謙遜。

　　後來馮異長期轉戰河北、關中，在他所走過的地方，百姓們都十分愛戴他，他的軍隊既不搶劫百姓財物，而且還處處為百姓著想，幫助百姓解決困難。因而在馮異所管轄的西部地區，人們安居樂業，北部邊防也得到鞏固。有馮異守護漢朝西北地方，劉秀十分放心。這自然引起了同僚們的嫉妒，他們不願意看到馮異這樣的威風，這樣的深得皇帝信任。於是一個名叫宋嵩的使臣，先後四次上書給劉秀，詆毀馮異，說馮異控制關中，擅自殺官吏，不把皇帝放在眼裡，百姓都稱他為「咸陽王」。如此下去，馮異遲早會舉旗反抗，成為朝廷的心腹大患。

　　劉秀看到宋嵩的奏摺，並不以為然。可是這個宋嵩還不死心，一個勁地上書給劉秀，一心想要把馮異置於死地。劉秀本以為不理睬他，他就不再上書了，不想他卻不肯罷手，劉秀於是嚴厲地責備了宋嵩，並警告他以後不准再送這樣的詔書。

　　馮異對自己久居在外，手握重兵，遠離朝廷，心中也很是不安，擔心

劉秀猜忌。於是一再上書，請示要回洛陽。說實話，劉秀的確對馮異不太放心，畢竟他掌握著朝廷的大部分兵權，控制著朝廷的西北邊疆。可是西北地區卻缺少一個像馮異這樣的人才。為了解除馮異的顧慮，劉秀便把宋嵩告發的密信送給了馮異。這一招果然高明，既可以解釋對馮異的深信不疑，又暗示了朝廷早有戒備，恩威並用，使馮異連忙上書表示自己的忠心。

劉秀這才回書說：「將軍您和我，從公義上說是君和臣的關係，從私下裡說我們的關係就如同父子，您多次在我危難的時候幫助我、救助我，我怎麼會對您心存猜忌呢？您儘管放心地治理西北，不必擔心啊！」

馮異收到劉秀的回書，心中感激不盡，從此對劉秀更加忠心，不敢有絲毫的怠慢。

用人點撥

對於領導者來說，掌握和完全控制屬下是很難的一件事情，這除了要對屬下有充分的了解外，還必須自己有縝密的判斷。說是不疑，其實沒有一個領導者對自己的手下是完全信任的。尤其是對馮異這樣掌握重兵、位高權重的大臣，更是國君懷疑的重點對象。只不過，一個聰明的領導者會把他的「疑」，表現出一種「不疑」的姿態。

要做到真正的疑人不用、用人不疑，不是一件容易的事情。一般的人才都不是等閒之輩，能力與野心同在，也很容易受到上司的懷疑。作為上司，應該具有容人之量，既然把任務交給了下屬，就要充分地信任他，放權放膽讓他盡情施展自己的才能，只有如此，才能人盡其才。

孫休不計前嫌用李衡

　　孫權臨終之前，妃妾爭后，諸子爭帝，互相殘殺。孫權駕崩後，廢帝孫亮即位，諸葛恪、孫峻受孫權遺囑輔佐。孫權在位時，諸葛恪看到後宮諸王爭奪太子位的勾心鬥角非常震驚，認為新主即位，原太子孫和與諸王留在京都非常不利，便上書將諸王分遣外地。孫權死前，為使孫和、孫休不受諸王爭帝之害，將孫和封為南陽王，讓他住在長沙；將孫休封為琅琊王，讓他居於虎林；孫權的小兒子孫奮封為齊王，讓他居於武昌。諸葛恪認為，琅琊王孫休居於虎林，齊王孫奮居於武昌，都封地瀕江，位置非常重要，恐怕二王據境有變，於是又將齊王孫奮改居豫章，琅琊王孫休改居丹陽。

　　丹陽郡太守李衡是孫權在世時一手提拔起來的，曾在諸葛恪手下做事，並且非常忠於諸葛恪。這時，李衡見琅琊王孫休來丹陽居住，心中十分害怕。李衡十分清楚，諸葛恪使孫休改居丹陽主要是防其有變。如果有朝一日孫休在丹陽生變，勢必牽連到他，他自恃有諸葛恪為後臺，多次侵侮孫休，使之無法在丹陽居住。同時上書皇帝孫亮，誹謗孫休不甘王位，恐怕仍要威脅京城的安全，建議將其遷居到會稽。李衡的妻子習氏很有遠見，也很賢慧，見李衡如此，就勸說道：「琅琊王本為先皇骨肉，先皇對我們有恩，還是不要做得太過分，況且三十年河東，三十年河西，如果將來琅琊王得勢，你還有什麼面目去相見？」但是李衡非常固執，不聽習氏的多次勸阻，堅持上書皇帝。孫亮見了李衡的奏章，當即准奏，即將孫休改居會稽。

　　東吳太平三年九月，孫琳廢棄孫亮帝位，在文武百官的壓力下，立琅琊王孫休即皇帝位。孫休即帝位後，李衡想起過去對待孫休的態度和做

法，悔恨莫及，認為孫休絕不會與自己善罷甘休，必將進行報復。便與妻子商議，為了保全性命，不如棄吳投魏。妻子習氏又勸阻說：「不能這樣做。君原本為平民百姓，所以能有今日富貴，都是先皇的恩典。你對當今皇帝過去有許多無禮之處，已經對不住先帝了，現在如果你棄吳投魏，叛逃求活，更是一錯再錯，如此不仁不義、不忠不孝，將來還有什麼面目再見江東父老鄉親？」這時李衡實在感到進退兩難，如果棄吳投魏，怕遭臭江東；如果留在東吳，又怕遭到孫休報復。面對此種情況，李衡急得直抓頭皮問道：「那我們該怎麼辦呢？」妻子習氏說：「琅琊王原來在丹陽的時候就心地善良，愛慕將才，今日剛剛稱帝，大赦天下，我看絕不會計較過去的恩怨而加罪於你。以我的看法，只要你自縛上殿，向皇帝請罪，不但不會有殺身之禍，說不定還有可能免除你的全部罪行，官復原職。」李衡一想，事情已經這樣，別無他路可走，也只好按照妻子的話去試一試了。

　　於是他忐忑不安地把自己捆綁起來，來到監獄投案自首，等待皇帝治他的罪。景帝孫休知道這件事情後，果然像李衡之妻預料的那樣，下詔赦免李衡，令其還郡任職，並加封他為威遠將軍，授以綮戟（古時官吏出行時用作前導的一種儀仗）。這件事情的處理，體現了景帝孫休的胸懷大度，從而使他深得眾望，並為其以後智除權臣奠定了基礎。

用 人 點 撥

　　對於像李衡這樣的人，如果你礙於前嫌，睚眥必報，那麼他肯定會背叛你，成為你的敵人；而如果你像孫休一樣，不但不報復他，反而重用他，那麼他就會心存愧疚，加倍地回報於你。這是孫休用人的智慧。

　　對於那些曾經犯過錯誤的人才，做為領導者要寬宏大量，給他們改過的機會，人不可能永遠不犯錯誤，犯錯誤能夠改正，就是好樣的。不給人才改正的機會，只要犯錯誤就一棍子打死，這樣的領導者永遠也留不住人才。

孫權信任諸葛瑾

　　自古以來，歷代成就大業的帝王，有諸多因素，而用人無疑是一個非常重要的因素。孫權信任諸葛瑾就是個例證。

　　孫吳諸葛瑾，字子瑜，琅琊陽都人，諸葛亮的兄長。東漢末年，軍閥混戰，諸葛亮於隆中躬耕隴畝，後經劉備「三顧茅廬」出山為其所用；其兄諸葛瑾，避亂江東，經孫權的妹夫弘資的引薦，來到孫權帳下，並且受到孫權的友好相待。最開始，孫權封諸葛瑾為長史，後來又封他為南郡太守，再後來又提升他為大將軍，領豫州牧。

　　諸葛瑾受到重用，引起了一些人的嫉妒，他們暗中造謠、胡亂猜疑，說他明著是保孫吳，暗地裡卻通劉備，為其弟諸葛亮所用。一時間謠言四起，滿城風雨。孫吳名將陸遜善明是非，他聽說後非常震驚，當即上表保奏，聲明諸葛瑾心胸坦蕩，忠心事吳，根本沒有不忠不孝之意，懇請孫權不要聽信讒言，應該消除對他的疑慮。

　　孫權看了陸遜的奏章，對他說：「子瑜與我共事多年，親如骨肉，彼此瞭解得十分透徹。對於他的為人，我是知道的，不合道義的事情他不會做，不合道義的話他不會說。劉備從前派諸葛亮來東吳的時候，我曾對子瑜說過：『你與孔明是親兄弟，而且弟弟應隨兄長，在道理上也是順理成章的，你為什麼不把他留下來呢？如果你要孔明留下來，他一定不敢違背你做兄長的意願的。到那時我也會寫信勸說劉備，劉備也不會不答應。』當時子瑜回答我說：『我的弟弟諸葛亮已投靠劉備，應該效忠劉備；我在你手下做事，應該效忠於你。這種歸屬決定了君臣之分，從道義上說，都不能三心二意。我兄弟不會留在東吳，就和我不會到蜀漢主那裡是一個道理。』這些話，足以顯示出他的高貴品德，所以我根本不會相信人們所說

的那種事情。子瑜是不會負我的，我也絕不會負子瑜。前不久，我曾看到那些文辭虛妄的奏章，當場便封起來派人交給子瑜，我並寫了一封親筆信給子瑜，很快就得到了他的回信。他在信中論述了無下君臣大節自有一定名分的道理，使我很受感動。可以說，我和子瑜已是情投意合，而又是相知有素的好朋友，絕不是外面那些流言蜚語所能挑撥得了的。我知道你和他是好朋友，也是對我的一片真情實意。這樣，我就把你的奏表封好，像過去一樣，也交給子瑜去看，也好讓他知道你的一片良苦用心。」

　　正是因為孫權的信任，才使得諸葛瑾對孫權更加忠心，為孫吳的強大，做出了不少的功績。

用 人 點 撥

　　孫權重用諸葛瑾，引起了一些人的妒忌和讒言，但因孫權瞭解諸葛瑾，所以沒有因為讒言而懷疑諸葛瑾，而是對其更加信任。作為一個執政者，如果做不到這一點，聽到讒言就對其下屬不予信任，那麼只能敗壞了自己的事業，導致身敗名裂，國破家亡。

　　對於一個人來說，別人對他的信任是最重要的，如果他感覺到領導者對自己的不信任，就不會踏踏實實地工作，甚至會有異心，這樣，對領導者的事業是非常不利的。所以做為一個領導者，在沒有確切證據前，不要輕易的懷疑自己屬下。

重用奇才轉危為安

　　荀彧子文若，潁川潁陽人。少年時，南陽太守就發現他的才能不一樣，稱讚道：「王佐之才。」永漢元年，被舉為孝廉，拜為守宮令。董卓之亂時，荀彧帶領著宗族遷至冀州。而這時袁紹已經奪取了韓馥的位置，霸佔了冀州，見到荀彧待之以上賓之禮。荀彧的弟弟及同郡的辛評、郭圖等人，都被袁紹重用。荀彧估計袁紹不能成就大事，當時曹操為奮武將，在東郡。初平二年，荀彧離開了袁紹投奔曹操，曹操大喜地說道：「荀彧就是我的張良。」於是任命他為司馬，當時荀彧只有二十九歲。

　　自從曹操把漢獻帝迎到許昌以後，袁紹很不服氣，就給曹操寫了一封信，措辭驕橫傲慢，曹操大怒，於是把袁紹書信給荀彧看，說道：「我想討伐這個不顧大義之人，但是我的力量目前還沒有他強大，怎麼辦？」荀彧說道：「從古代戰爭的成敗看，如果有人才，即使是弱小會變為強大，假如沒有人才，即使強大也很容易衰敗的，劉邦和項羽的成敗，足以說明這個道理。現在要與主公爭奪天下的，只有袁紹。袁紹表面待人寬厚而內心嫉妒，用人而疑其心，內部不團結。而您寬宏大量，只要是人才就能夠合理利用，這在用人的肚量上你就勝過了袁紹。在智謀上、武力上、德操上，您都勝過他許多，他的兵再多又有什麼用呢？」曹操聽了很高興。

　　三年之後，曹操與袁紹直接抗衡。孔融被袁紹的表面優勢嚇倒，擔心曹操敵不過袁紹，荀彧說：「袁紹雖然兵多，在法紀並不嚴整，他的幾個文官謀士必定會發生內變，而幾個重要的武將都是匹夫之勇。」

　　曹操與袁紹的交戰終於來臨，連續作戰後，曹操被袁紹的大軍圍困，糧草都快用完了，士兵又很疲憊，曹操於是寫信給荀彧，徵求意見，想回許昌。荀彧回信說：「現在軍中糧草缺少情況，不如項羽、劉邦的成皋之

戰時困難，雙方都很疲憊，誰能夠堅持到底，勝利就屬於誰。這是比毅力的時候，機不可失。」於是曹操繼續堅持，又用一支奇兵襲擊了袁紹的屯糧基地，袁紹只得退兵，曹操從而獲勝，一舉奠定了自己在北方的霸主地位。

用 人 點 撥

　　曹操能夠在官渡之戰中取得勝利，是與他善於識別和選拔一批年輕有為、出類拔萃的人才分不開的，而荀彧正是這些人中傑出的一個。他年輕、敏銳、知識廣博，不被表面現象所迷惑，有相當的政治洞察力，使得曹操在關鍵時刻轉危為安，轉敗為勝。這反映出曹操在用人方面高超的水準和博大的胸懷，而像袁紹那樣表面上寬厚內心疑慮重重的人，是很難得到別人的幫助的，失敗也就在所難免。

曹操用人氣量不凡

　　陳琳以前為何進的主簿。何進想殺掉宮中的太監，太后不同意，何進就打算號召各路武將，帶兵進京，藉此恐嚇威脅太后，同意殺掉宮中的太監。陳琳勸告何進說：「《易經》中有這麼一句話：『做事情如果條件不具備而草率從事，就必然會徒勞無功。』諺語中也有『閉著眼睛捉麻雀，是自己欺騙自己』的話，就是這樣的小事情都不能夠用欺騙手段達到目的，何況關係著國家的大事，這怎麼能欺騙得了人呢？將軍現在聚集皇家的權勢於一身，兵權在握，氣勢威武，又受到上級下屬的尊重；憑這樣的優勢來誅滅宦官，非常輕而易舉，如果放棄這些有利條件，就會助長他人的成功。等到各路大軍會聚京城之時，強者就會稱雄，把主動權交給別人，不但自己的目的達不到，還會給叛亂準備條件。」何進沒有採納陳琳的意見，最後終於遭到失敗的下場。

　　何進失敗後，陳琳跑到冀州避難，袁紹叫陳琳寫了一篇討伐曹操的檄文散發各州郡。在檄文中陳琳對曹操和他的祖輩、父輩大肆進行人身攻擊。袁紹失敗後，陳琳歸附曹操，曹操對陳琳說道：「你過去為袁紹寫檄文，只揭露我的罪狀就行了，要罵就罵我一個人好了，為什麼罵到我的父親和祖父呢？」陳琳急忙謝罪，曹操愛陳琳之才，沒有追究他的罪過，並重用陳琳為司空軍謀祭酒，軍國的許多重要文書和檄文，後來都是陳琳所作。

用　人　點　撥

　　陳琳在袁紹手下謀事的時候，曾寫過討伐曹操的檄文，大罵曹操的祖宗三代。後來袁紹敗亡，陳琳被俘，曹操愛惜他是個人才，不記恨他，反而重用他，後來陳琳成為曹操的高級軍事參謀。

　　古往今來，成就大業者，大都胸懷寬廣，善於容人納賢，包括反對過自己的人，這樣才能夠將所有有才能的人聚集到自己手下，不斷發展自己的事業；對個人的小怨小憤斤斤計較，不僅得不到想要的東西，反而會失去不可多得的人才的幫助，正所謂得不償失。

海闊憑魚躍

賈詡字文和，武威人，年輕時不被人瞭解，只有漢陽閻忠認為他才能出眾，可比張良、陳平。

那時將軍段煨屯兵華陰，段煨是賈詡同鄉，於是賈詡離開了李傕投奔段煨。賈詡平素在李傕軍中很有聲望，投奔段煨後受到段軍的歡迎。段煨見此情況，擔心自己的大權被賈詡所奪，心生疑忌，但表面不露形跡，反而對賈詡倍加客氣，賈詡更感不安。

這時張繡在南陽，賈詡就去投奔張繡。將要離開段煨時，有人問賈詡：「段煨待你不薄，你為什麼要離開他呢？」賈詡回答說：「段煨生性多疑，有嫉妒我的心理，待遇雖然豐厚，但不可靠，時間一久，他會謀害我的。我離開他，他一定暗地裡高興，也會照顧好我的家人。」

後來曹操與袁紹在官渡開戰，袁紹派人請張繡助戰，同時又寫了一封信給賈詡，表示友好，希望結交。張繡打算去幫助袁紹，賈詡在座中公開的對袁紹的使者說：「你回去告訴袁紹，謝謝他對我的關心，他連自己的兄弟都不能相容，難道還能容得下其他人嗎？」張繡聽後，非常吃驚地說：「怎麼能夠這麼說呢？」接著又小聲的對賈詡說道：「你這樣做，我們依靠誰？」賈詡說：「不如跟隨曹公。」然後說出了充分的理由跟隨曹操比跟隨袁紹強。張繡聽從了賈詡的意見，率領部下歸屬曹操。曹操見了他們非常高興，拉著賈詡的手說道：「使我的信義受天下人所尊重，是你的功勞啊。」於是上表保奏賈詡為執金吾，封都亭侯，升遷為冀州行政長官。袁紹圍繞曹操於官渡，賈詡幫助曹操想盡辦法衝出袁紹的包圍，然後圍攻袁紹三十多里地的大營，袁紹大敗，河北從此成為曹操的地盤。

用 人 點 撥

　　賈詡拋棄段熲的豐厚禮遇，拒絕袁紹的「友好善意」而決定投奔曹操，為鞏固和擴大曹操的政權盡心盡力，其原因正是前二者嫉妒賢能、多疑，無容才用才之心。對於一個胸懷遠大、以國家事業為重的人來說，再美好的個人生活，莫過於獲得一個有施展才能的工作環境。而做為領導者，應該胸襟寬闊、寬厚待人，努力為人才創造出一個好的工作環境，使得他們的才能得以充分發揮。

劉備禮待張松進西川

　　曹操先後大破西涼馬騰和馬超，漢中太守張魯受驚。張魯自知抗曹的實力不足，聯想到殺他母親的仇人益州劉璋昏弱，決定先取西川，以擴大自己的地盤，而後，再在西川稱王抗曹。

　　益州劉璋得此消息，急忙召集眾臣商量對策。別駕張松說，主公可派人勸說曹操曾破馬超、馬騰的良機，急速興兵取漢中，攻張魯。這樣，張魯為了抵抗曹操，自然無力取西川。劉璋覺得張松說得對，確能暫解西川當前之圍，便派張松去許都勸曹操從速攻張魯。

　　其實張松的真實意圖不在這裡。他早對劉璋的昏庸懦弱不滿，希望有個賢明君主來接替西川。他深知張魯不如曹操，聽說張魯取西川，覺得不如讓曹操來取西川的好。便以勸曹操攻張魯為名，趁機騙取劉璋的信任，讓他去曹營請曹操先張魯取西川。

　　張松暗中把早已繪製好的西川地圖，帶在身上去許都見曹操。可是善於用人的曹操，自從破馬騰、馬超後，也滋長了驕傲的情緒。他閉門不出，飲酒作樂。聽到西川張松來此，一直不想接見，讓張松在西川空等了兩天。第三天，曹操才勉強出來接見。他見張松額頭尖、鼻子下垂，齒露出，身長不過五尺，心裡早有不悅。他認為來的是個粗魯莽夫，說話像敲銅鐘一樣，連他的來意也不問，開口就毫不客氣的問劉璋為何久久不進貢。

　　張松說：「我們主公本想來進貢，只是因為西川到這裡路途艱難，賊寇眾多，帶東西很不安全，所以暫時沒有進貢。等將來清平之日，定能補貢無疑。」

　　曹操說：「我不是早把中原賊寇都掃清了嗎？還有什麼不清平的地區

嗎？」

　　慕名而來的張松，早就對久久不接見他的曹操有反感。聽到這些驕矜的問話後，感到人們對曹操的好評有所失實，便也不客氣的說：「丞相大人，不能這麼講吧！當今，南有孫權，北有張魯，西有劉備，群雄互不相讓，天下年年鬧戰災，百姓饑荒難度，盜賊時有出現，怎麼能說清平呢？」

　　曹操大怒，拍案而去。張松也大失所望對在旁的其他人說，西川雖窮，但從來沒有看到這樣驕橫跋扈的人。

　　曹操主簿楊修見張松作為使者遭受如此委屈，感到有些失禮，便將他請到自己家裡做客。楊修在用家宴款待張松後，特以《孟德新書》相送。張松將此書從頭至尾通讀一遍後，隨即向楊修背誦如流，一字不錯。楊修聽後為張松的非凡記憶感到敬佩。便對曹操說張松是個難得的人才，建議曹操再次熱情接見他。

　　曹操聽說張松有才，覺得上次接見有些失禮，又想到連他的來意也沒有問，便同意了楊修的意見，再接見他一次。

　　但是曹操覺得上次張松的話小看了他，心想這次接見也要讓他看看實力，他把接見地點改在有五萬雄兵操練的校場。當張松被帶到校場看了一陣操練後，曹操才走下校場接見他。開頭就問張松西川有沒有這樣的雄兵。張松見曹操故態不改，也心懷不服地說：「如此雄兵西川自然有，東吳、荊州、漢中都有。主公不要過於滿足於自己的一切，曾記得當年燒赤壁、走華容、割鬚棄袍的事嗎？」

　　曹操見張松揭他的老底，不覺又怒火上升，喝令衙役將他綁了，揚言要斬。經楊修勸止後，方令眾人亂棒將他趕出門外。

　　原想引曹操取西川的張松，不想曹操竟然是個不聽逆耳忠言的人。他想這次既然碰了這麼多次釘子，也只好放棄了寄希望於曹操的念頭。他曾多次聽到劉備用元直和請諸葛亮的事情，心想劉備也許會好些，於是改道荊州，打算去會會劉備。

　　劉備由於諸葛亮的指點，急於取西川。他早知道張松有才，在得知張

松去許都的消息後，早就派人打探張松在曹操那裡的行動情況。當得知張松屢次受到曹操冷落後，劉備即派趙雲去許都迎接張松。

張松來荊州的途中，遇到一個帶著五百騎兵的將領突然向他失禮問話：「請問先生可是西川張大夫嗎？」張說說：「正是在下，請問將軍何往？」

那將領連忙下馬，拜見張松，喜出望外地說：「我是常山趙雲趙子龍，奉主公劉玄德之命，專程來迎接大夫去荊州的。」說罷，忙令軍士在途中擺出帶來的酒菜，為張松接風。

張松頓然心裡熱乎乎的，覺得劉備果然待人不錯，很高興地喝了接風酒，與趙雲同回荊州。

他們行至荊州邊界，天色已晚。突然看見有百餘人站在一個旅店門口打鑼鼓，只見隊伍前面一個將領向張松拱手失禮說：「雲長奉兄長之命，為大夫在此打掃住宅和床桌，迎接大夫歇息。」張松很是高興，當晚與趙雲、關羽在旅店飲酒，至深夜才睡。

次日，張松隨關羽、趙雲來到荊州城郊，劉備、諸葛亮和龐統等人前來迎接。劉備把張松接到宮中，設宴款待。張松在那裡住了三天，吃的是好酒好菜，睡的是繡花棉被，每天與劉備派來的大臣談心。

透過與劉備等人的接觸，張松為他們的盛情款待所感動。他又發現劉備確實愛才，樂於聽取意見，又有遠大的抱負，還有一批賢才名將，感到這才是治理西川的好頭領。隨即在第三天勸劉備取西川。他說荊州東有孫權爭奪，北有曹操干擾，不是久戀之地。西川本來人傑地靈，只因為劉璋不能用賢納諫，才地弱民窮。皇叔何不取西川，既可大興漢室，又可大振西川。劉備說：「西川千山萬水，地形複雜，不易進兵，恐怕我會辜負先生厚望啊！」張松隨即拿出地圖獻給劉備。劉備見此圖，里程、道路走向，山川險要，糧倉軍庫，城鎮坐落，標識得非常清楚，不禁大喜。

張松還向劉備推薦心腹法正、孟達二人相助。請劉備到時用他們，張松表示一定要與他們一起作為內應。

張松獻圖後，隨即辭行回西川，劉備率眾臣於十里亭設宴送行。

　　張松回益州後，向劉璋稟報，說曹操欲篡權天下，也有取西川之心，如果他與張魯共取西川，西川恐怕有危險。他說劉備與主公同宗，仁慈寬厚，主公可迎劉備來西川救援。曹操在赤壁之戰，知道劉備是不能輕易對付的，只要劉備來西川，曹操就不敢輕易舉兵，張魯就更不敢了。

　　劉璋認為此計甚好，便按張松的意見，派法正先持劉璋書信去荊州請劉備，後派孟達帶五千兵，迎劉備入川。

　　當年冬天，劉備率龐統、黃忠、魏延，隨法正、孟達進西川，劉璋通知沿途州郡，供給錢糧，親自帶三萬人馬來涪城迎接劉備。劉備在西川站住腳後，以張松、法正、孟達為內應，掉過頭來打劉璋，劉璋大敗，降備，劉備遂領益州牧。

用人點撥

　　尚能禮賢納諫的曹操，自大破西涼馬超、馬騰兄弟後，驕橫起來，冷淡了前來幫他取西川的張松，容不得張松揭他的短，將張松拒之門外。而劉備則禮待張松，張松隨即投靠劉備，幫助劉備取西川。

　　曹操、劉備兩人對張松截然不同的態度，造成了截然不同的結果。做為一個領導者，最重要的就是要禮賢下士，重用人才。不能像曹操那樣以貌取人，驕橫無禮，這樣永遠也得不到人才的幫助。

諸葛亮選賢任能

　　西元二二二年，蜀吳兩軍在夷陵會戰，結果蜀軍大敗，幾乎全軍覆滅。劉備倉皇逃到白帝城。經過這次重大的打擊，劉備的元氣大傷，從此一病不起。西元二二三年，劉備自知時日不久，於是派人去都城請來諸葛亮和他的兩個兒子，做最後的交代。

　　劉備見到諸葛亮，兩眼含淚，激動地說：「先生，我當年在隆中初次和您見面的情形，至今還在我眼前浮現，這些年來，您為了我建立大業出謀劃策，居功至偉。可是我卻沒有聽您的勸告而去進攻孫吳，結果招來這麼大的不幸，連性命都難保了。」諸葛亮緊緊握住劉備的手，眼淚也不住地往下淌。劉備接著說：「先生我自知命已不久，我死後萬事就託付給您了！」說著，他使勁的拉住諸葛亮的手說：「丞相的才能比曹丕高千倍萬倍，一定能完成治國的大業。要是阿斗可以輔佐，您就輔佐他，如果他實在不行，您就乾脆代替他，自己做主公吧！」

　　諸葛亮一聽到這裡，心中一陣酸痛，連忙抱緊劉備的雙手，低頭痛哭道：「臣下怎麼敢不全心全意地報答您呢？承蒙主公對我的知遇之恩，我就是死了，也要盡心輔佐太子啊！」接著，劉備又給太子寫了遺詔，讓他們兄弟三人要像對待親生父親那樣，對待丞相。隨後沒過幾天，劉備就撒手人寰了。

　　十七歲的劉禪，也就是阿斗，在劉備死後不久就繼承了皇位，並加封諸葛亮為武鄉侯，稱其為相父。從此，蜀漢政權事無鉅細都要由諸葛亮決斷。為了治理好國家，諸葛亮不僅教育劉禪要「親賢臣，遠小人」，而且還特別重視選拔人才，不拘一格使用人才。他寫了《便宜十六策》呈獻給後主劉禪，再三強調選賢任能的重要性。

　　聯吳抗曹是諸葛亮振興蜀漢的重要戰略決策，可是夷陵之戰，蜀吳聯盟遭到破壞。諸葛亮擔心孫權會趁劉備剛死之際，對蜀漢發動突然襲擊，於是想找一個得力的人去吳國修好，可是苦於找不到合適的人選。正在諸葛亮愁眉不展之際，尚書鄧芝來拜見諸葛亮，當二人談到目前國家的狀況時，鄧芝說：「眼下皇上年幼，且初登大寶，民心不安。如果要完成先皇的統一大業，就必須摒棄前嫌，和吳國修好。只有如此，才能消除東顧之憂，才能北上中原，不知丞相意下如何？」諸葛亮聽到這裡，臉上不禁浮現出幾分喜色，他笑著對鄧芝說：「我對這件事情已經考慮很久了，只是我正苦於找不到一位合適的人選出使吳國。今天我終於找到這個人了！」說著慢條斯理地品起茶來。鄧芝興奮地問道：「這個人是誰啊？」諸葛亮神祕一笑，說：「就是你啊！聽了剛才您的一番話，我知道只有您最瞭解聯吳的目的，所以也只有您能順利地完成聯吳的使命啊！」於是諸葛亮立刻派鄧芝出使吳國。鄧芝到吳國的時候，正巧魏國也派人來說服孫權，聯魏攻蜀。鄧芝並不畏懼魏國實力強大，充分發揮自己能言善辯的本領，不但幫助孫權分析聯蜀抗曹的優與劣，還幫他分析聯魏攻蜀的優劣，通過對比，最終說服孫權放棄聯魏攻蜀的念頭。從此蜀吳兩國又結成了抗拒魏國的聯盟，不斷地發展友好關係，使得三國鼎立的局面得以進一步地延續。

　　鄧芝此次出使吳國還有一個重要的任務，就是要求孫權釋放蜀國巴郡太守張裔。張裔原本是成都人，很有學問，辦事果斷，善於處理政事。劉備佔領四川後，他被任命為巴郡太守。後來四川益州的一個豪強勾結孫權，把他綁架到了吳國。諸葛亮非常愛惜張裔的才能，特地囑咐鄧芝一定要把張裔帶回蜀國。張裔在吳國的數年間，被流放到南海，他盡力掩飾自己的才華，讓孫權看不出他的底細，孫權觀察張裔那麼久，也看不出什麼過人之處，所以當鄧芝提出要帶走張裔時，孫權也就爽快地答應了。臨走的時候，張裔和孫權進行了一次很風趣的談話，孫權這才發現張裔很有才幹。事後，孫權懊悔不該把張裔放走，便趕緊派人去追。張裔深知孫權也是個很會用人的人，但是更加欽佩諸葛亮的才德。所以張裔日夜兼程地趕路，等到孫權派的人快要追上他的時候，他已經進入蜀國境內數十里了。

張裔到了成都，諸葛亮根據他的學識和才幹，馬上讓他做了丞相府的參軍，又兼任益州治中從事。

後來諸葛亮帶兵北上，進駐漢中時，又命張裔和蔣琬一起擔任丞相府長史，代自己掌管蜀國的政事。由於用人得當，諸葛亮雖然常年在外征戰，而蜀國的內部卻治理得井井有條。

諸葛亮不拘一格使用人才的結果，使蜀漢地區政治清明，官吏廉潔奉公，開明守法。當時蜀國內外重要的官吏，如蔣琬、姜維、楊洪、鄧芝等人都是清官，他們不治私產，去世的時候都和諸葛亮一樣，家無餘財。因此蜀國才成為三國時期治理得最有條理的國家。

用人點撥

人才是成就事業的關鍵，合理地使用人才，才能使事業興旺。任何一項事業的成功，沒有人才的輔佐是不可能的。自己掌握的人才，要充分發揮他們的所有潛能，讓他們把自己最大的力量用到你的事業中去，只有如此才能不浪費人才。

諸葛亮就是這樣一個善於發現人才潛能的人，發現了人才的本領，就可以不拘一格，大膽提拔任用。要想成就一番大事業，光靠一個人的本領是不行的，縱然諸葛亮本事再大，如果沒有張裔、鄧芝這些人的輔助，也無濟於事。所以做為一個領導者，必須學會如何正確地使用人才，讓他們發揮自己最大的能量。

齊武帝用人不計門戶

　　西元四八二年三月，南齊高帝蕭道成在臨光殿去世，由太子蕭賾繼承帝位，是為齊武帝。齊武帝生於西元四三九年，卒於西元四九三年七月，終年五十四歲，在位十一年。

　　武帝蕭賾，在幫助其父蕭道成奪取帝位後，又歷任州郡長官，積累了一些治國的經驗，其中最重要的一條，就是唯才是舉，不計較門第高低選用人才，並且能夠做到量才使用。如中書舍人紀僧真出身寒微，但很有才能，智謀過人。齊武帝發現後，命他擔任中書舍人，從此將他視為親信大臣。紀僧真向武帝請求道：「臣不過是出身於本縣的一名武官，幸運地趕上清時盛世，官階和榮耀才如此之高，我的兒子又娶了苟昭光的女兒為妻，實在擔當不起。我一切都滿足，別無他求，只求陛下允許我做士大夫。」對此武帝沒有應允，仍然堅持要他做中書舍人。事後武帝經常對其他文武大臣說：「人生何必計較門戶？紀僧真出身寒微，但人才出眾，智謀過人，士族豪強都趕不上他。我不重用他難道去重用那些出身高貴，但是能力低微的貴族嗎？」

　　按照南齊舊的制度規定，在京城，各個親王只准有四十名侍衛跟隨。但是長沙王蕭晃非常喜好威儀，視規定於不顧，進京時私自帶了幾百名武士。武帝聽說這件事後大怒，要將他繩之以法。豫章王蕭嶷叩頭哭著求情說：「先帝臨終時囑咐我們要相互扶持，萬不能兄弟之間相互殘殺。劉姓如果不是骨肉之間相互殘殺，外姓人怎麼會有可趁之機？讓我們引以為戒！現在蕭晃的罪過，誠然不可以寬恕，但請陛下不要殺他啊！」武帝聽了蕭嶷的話後便低頭哭了。想起父王生前的教誨，就像在昨天，歷歷在目。於是武帝看在兄弟之情的分上，沒有將蕭晃處死，但是從此再也不信

任他了。

　　從上述兩件事情可以看出，武帝蕭賾在位期間，為政比較清明。能夠不計門第廣選人才為其服務。所以在他統治齊國的時候，出現了前所未有的太平盛世。

用 人 點 撥

　　人才，無論出身高低，只要是人才就大膽拿來用。出身、地位這些外在的東西，都是人才不可選擇的。只要是真正有本事的人，何必計較他的出身呢？做為領導者最關鍵的是看他的能力。

　　同時，對於自己手下的人才，要量才使用。不能大才小用，就像蕭賾對紀憎真一樣，紀憎真有做中書舍人的本事，就讓他做中書舍人，不能委屈他的才能，讓他做士大夫；相反，也不能小才大用，明明沒有那麼高的本事，還要賦予他重要的任務，這樣不失敗才怪呢。所以領導者一定要善於發現人才的潛力，從而給他們正確的歸位。

陳霸先用敵將終稱王

　　陳霸先，南朝最後一個王朝陳的開創者，世稱陳武帝。他出身小吏，以勤勉得到梁朝宗室蕭映的賞識，蕭映任廣州刺史，他隨同赴任，為中直兵參軍。蕭映死後，他又參與平定交州的叛亂，任西江督護、高要太守，督七郡諸軍事。梁武帝太清二年冬，侯景作亂，包圍京城建康。太清三年，陳霸先於廣州起兵，後受湘東主蕭繹節制，與王僧辯共同攻滅侯景。蕭繹即位後，陳霸先為南徐州刺史，鎮守京口。蕭繹被西魏俘虜殺害後，陳霸先攻殺王僧辯，獨攬朝政，並於梁敬帝太平二年接受敬帝禪讓，正式建立陳朝。

　　陳霸先由寒微的小吏，而最終能成為一代君王，與他豁達大度、能任使過去的仇敵是分不開的。如杜僧明、周文育曾圍攻廣州，被陳霸先生擒後遂歸入他麾下。侯鎮原為王僧辯部下，王僧辯被殺後，侯鎮居守豫章不肯入朝，後來他的部眾叛散，有人勸他投奔北齊。侯鎮思索良久，認為陳霸先肚量大，一定能夠容納自己，於是就親自去向陳霸先請罪，陳霸先非常高興，親自迎接他，而且還恢復了他的官職。

　　魯悉達曾依附於王琳與陳曙先之間，遷延觀望。接受雙方授予的官職，但都不服從，陳霸先曾派將軍沈泰去襲擊魯悉達，被他擊敗。後來魯悉達被北齊軍擊破，才率部歸順陳霸先。陳霸先問他說：「你為何遲遲才來歸順於我？」魯悉達回答說：「臣鎮撫上游，甘願為您守護邊疆，陛下您授予臣官職，對臣有厚恩。沈泰總是攻擊臣，臣也深深畏懼他，所以您和他我都不敢得罪。現在臣之所以來歸順於您，那是因為我早就聽說您是個豁達大度的君主，就像當年的漢高祖劉邦一樣。」可見陳霸先的肚量已為他的敵人所折服。而這些昔日的仇敵，後來都隨陳霸先東征西討，為他

創建政權立下汗馬功勞，成為開國元勳。

　　清代史學家趙翼很欣賞陳霸先的容人之量，指出：「（杜僧明等人）或臨陣擒獲，或力屈來降，帝皆釋而用之，委以心膂，卒得其力膂，以成偏安之業。其度量恢弘，知人善任，固自有過人者。」應該說這個評價是很恰當的。

用 人 點 撥

　　大凡有所作為的領導者，都是能夠容忍那些曾經反對過自己的人，都是不計小仇而用其能的人。一個領導者，如果連這點容人之心都沒有，那就很難會成功。歷史上有不少這樣的例子值得我們借鑑。

　　只要這些人才是真心地歸順你，那就給他們施展的機會。但是容人也有個限度，不能一再忍讓，而丟了自己的本性。要在允許的範圍內，做出適當的容許，不能為了留用人才，而不顧原則，一味退讓，這樣只能使他們越來越變本加厲，以至於最終可能會超越職責，不聽領導者的領導。

拓拔弘用奴當刺史

北魏孝文帝拓拔弘，見定州不安定，要朝中大小官員給他物色一個能夠鎮守定州的將領。

不久，眾官員向他推薦了十多個鎮守定州的人選，其中有個多年侍候皇帝吃飯的趙黑，使拓拔弘很感興趣。

拓拔弘早就聽說過趙黑這個人，這個人與眾不同，是甘肅涼州人，漢族，奴隸出身。他在皇宮裡經常給人談古論今，喜愛講少年立志、刻苦讀書，長大後成為名人和歷代興衰的故事。還能主動調節皇宮中侍從之間的矛盾，使一些冤家對頭和好。他還能寫文章、背古詩，博才多學。只是由於朝裡官員有民族成見，見他是漢人，一直沒有重用他。這次經人推薦，引起了拓拔弘對趙黑的興趣。

拓拔弘親自宴請趙黑，對他說：「我聽說你會講故事，今天，我正閒著，請你吃飯，講故事給我聽吧。」趙黑雖然知道拓拔弘平易近人，但從未與他一起進過餐，今天突然請他吃飯，說什麼也不敢。他說：「我是下人，陛下要聽故事，我站著講就是了，共同進餐不是我們這種下等人能做的。」

拓拔弘站了起來，強壓趙黑坐下，說：「我又不是老虎，怕我吃掉你嗎？一起吃飯，你邊吃邊講，才能把故事講得好一點，講得多一點嗎！我邊吃邊聽，才能聽得好一點嗎！」

趙黑這回放心多了，果然坐下來，毫不拘束地與皇帝邊吃邊講起故事來。

趙黑滔滔不絕地講夏禹治水、商鞅變法等故事。拓拔弘聽得津津有味，說：「你果然記憶力強，還能講講治國安邦之道嗎？」

　　趙黑說：「下人哪敢與陛下談論治國之道呢？不過，從歷代各朝興亡盛衰的故事看，治國須以民為本，民以食為天，食以農為基，農以水為命。任何一個帝王必須紀律嚴明，才能無敵於天下。所有文武官員必須嚴以律己，嚴守法紀，用賢納諫，深得民心，失民心者失天下，這是千古之鑑啊！」

　　拓拔弘想不到小小一個侍從，竟然口若懸河，說出這樣一番見解來。於是他決定讓趙黑去擔任鎮守定州的重任。隨即對他說：「你通古今，給我鎮守定州去吧！」

　　趙黑又驚又喜，他原以為皇上今天只是隨便找他聊聊，不想帶來如此重任，他當然為自己的升遷感到高興，但又想到自己身分卑微，又是漢人，真有些害怕從命，便連連拱手謝絕，說：「我出身卑賤，難以從命，剛才小奴所說，純屬酒後胡言，請陛下恕罪。」

　　拓拔弘說：「我用人只看德才，不分出身和民族。現在給了你權，如果將來有人不服，我還會扶助你，你不必擔心啦！」趙黑仍舊顧慮重重，怕拓拔弘言而無信，不敢受任。

　　這時漢人廚師端來一碗菜上來，不料菜裡掉進來一隻蒼蠅，廚師驚惶失措，唯恐皇上責備，向皇上磕頭認罪不止。只見拓拔弘親手用筷子把蒼蠅夾出來，說：「沒有什麼，蒼蠅又不是你有意放的。」過了一會，這個廚師又端來一碗熱湯，由於廚師心情緊張，不小心將熱湯灑在拓拔弘的身上。廚師立刻跪在拓拔弘面前請罪。不料拓拔弘把廚師扶起來，笑容滿面地說，人有失足，馬有失蹄，這點小事，何必放在心上呢。

　　趙黑見皇上這樣尊重下人、器重漢人、體貼下情，大受感動。在拓拔弘再次提出要他接受重任時，他聲淚俱下地說：「陛下這樣尊重我們下人和漢人，我不敢違命了。我一定鎮守好定州，報答皇上厚恩。」

　　趙黑當了定州御史後，為定州興修水利，發展農業，改善了百姓生活，對駐軍也進行了嚴格整頓，軍民關係融洽。定州一天比一天富強，侵犯之敵也就不敢輕易來犯了。

　　孝文帝對定州的變化非常滿意，給趙黑獎勵了一千五百石穀物和五百

匹帛，並將他提升為大將軍，晉封為王，統管北魏軍隊。

　　拓拔弘能夠重用趙黑，是因為他具有把自己擺在與普通平民同等地位的風度。他透過與趙黑共餐的形式，很快使趙黑對皇上產生了平易近人的感覺，趙黑才能毫不拘束地談古論今，拓拔弘才能發現趙黑的滿腹經綸。而透過拓拔弘對廚師的兩次寬容，使趙黑堅定了接受重任的決心。

　　可見做為一個領導者，應該放下架子，平易近人，這樣不但能夠禮賢下士，爭取更多的人才，也可以到他們當中聽取他們的真實想法，還可以激發人才的獻身精神，一舉多得啊。

唐太宗按功績封授官爵

　　西元六二七年，在唐太宗平定天下後的第一天，唐朝皇宮顯得格外莊重肅穆，天還沒亮，文武百官就來到大殿外等候。唐太宗上朝後，文武百官按照尊卑順序依次站在大殿兩旁。唐太宗先命令內侍宣讀對諸位功臣的封賞。受封功臣的名單宣佈之後，唐太宗對群臣說：「朕論功行賞，恐有不周之處，望諸位愛卿直言相告。」唐太宗話音剛落，大臣們就議論開了。淮安王李神通，自以為功勞最大，又是皇上的叔父，應該位居一人之下，萬人之上，對唐太宗將謀士房玄齡、杜如晦的功勞排在第一，並任他們為宰相，感到十分不滿。尉遲敬德也居功自傲，覺得封賞不公。

　　李神通大步走到大殿當中，向唐太宗道：「關西起兵，傾覆隋朝，臣首先舉兵回應。多年來臣跟隨陛下出生入死，戎馬倥傯，蕩平天下，功勞如何？可是定勳封爵，卻把武文弄墨的房玄齡、杜如晦放在我頭上，臣實在不知道其中的緣故？」唐太宗聽了李神通的話，毫不客氣地說：「反隋義旗初舉，叔父您首先起兵回應，有首創之功。但是在山東與竇建德的兩次交戰中，您一次幾乎全軍覆滅，一次望風而逃，連連失敗。房玄齡、杜如晦輔助朕運籌帷幄，提出平定天下的大計，論功行賞，理當第一。您是我的叔父，身為皇親國戚，怎麼能夠功微而取高位？朕又怎麼能徇私情而濫行賞呢？」李神通不語。

　　接著，唐太宗又對尉遲敬德說：「我以前讀《漢書》時，看到漢高祖劉邦那個時候，有功勞的將領很少有保全性命的，他們一個個都被劉邦尋個理由治罪了。每逢讀到這裡的時候，我就對劉邦的做法表示不滿，提醒自己以後不要像劉邦這樣，要保護我的功臣。但你們卻居功自傲，觸犯法律。我今天才明白韓信和彭越等人的受戮被殺，家破人亡，並不都是漢高

祖劉邦的過錯。國家大事，只有賞罰兩種。非分之恩，不可兼行，你要自真珍愛，免得將來後悔！」

聽了唐太宗的這番話，李神通和尉遲敬德起初的傲慢一點都沒有了，反而內心忐忑不安，都為剛才的傲慢悔恨不已。於是趕緊給唐太宗磕頭謝罪，當即表示悔過之意，其他官員聽了，也都心悅誠服。

封賞完畢，唐太宗回到後宮。有幾個近衛侍臣沒有得到官職，跪在他的面前說：「當年陛下做秦王的時候，我們幾個就忠心耿耿地跟隨您，侍奉您，隨您出生入死，共謀大業。想不到今日天下已定，陛下您卻把我們忘記了！」

唐太宗仰天長嘆，說：「你等在我身邊多年，幾經生死，朕怎麼能忘記你們呢？人君辦事，應當公道。朝廷設立的大小官職，都是取食取衣於百姓。設官是為百姓辦事，朕封官爵，量功而授，如果諸位看我有不公正之處，請直言不諱！如果你等想憑藉著是我秦王府的舊屬，因為長期侍奉我而要索取官職，這實在是太不體面了。朕也不敢以遠近親疏、個人恩怨，將官爵私自饋贈。請諸位體諒我的心情！」這幾個人聽了，從此再也不敢提封賞的事情了。

用人點撥

　　獎賞，就是通過表揚、賞賜等手段，對做出貢獻的人才進行精神上和物質上的鼓勵，以調動人才的積極性。在獎勵的過程中，要特別注意獎勵的公正性。公平地衡量人才，實事求是地評估人才，這可以為用人提供正確的根據。心中存私就會出現偏差，就不可能正確地評估人，就會為用人提供錯誤的根據。

　　同時，適當的獎賞也是籠絡人心的好手段。讓人才死心塌地地跟隨你，這樣才能發揮他們最大的積極性，為你做出更多的貢獻。

唐太宗容忍罪臣留後

唐太宗不只對待功臣關懷備至，對待罪臣在繩之以法的同時，也動之以情，叫你死而無怨。

侯君集，也是唐朝開國功臣之一，後來被繪像凌煙閣上。他居功自傲，又頗貪婪，在平定高昌國時，未經奏請，將一些無罪的人收為家奴，又私自取去高昌國的大量寶物，據為己有。上行下效，將士們也學著主帥，紛紛竊盜，侯君集因自己都這麼幹，也就不好管束自己的手下，於是他的軍隊名聲很壞。他班師回朝後，他的這些作為就被人揭發了，唐太宗很是生氣，當即把他關進了大牢。

侯君集的家人多方營救，上下打點，終於保住了侯君集的性命。但是自己的官職卻被降了好幾級，而且他私自索取的財物也被皇帝沒收了。侯君集為此很是不滿，心中懷恨在心，從而萌發了背叛的念頭。於是就與那個荒唐之極的太子李承乾攪混在一起，鼓動他鬧事，他曾伸出粗壯的大手，對太子說：「這雙好手，當為殿下效力！」

後來，侯君集和太子的陰謀被識破了，太子和侯君集都被抓了起來，唐太宗親自將他傳來，對他說：「你是有功的大臣，我不想讓你去受獄中官吏的侮辱，因此親自來審訊你。」

侯君集先是不承認，唐太宗召來了證人，將他謀反的前後經過一件一件陳列出來，又出示了他與太子往來的密謀信件。侯君集理屈詞窮，只好認罪。

太宗徵求大臣們的意見說：「君集立過大功，饒他一條活命，你們看行嗎？」

大臣們都不贊成，唐太宗長嘆一聲說：「只好與足下永別了。」說罷

淚如雨下。

　　侯君集後悔莫及，臨刑的時候對監刑將軍說：「沒想到我侯君集會落到這個地步！但我早年便追隨陛下，在平定異族時也立有大功，請求陛下能留下我一個兒子，以保全我侯氏這一門血脈！」按照封建社會的法律，像侯君集這種謀反的人，不只要滿門抄斬，而且要禍及九族。但唐太宗網開一面，赦免了他的夫人及兒子的死罪，只是流放到嶺南。

　　侯君集一家感念唐太宗的大恩，雖然被流放，但是毫無怨言，而且侯君集的後代後來都非常地忠於朝廷。

用 人 點 撥

　　侯君集屢次犯下大錯，唐太宗都極力幫助他，保全他的性命。可見唐太宗是個很講情義的君主，越是這樣的君主，越容易贏得大臣們的忠心。對於犯錯誤的大臣和屬下，如果他們確實很有才能，或者曾經立下大功，那麼就可以適當地懲罰一下，繼續用他們。這樣他們就會非常地感激你。

　　在現代管理中，也需要這種人性化的管理，上級和下屬之間不要那麼涇渭分明，人都是需要關懷和幫助的，領導者多關心下屬，一定會得到更多的回報。

唐太宗用人取其長

　　貞觀二年，有一天唐太宗和右僕射封德彝在花園裡散步聊天。唐太宗突然問右僕射封德彝說：「國家達到安定的根本，只在得到人才。近來我命你舉薦賢才，可是我並沒有見你給我舉薦一個人。治理天下，事情極為繁重，你應分擔我的憂慮與辛勞，你不給我舉薦人，我把治理國家的重任託付給誰呢？」封德彝連忙回答說：「陛下，我雖愚昧，但是對於您的旨意也不敢不盡心去辦理。然而現在我真的沒有發現有特殊才能的人。」唐太宗說：「前代的聖明君主使用人才就像使用器物一樣，用其所長，不像別的朝代借用人才，都是在當代選拔人才。難道你打算讓我夢見傅說、遇到呂尚，然後再治理國家嗎？況且哪一個朝代沒有賢能的人，只是我們沒有用心的去發掘他們、瞭解他們罷了。」這番話令封德彝感到很慚愧。

　　就是說，使用人才就像使用器物一樣，應當捨其所短，用其所長。人才能否得以施展才能，關鍵在於選用者的識別能力。世稱太宗明於知人、善於用人，從史實看，確實不假。

　　貞觀晚年，唐太宗總結了自己的用人經驗，指出：「用人之道，特別不易。自己說是賢，未必盡善，眾人都說壞，未必全惡。知能不舉，則為失才；知惡不去，則為禍始。又人才有長短，不必兼通。……捨短取長，然後為美。」

　　唐太宗用人正是知人善任，使人如器，捨短取長。貞觀二年，王珪升任侍中。當時房玄齡、魏徵、李靖、文彥博、戴冑與王珪共同主持朝政，常因此而侍宴。有一次，唐太宗對王珪說：「你識別審察的能力強，尤其善於談論，你今天就對房玄齡、魏徵、李靖在座的這些人都品評一下吧，你還可以自己衡量一下，看看你比他們哪個賢能？」王珪並不推辭，直截

了當地回答說：「孜孜不倦地處理國事，知道了沒有不辦的，我趕不上房玄齡；常把諫諍之事放在心中，恥於國君趕不上堯、舜，我不如魏徵；文才武略兼備，出去能帶兵，入朝能為相，我不如李靖；陳奏事情，詳細明白，傳達聖旨，上稟下情，堅持公允，我不如文彥博；處理紛繁事務，各項事情務必認真興辦，我不如戴冑。至於蕩滌污濁，表揚清廉，痛恨邪惡，喜好善良，我比他們幾個人要稍稍強些。」唐太宗不住地點頭表示讚許，而在座的所有大臣也都點頭稱是，認為王珪說得不錯，把他們各自的特點都概括得一點不差。

當時，唐太宗任用房玄齡為中書令，中書令的職責是掌管國家的軍令、政令，闡明帝事，調和天下。入宮稟告皇帝，出宮侍奉皇帝，管理萬邦，處理百事，輔佐天子而執大政，正適合房玄齡「孜孜不倦地處理國事，知道了沒有不辦的」。

唐太宗當時任用李靖為刑部尚書兼檢校中書令，中書令的職責已見上述，刑部尚書的職責是掌管全國刑法和徒隸、勾覆、關禁的政令，這些都正適合李靖「文才武略兼備，出去能帶兵，入朝能為相」。

用 人 點 撥

唐太宗用人的特點是知人善任，使人如器，捨短取長。每個人才都有所長、有所短，只有掌握了他們每個人的特點，然後根據他們的強項，給他們安排工作，這樣才能使他們發揮出自己最大的本領。

做為一個領導者，要想瞭解每個屬下的具體情況，確實不是一件容易的事情，但是我們可以通過長時間的觀察和接觸，以及別人的介紹等，對人才有個綜合的評價和認識，然後給他們安排最適合的工作。只有如此，才能達到人才的合理配置，用最少的人，完成最多的事。

多種方法重用人才

　　武則天廣開科舉，令官民舉薦，但仍然害怕有賢能遺漏，便派出巡撫使到全國各地考察政治、選拔人才。天授元年，武則天剛一稱帝，便派人到各地搜羅人才。年底十道巡撫先後回京，引薦了不少人，連教書的先生、落第的讀書人都被舉薦了。

　　西元六九二年春天，武則天親自召見諸巡撫所推薦的人才，不論賢愚，一律按照經歷、能力分別試任官職，實行試用官制度。才能高的試用為鳳閣舍人、給事中等官職，稱為試官；差一些的試用為員外郎、會議御史、補闕等官職，稱為員外官。試用合格後再正式委任。凡引薦之人均予以位置，正員數額不足，又廣置員外官，於是朝廷一度出現了高級官員比下級官員多的現象。不過不稱職者很快就會被罷黜，或加刑誅。由於武則天明察善斷，所以當時英賢競相為她所用。到西元六九七年，吏部有員外官員數千人，儲備了大批的後備力量。

　　另外，武則天還召集「北門學士」，創設銅匭，開辦「南選」。為擴大自己的實力，分宰相之權，以修書為名廣召文人學士進入朝廷，組成智囊團。著名的有劉禕之、元萬頃、范履冰等文壇高手。這些人很多是關東、江東的庶族地主，由於從北門出入，所以當時人稱之為「北門學士」。他們不僅研習詩文，還干預朝政。這些人才華超群，劉禕之後來還被擢升為宰相。為廣開言路，西元六八六年，武則天還命人在皇宮前設立東南西北四個意見箱，東面的稱作「延恩」，南面的稱作「招諫」，西面的稱作「伸冤」，北面的稱作「通玄」。武則天專門派大臣掌管這四個意見箱，這對善察民情、考核官吏、選用賢能之士起了很大作用。

　　南方官員在治理過程中，發現當地少數民族首領中不乏大智大勇之

入，就給武則天上書，請求一視同仁，予以委任重用。這樣做既有利於朝廷統治、國家穩定，又可為皇上樹立名聲，兩全其美。武則天非常重視，遂頒發一道《南選》詔令，規定四年一度把士人首領中清正廉明、五品官以上者充實選補。這就使嶺南、福建等偏遠地區的大批士人也能貢送赴考，選拔那裡的中小地主階級人才，為國效力。《南選》詔令確定了任用少數民族官員的制度，這是武則天的首創，也是她政治上的一大功績。

用 人 點 撥

　　廣闊用人之道，多管道發現人才、使用人才。一個有作為的帝王、一個政治家，只有求賢若渴的精神，有任人唯賢的路線，有不拘一格選用人才的胸懷還不夠，還要有一雙善於識人的慧眼，即懂得用人之道。

唐玄宗重用張嘉貞

　　西元七〇五年，武則天病重，中宗即位。五年後，中宗死，睿宗復位。又過兩年，睿宗讓位給自己的兒子李隆基，也就是唐玄宗。唐玄宗見為三朝皇帝盡職盡責的張嘉貞多才，也很器重他。當剛剛歸附唐朝的幾個突厥部落再次反唐時，張嘉貞提出設置天兵軍監護的計策，唐玄宗採納他的建議，封他為天兵統帥。

　　不久，有人告發張嘉貞在天兵軍中「剋扣軍餉，招兵買馬，許某造反」。玄宗親自調查後，發現此純屬誣告，要將誣告者處死。張嘉貞不同意處死這個誣告者。他說古代英明君主，提倡平民百姓議論朝政。議論自然有正確意見，有錯誤意見，也有誣告。為政者只能發揚優點，改正錯誤，有錯即改，沒有錯誤也應該引起注意。對有意誣告者只能依法懲處，不能處死。對由於不知實情而無意誣告者，不予追究。這樣才不會閉塞言路，讓為官者經常聽到真實情況和群眾意見。

　　唐玄宗採納了張嘉貞的意見，撤除了處死誣告者的命令，見張嘉貞胸襟開闊，不計私憤，將他提升為宰相。

用 人 點 撥

　　無論是武則天還是唐玄宗，他們在用人的問題上都是很明智的。雖然張嘉貞犯過錯誤，但是他真的有才，就該給他機會再次施展自己的才華。同時對於像張循憲這樣能夠舉薦賢才的人，更加予以嘉獎。做為一個領導者，需要屬下能夠給他推薦人才，這樣才能使自己的團體不斷吸收新鮮血液，不斷進步。

李隆基用被流放的張說為宰相

　　有一次，老臣們向唐玄宗講了一個武周時期一個被流放的人的故事。這個被流放的人，名叫張說，原是忠臣魏元忠部下的官員。早在魏元忠擔任洛州刺史時，武則天的寵臣張易之名下一個僕人，在洛陽城裡仗勢鬧事，魏元忠把這個僕人抓起來，一頓板子將他打死了。

　　不久，魏元忠當了宰相。武則天要把張易之的弟弟張昌期任命為長史。一些大臣為了討好武后，無不贊成。唯有魏元忠不同意，說他缺德少才，擔任不了這個要職，武則天也不好堅持。

　　為了這兩件事情，張易之對魏元忠恨得要死。於是千方百計的陷害他，多次在武則天面前誣告魏元忠有反心。他對武則天說：「魏元忠有野心，他經常在背後說妳老了，又是個女流之輩，不如早點讓位給太子好些。」

　　武則天信以為真，果然令人把魏元忠抓起來，打入監獄。武則天親自審問魏元忠，魏元忠當然死死咬定沒有這件事情。武則天見問不下去，只好暫時收場。並通知張易之做好準備，讓他下次審訊時親自與魏元忠對質。

　　張易之誣告心虛，怕辯不過魏元忠。他偷偷地找魏元忠部下的官吏張說幫忙，要他提供假證據。他對張說說：「你是知道皇上很聽我的話的，只要你在皇上面前揭露魏元忠的罪行，我保證日後提拔你。」張說當然不會為了自己的升遷，而做這種沒有良心的事情。但他想如果不答應，不僅自己遲早要遭到陷害，更重要的是如果張易之找個心腹的人做假證，那麼魏元忠就必死無疑了。因此他將計就計答應了這件事情，他想趁見到武后的時候，親自揭發張易之的醜惡，保護魏元忠。

　　第二天上朝，張易之在武則天面前，當面指控魏元忠說反話的事。魏元忠當然說什麼也不承認了。張易之隨即滿有信心地攤出張說這張牌。他對武則天說：「請陛下審問魏元忠的部下張說吧。他親耳聽到魏元忠說那些反話。」

　　武則天就宣張說作證。張說神態自若地說：「陛下，臣確實沒有聽到魏宰相跟任何人說過那些反話，只是昨天張易之要我今天來誣告魏大人的。他還說只要我幫助他提供假證據，他保證要陛下提拔我。」

　　張易之氣急敗壞地叫起來，大罵張說是魏元忠的同犯。武則天這才知道原來魏元忠是被冤枉的，隨即釋放他。武則天當然不忍心處罰張易之，只是為了讓張易之有個臺階下，以張說出爾反爾為由，將張說流放了。

　　唐玄宗專心致志地聽完老臣們講的這一扣人心弦的故事後，心情十分激動，他說：「好一個不與賊狼狽為奸、陷害忠良的張說，振興大唐就是要這樣敢說實話的忠臣。」

　　唐玄宗隨即召見被流放多年的張說，恢復了他的職務。過了一段時間後，唐玄宗見張說不僅忠正不阿，且有識有才，將他提升為宰相。

用 人 點 撥

　　這個故事說的是張說拒提假證、保護忠良的故事，實際上是反映了對作假拒假的兩種用人態度。在武則天手裡，向張說索取假證，陷害忠良的張易之繼續被重用，而拒提假證、保護忠良的張說卻被流放。而在唐玄宗那裡，提升了拒作假證的張說為相。

　　當今我們十分重視人才的實際能力，但不可否認，也有一些領導者看不清某些人的真正面目，或者被某些人所迷惑，以至於不用忠良，而偏信小人。規勸那些領導者們，千萬要保持清醒的頭腦，擦亮自己的眼睛。

唐明皇容得韓休

　　虢州是唐明皇巡視洛陽重鎮的必經之地。玄宗每次帶著大隊人馬路過這裡的時候，虢州百姓都要為這些御馬準備大批草料，群眾為這一額外負擔敢怒不敢言。

　　虢州刺史韓休為此事寫了一道奏章，請求朝廷為百姓免去這一負擔。當時宰相張說認為草料事小，駁回了這道奏章。以後，由於唐玄宗去洛陽的次數過多，群眾為這一負擔的怨聲越來越大。很多人竟然自己耗資，甚至變賣財物和兒女去外地購買草料來應付御差。韓休實在忍無可忍，為此上了第二道言詞比較尖銳的奏摺。

　　韓休的這份奏章裡寫了這樣一段話：「朝廷人馬一次經過虢州，百姓送一次草料不要緊。但是長安是京都，洛陽是重鎮，皇上巡視洛陽是經常的事情。百姓每次都送草料，確實難以負擔。目前很多百姓為了這一負擔耗資到外地買草料，有的由於拿不出錢，被逼得只好賣兒女。這樣長期下去，將有官逼民反之日。失民心者將要失天下，懇求陛下三思。」

　　張說見這道奏章把問題說得那麼嚴重，便將奏摺呈給了唐玄宗。唐玄宗覺得這不是小事，隨即下令取消虢州百姓這項額外的負擔。他聽張說講這是韓休第二道奏摺，便說：「難得韓休直言進諫，真不愧為百姓的喉舌，朕之耳目。這樣的人多一個，朕就可多知民情，多聽到民聲，多一份清醒。」

　　西元七三三年，宰相裴光庭病重。唐玄宗在悲痛之餘，考慮宰相接任的人選。虢州刺史韓休早年為草料的事，連寫兩道奏摺的事他還記得。他從那次事情發生後，對此人進行了多次考察，發現他不僅直言敢諫，自己也很廉潔勤政，深得民心。他想如果能把這樣一個事無鉅細的敢諫賢士放

在自己的身邊，今後連區區小事也有人提醒，那就等於身邊多了一面鏡子。他越想越覺得韓休是接任宰相位置的最合適人選，於是便讓韓休接替了裴光庭的宰相職務。

韓休上任不久，立即顯示了他事無鉅細的敢諫精神。在他的直諫下，唐玄宗撤換了以貪贓枉法、欺上壓下、驕奢淫逸、仗勢欺人的寵臣金吾大將軍程伯獻。而且唐玄宗濫設宴的事也被韓休管起來。唐玄宗曾說：「朕有韓休這樣的宰相，什麼大事小事都有人提醒，我就可以少犯過失了。」

用人點撥

韓休為了百姓過重的草料負擔，向皇上上了兩道奏章，玄宗認為這不是小事，認定了韓休是事事關心人民疾苦的賢才，遂任命他為宰相。其實小事有時也可以釀成大禍。對於像韓休這樣關心領導者小節之短，處處為領導者著想的人，難道不該重用嗎？

做為一個領導者需要各式各樣的人才。有的時候你的手下可能沒有什麼豐功偉績，但是你也不要忽視他，也許他工作比較認真，或者像韓休這樣能夠處處為你著想，為你提意見，這樣的人一樣可以重用。

救時宰相

　　西元七一三年，唐玄宗李隆基打算任命姚崇為宰相，派人召他到行宮。姚崇來到時，唐玄宗正在打獵，經人引見後，唐玄宗很讚賞姚崇的才學，當即拜他為兵部尚書，同中書門下三品。姚崇辦事精明，在武則天、睿宗、玄宗三朝任過宰相，都兼任兵部尚書，對邊境軍情、武器裝備、彈藥糧草的實況，都瞭若指掌，默默記在心中。唐玄宗剛當上皇帝的時候，勵精圖治，常常與姚崇商討國事，姚崇應對敏捷又都合玄宗的心意，而其他官員卻唯唯諾諾，不置可否。唐玄宗因此對姚崇特別賞識，委以重任。姚崇請玄宗壓制掌權者和皇上寵愛的人，珍惜官爵不濫予人；鼓勵臣下批評，免去各地的朝貢，對臣下要以禮相待，玄宗都一一採納。

　　西元七一四年春天，唐玄宗接受姚崇的建議，下詔：「選擇德才較好的京官到外地去當都督、刺史，讓有政績的都督、刺史到京城來做官，上下交流，形成制度，長期堅持。」

　　西元七一五年，山東發生大蝗災，老百姓有的到田邊地頭燒香磕頭，設祭壇祈求蒼天開恩，卻不敢捕殺蝗蟲。姚崇給玄宗上了一道奏章，請派御史去監督各州縣捕殺蝗蟲。有人議論說蝗蟲太多，簡直消滅不完；唐玄宗聽了猶豫不決。姚崇說：「現在蝗災遍佈整個華北以東的地區，黃河南、北的百姓到處流亡，怎麼可以看著蝗蟲毀壞莊稼而不捕殺呢？即使消滅不完，總比任其危害成災要好吧！」唐玄宗聽從了姚崇的意見。

　　姚崇曾因為死了兒子，而請假十多天回家去料理喪事，政事積壓了很多。另一位宰相盧懷慎決斷不了，誠惶誠恐地向玄宗報告。唐玄宗說：「我把天下的大事都委託給姚崇了，你當好陪襯就好。」姚崇回到朝中後，很快就把積壓的政事處理完了，不禁有些得意，他問一位叫齊浣的官

員：「我當宰相，可以和什麼人相比呢？」沒等齊浣回答，姚崇又說：「與管仲、晏嬰相比如何？」齊浣說：「管仲、晏嬰治國的方法雖然不能施行於身後，但前身是一直施行的。你的辦法變得很快，不夠穩定，從這一點說，似乎不如管仲、晏嬰。」姚崇說：「那到底怎麼樣呢？」齊浣說：「你雖然趕不上管仲、晏嬰等古代名相，也可以稱得上是救時宰相了。」

用人點撥

　　姚崇不愧是「救時宰相」，早在一千多年前就提出了京官和地方官易地交流的主張。這在今天也是具有現實意義的。許多情況表明，一個領導幹部在一個地方工作時間過長，弊病很多，比如容易形成錯綜複雜的關係網，助長任人唯親的歪風，視野受到限制，觀察和處理問題容易拘泥老情況、老辦法，對新事物反應遲鈍、不思進取等。領導者進行易地交流，不但有利於克服上述種種弊端，而且也會使幹部隊伍更加朝氣蓬勃。

功蓋主不疑，位極眾不嫉

　　唐代宗年間，大將郭子儀掌握朝廷的重要兵權，皇帝派太監魚朝恩作為監軍跟隨郭子儀的大軍出行。魚朝恩這個人是個心胸狹窄、唯利是圖的傢伙。他看到郭子儀手握重兵，一心想把郭子儀置於死地，自己掌握兵權。於是就處處跟郭子儀作對，在朝廷中掀起了一陣陣的風雨。他曾經趁著郭子儀戍邊在外，暗地裡派人挖了郭子儀父親的墳墓，把郭子儀父親的屍骨都挖了出來，散在墳墓周圍。郭家上下氣憤不已，都知道這肯定是魚朝恩那個小人幹的，於是就給郭子儀寫信告訴他這件事情，郭子儀當時氣得說不出話來，這對於當時的人來說簡直是不可接受的。但是郭子儀並沒有喪失理智，而是寫信告訴家裡人，此事不要聲張，即使知道是誰幹的，也不要找他作對，好好掩埋父親屍骨就行了。

　　過了一段時間，郭子儀奉皇帝命令回朝。朝廷裡的大臣們以為郭子儀回來了，肯定不會饒了魚朝恩這個小人，那時候朝廷又要掀起一場大風暴了。代宗也害怕這樣的事情發生，於是就親自到郭子儀府上安慰他。郭子儀哭著說：「我在外面行軍打仗，士兵們破壞別人家的墳墓，我無法完全照顧得到，現在我父親的墳墓被別人挖了，這是報應啊，我怪不得他人。」

　　魚朝恩看到郭子儀這樣處理這件事，心中存有一絲不安，感覺自己做得太過分了。於是就邀請他同遊章敬寺，以表示友好。此時宰相元載聽說了這件事情，他也是個唯利是圖的小人，他害怕魚朝恩會趁此機會拉攏郭子儀，那時候他們兩個人如果聯合起來，自己的日子就不好過了。於是元載就派人祕密通知郭子儀，說魚朝恩沒安好心，他準備謀殺您，您千萬不要赴約啊。郭子儀手下的將士們聽到了這個消息，也都認為魚朝恩不可能

就這麼容易放棄和大將軍作對，建議郭子儀赴約的時候一定要帶上一隊衛士。

　　郭子儀卻不聽信這些謠言，只帶了幾個家奴，很輕鬆地去赴約。他對部將們說：「我是國家的大臣，他沒有皇帝的命令，怎麼敢謀殺我呢。如果他真的是受了皇帝的命令來對付我，那我又怎麼能反抗呢？」說完，就帶著家奴去章敬寺赴約了。魚朝恩見到他帶來的幾個家奴各個神情戒備的樣子，就問郭子儀是不是有什麼事情發生。郭子儀如實告訴他說：「有人傳言你要謀害我，所以我就多帶了幾個家奴，如果真的有事，就不勞你動手了，我這些家奴就可以了。」他這樣坦白，令魚朝恩十分感動，他含著淚水說：「非公長者，能無疑乎？」意思就是說，如果不是郭令公您這樣忠厚待人的大好人，這種謠言，實在叫人不能不起疑心。

　　郭子儀晚年閒居家中，忘情聲色來消遣歲月。那個時候，後來在唐史《奸臣傳》上出現的宰相盧杞還未成名。有一天，盧杞前來拜訪他，他正被一班家裡所養的歌妓包圍，得意地欣賞玩樂。一聽到盧杞來了，馬上命令所有的女眷包括歌妓都退到客廳後面的屏風後，不准出聲。他單獨和盧杞談了很久，等到客人走了，家眷們問他：「你平日裡接見客人，都不避諱我們在場，說說笑笑，為什麼今天接見一個書生卻要這樣的慎重？」郭子儀說：「你們不知道，盧杞這個人很有才幹，但他心胸狹窄，睚眥必報。他人長得不好看，半邊臉是青的，好像廟裡的鬼怪。你們女人最愛笑，沒事也會笑一笑。如果看見盧杞的半邊青臉，你們肯定會笑話他，他就一定會懷恨在心，一旦日後他得了志，你們和我的兒孫就都要遭殃了。」

　　果然不久以後，盧杞就做了宰相。凡是過去看不起他、得罪過他的人，他一個都不放過，一律都不能免掉殺身之禍。只有對郭子儀全家，即使稍稍有些不合法的事情，他還是曲於保全，認為郭子儀非常重視他，大有知遇之恩之意。

　　據歷史記載，郭子儀八十五而終。他所提拔的部下幕府中，有六十多人，後來皆為將相。他八子七婿，皆顯貴於當代。

用人點撥

　　歷代的功臣，能夠做到功蓋天下而主不疑，位極人臣而眾不嫉，窮奢極慾而人不非，實在太難得了。這都是因為郭子儀作為一個管理者，在做人做事、管理和處理上下級、同事之間的關係時，充滿智慧、巧於應付的結果。

　　同樣，現代社會人們的關係更加複雜化，做為管理者就更該注意如何處理同級別之間、上下級之間的關係，在合理使用他們的同時，也要注意自己和他們之間的關係，只有把自己和人才之間的關係處理得當，才能使他們死心塌地地為你效力，或者才能使他們不至於和你搞亂，跟你作對。

禮賢下士，任人用賢

　　唐代的朔方軍和突厥以黃河為界，當時東突厥的默啜率領全部人馬往西侵襲了別的民族。朔方軍總管張仁願趁虛奪取了突厥所佔領的蒙古高原大沙漠以南的土地，在黃河以北建立了三座受降城。這三座城堡首尾相應，用來切斷突厥南下侵略的道路。城堡用六十多天就修成了。在佛雲祠建立受降城，距東、西兩座受降城各四百多里，三個城堡都處於要道。在牛頭山朝北邊，設置了烽火臺一千八百多個，從此突厥人不敢過阿爾泰山來打獵和放牧。

　　餘鶹在蜀地當統帥，在帥府的左邊修築了一座招賢館，所供應的物品跟統帥府完全一樣。當時播州的冉班、冉璞兄弟隱居在少數民族地區，過去的幾任統帥下令請他們來，他們都不肯來。到招賢館修好以後，這兄弟兩個親自來到統帥府。餘鶹早就聽說過他們的大名，見到他們後便與他們平起平坐，以禮相待。

　　冉氏兄弟住了幾個月後，什麼意見也沒有提，餘鶹就為他們設宴，親自主持宴會，喝酒喝得盡興時，在座的客人們紛紛爭著講自己擅長的事，而冉氏兄弟自始至終沒說一句話。餘鶹說：「這是他們在觀察我對待人的禮遇程度怎麼樣吧。」

　　第二天，餘鶹另外整理了一處賓館，讓冉氏兄弟二人住，還派人暗地裡觀察他們的行動。只見這兄弟二人整天對坐，用白堊在地上畫山川城池，站起來時就抹去。像這樣又過了十天，這時冉氏兄弟就請求謁見，他們讓餘鶹摒退他人，然後告訴他說：「我們承蒙您這樣禮遇，今天想要稍微做點報答。您所需要的報答恐怕在於遷移合州的城堡吧？」餘鶹高興得不覺一躍而起，握住他們的手說：「這是我餘鶹的心志，只是沒有選到合

適的地方罷了！」冉氏兄弟說：「蜀中地形最好的地方，莫過於釣魚山，請將所有的防禦工事遷移到那裡去，如果任用的官員稱職，再儲存起糧食來，防守這些城堡，這樣比派十萬大軍防守還要好得多。」餘玠大喜，祕密把這個意見向朝廷做了彙報，請求破格起用冉氏兄弟。

後來在餘玠和冉氏兄弟的主持下，陸續修築了清居、大荻、釣魚、雲頂、天生等總共十多座城堡。都是順著山勢來壘城牆，這些城堡星羅棋佈，如臂使指。這樣蜀地便可以守住了。

用 人 點 撥

張仁願修築三座受降城，從此黃河以北偵察敵情的工作才能深入敵後很遠。餘玠修築了釣魚山上的幾處城堡，從此蜀地在防守上堅固起來。這些都是一勞永逸、費一而省百、功在後代的事情。做為管理者，想建立大功業，承擔大任，就必須禮賢下士，任用賢人。

因為管理者不可能對各個地方都十分熟悉，而管理這個地方的官員一定對自己的本職工作十分熟悉，這樣管理者就可以聽從地方官員的意見，只要他們說得對，就可以大膽採用。

知人善用，以愚困智

　　南唐廣陵人徐鉉、徐鍇兄弟和鐘陵的徐熙，號稱「三徐」，他們在江南一帶很有名氣，三個人都是見多識廣、知識淵博、通達古今的人才。雖然他們身在南唐，但是他們的名聲卻已經傳到了北宋朝廷那裡，可見三個人的名聲是多麼的響亮。而這三個人中，又以徐鉉的名聲最高。

　　有一年，南唐派徐鉉作為使者，來給北宋納貢。北宋朝廷按照慣例要派官員去做押伴使。這下可愁壞了宋朝的大臣們。因為他們都擔心自己的辯才不如徐鉉，生怕被選中，丟了北宋王朝的臉。因而各個戰戰兢兢，整日坐臥不寧。宰相趙普更是著急，因為選派押伴使的任務是由他負責的，如今選不出一個比徐鉉高明的人，如何向皇上交代呢？趙普一連幾天都愁眉苦臉，不知如何是好，最後他實在沒有辦法，只好去找宋太祖請示。

　　宋太祖看到趙普為難的樣子，笑笑說：「你不必著急，我大宋朝人才濟濟，難道還找不到一個比徐鉉強的人嗎。這件事情你不必擔心了，你且退下，我自己來選。」趙普遵照宋太祖的旨意退了下去，在大殿外焦急地等候。過了一會，只見皇帝身邊的一個宦官從大殿中出來，高聲喊道：「殿前司聽旨。」那人就趕緊跪下來準備聽旨，那宦官打開聖旨，唸道：「奉天承運，皇帝詔曰，命殿前司寫出十個不識字的殿中侍者的名字，即刻呈上來……。」那殿前司也不明白皇帝要他寫這些人的名字到底是為什麼，也只好奉旨行事。寫好之後，宦官拿著名單送給宋太祖。

　　宋太祖瞥了一眼名單，根本不仔細看，就拿起筆，隨便點了其中一個人的名字，說：「就是他了。」說完就宣讀聖旨，任命這個人為押伴使。趙普看得目瞪口呆，不知道皇上究竟打的什麼算盤，但是他也不敢再請示，連忙催促那人趕快動身。這幾天為了選押伴使已經耽誤了，絲毫沒有

再耽擱的時間了。

　　這個被選中的殿中侍者根本不知道「押伴使」到底要做什麼，平時雖然也聽說過這個名詞，但是具體要做什麼卻不甚清楚，旁人也沒有跟他做具體解釋。沒有辦法，皇上的旨意已經下了，他只能去執行。殿中侍者和徐鉉一同乘船駛往宋境。一路上，望著沿岸的美景，徐鉉不禁文思泉湧，不停地吟詩作畫。而且他的詞鋒如雲，果然是個高超的辯才。把自己所有的本事都拿了出來，周圍的人都被徐鉉的才華所折服。而那個殿中侍者，因為根本不識字，所以徐鉉所說的對他來說無疑是對牛彈琴。但是他又不能表現出不懂的樣子，只好一個勁地點頭稱是。徐鉉一時看不出他的底細，越發喋喋不休，極力與他交談。可是這個殿中侍者依然不發表任何言詞。一連幾天，那人都不與徐鉉爭辯，徐鉉說得口乾舌燥，疲憊不堪，卻依然不能使這人開口爭論，徐鉉實在太累了，沒有辦法，他只好也不吭聲了。

　　就這樣，這個不識字的殿中侍者成功地完成了此次任務，大宋朝不但沒有丟人，反而使徐鉉因為摸不清宋朝押伴使的底細，而感到很懊惱。

用人點撥

　　大家可以想想看，當時北宋人才濟濟，名儒眾多，如果找幾個論辯之材，應該是相當容易的，根本不用害怕一個徐鉉。那為什麼宋太祖還要這麼做呢？其實做為大國之君的宋太祖，用的就是「不戰而屈人之兵」這個兵家的上策。

　　宋太祖派殿中侍者做押伴使，是以愚困智。用愚者去對付智者，以至於智者無法理解，如果是智者與智者較量，彼此就會誰也不服氣，結果可能會鬧得很不愉快。由此可見宋太祖用人的高明之處。

　　做為一個領導者，不僅要能夠識別人才，更要學會用人的策略。

宋太宗重大節用呂端

　　君主用人，須要在大節小節、大事小事之間權衡，要抓住根本，不拘小節，宋太宗對呂端的識別和任用，就是如此。

　　呂端心有大略，趙普對他的評價是「呂公奏事，得嘉賞未嘗喜，遇抑挫未嘗懼，亦不形於言，真台輔之器也」。

　　當時呂蒙正為相，宋太宗想用呂端代替他。有人反對，說呂端為人糊塗，並列舉了事例。宋太宗堅持說：「呂端小事糊塗，大事卻不糊塗。」於是決心擢升呂端為相。宋太宗在皇苑大宴群臣，興奮之餘做釣魚詩一首，其中有一句是：「魚餌全鉤深未達，磻溪須問釣魚人。」寓意明確要擢升呂端，幾天之後，宋太祖就頒佈詔令以呂端代替呂蒙正為相，並明令「自今中書事必經呂端詳酌乃得聞奏」。

　　然而，呂端決斷大事的能力究竟如何呢？

　　不久，西夏李繼遷屢次侵擾宋朝西部邊境，宋保安軍俘虜了李繼遷的母親。宋太宗痛恨李繼遷，準備將他的母親處死，於是就單獨召見寇準來商議這件事情。商量好後寇準退出，路過呂端辦公的地方，呂端看見寇準的神態，便知道他去見皇上肯定是去商討大事去了，於是就拉住寇準詢問：「皇上剛才和你商議的事情，皇上有沒有特別交代讓你不要跟我呂端說？」寇準說沒有，呂端繼續說：「有關邊界上的一般事務，我呂端一般不去管；但是如果關係軍國大事，我呂端身為宰相，不能不知道。」寇準於是向呂端講述事情的原委。呂端說：「皇上打算如何處置這件事？」寇準說：「皇上打算在保安軍北門外將李繼遷的母親斬首示眾，以懲戒李繼遷的叛逆！」

　　呂端聽後，神色大變，忙說：「此事萬萬不可這樣處置，這樣做實在

不是正確辦法。你先不要著急執行皇上的命令，容我再向皇帝稟奏。」說著，就急忙去拜見宋太宗。呂端對宋太宗說：「當年楚漢相爭，項羽捉住劉邦的父親，想以此來要脅劉邦。劉邦不以為意地說『我與你曾結為兄弟，我的父親也是你的父親，你要烹殺他，那麼就請分一杯肉羹給我吧』。可見，這些人是不顧什麼親情的，何況李繼遷這樣的背逆之徒。陛下今日您要殺掉他的母親，明天就能夠捉住李繼遷嗎？如果不能將他徹底消滅，那不是進一步激起他的仇怒，讓他死心塌地與太宗您作對嗎？」

宋太宗覺得呂端說得有道理，也為自己的魯莽感到後悔，於是連忙問：「那應該怎樣處置這件事情呢？」

呂端說：「按我的想法，應該把她安置在延州，善意對待，好好地供養她。這樣可以牽制李繼遷，雖不一定馬上引他投誠歸降，但畢竟可以牽動其心，況且他母親的生死命運操縱在我們的手裡，我們就掌握了主動權，可以進退自如了。」

宋太宗聽後，連連拍著自己的大腿說：「太好了，如果不是你，差點誤了大事！」當即決定按照呂端的建議做。

後來李繼遷母親病死在延州不久，李繼遷也病死了。李繼遷的兒子李德明上表歸順了宋朝，從而證明了呂端主張的正確。

呂端敏感地察覺到皇帝與大臣密商軍機大事，以宰相之職不肯放過，主動干預，以正確主張糾正既定決策，而且為歷史證實其高明，由此更證明太宗從大處看人，棋高一籌。

用 人 點 撥

　　做大事的人，往往不注意小節。只要他在大事上不糊塗，能夠辦大事，那麼細節上的毛病是可以容忍的。就像故事中的呂端一樣，雖然大臣們反映他為人糊塗，但是宋太宗清楚，呂端是小事糊塗，大事不糊塗。而事實也證明，宋太宗的判斷沒有錯。

　　我們在用人的時候，也要注意這一點。如果這個人確實是個人才，即使在某些方面有一些欠缺，也是可以用的。這就要看用人者的本領了，要學會趨利避害。

宋太宗重用北漢降將楊業

　　宋太祖平南後逝世，新即位的宋太宗趙匡義舉兵攻北漢。他首先派兵截住了遼國對北漢派來的援兵，緊接著圍攻北漢都城太原。北漢因勢單力薄而敗，國主劉繼元降宋。

　　楊業是北漢國主劉繼元的老將，以智勇忠義聞名。他隨著國主歸附大宋後，深得宋太宗的尊重和厚愛，被封為大將軍。

　　宋太宗乘勝進攻遼國，北方幾個州的遼將聞風而降，宋軍順利地打到了幽州。遼國大將耶律休歌前來援救，宋軍在高梁河打了敗仗，退回東京。以後，遼軍不斷侵犯宋朝邊境，宋太宗為了加強邊防，派楊業為邊境代州刺史，把守雁門關。

　　當十萬遼軍攻打雁門關時，只有幾千兵馬的楊業，在敵眾我寡的形勢下，把大部分人馬留在代州，準備與來犯的遼兵決戰。而自己則帶領幾百騎兵，從小路偷偷地繞到雁門關北面敵人後方埋伏下來。南進的遼兵一路上遇不到抵抗，個個正得意忘形、驕狂無備時，忽然遇到一支來自後方的宋軍騎兵，氣勢洶洶地衝了過來，遼兵一下子不知道到底有多少宋軍，個個亂了手腳，四散逃命，被宋軍殺得東倒西歪，死傷慘重。遼國一員貴族將領被殺，一員將領被擒獲。從此，以弱勝強的楊業威名遠播。遼兵只要一見到「楊」字旗號，就嚇得膽戰心驚，稱楊業為「楊無敵」。

　　楊業在邊境獲勝後，受到了宋太宗的讚賞，也引起了一些將領的嫉妒。他們給太宗上書，說楊業是降將，不可重用。有的還說楊業與遼軍有舊，這次取勝是遼軍故意輸給他的，便於楊業騙取太宗的信任，以圖將來好裡應外合反宋。宋太宗早知楊業素以忠義為本，對楊業堅信不疑，對這些誣告不予理睬。他還派員到楊業的部隊進行慰勞，送去鼓勵楊業的信。

楊業見到皇上的鼓勵信後，大受感動，決心為國效忠，至死不渝。

遼景宗耶律賢死後，十二歲的耶律隆緒即位，由他的母親蕭太后輔政。宋太宗為了收復燕雲十六州失地，就抓住了遼國這一政局變動時機，派曹彬、田重逢、潘仁美率領三路大軍全面進攻遼國，並派楊業做潘仁美的副將。

潘仁美、田重逢兩路大軍旗開得勝，特別是潘仁美所帶的一路大軍，在楊業的幫助下，接連收復了四個州。但曹彬率領的主力由於孤軍深入，被遼軍殺得很慘。宋太宗見主力受損嚴重，命各路宋軍暫時撤退。

潘仁美、楊業遵命掩護新收復的四個州的百姓撤退到狼牙村。這時遼軍已經佔領了寰州，來勢兇猛。楊業提出一路佯攻敵人主力，以繼續掩護軍民撤退。一面派精兵埋伏在狹窄的山溝裡，等待佯攻部隊把敵人引來時，兩面夾攻，殲滅敵人。

監軍王侁反對楊業的意見，主張全力正面進攻，說：「我們有那麼多的精兵，全面進攻是可以大敗他們的，不用搞什麼佯攻和埋伏，這樣時間太久了。」楊業說：「現在敵強我弱，不可硬拼，硬拼一定是要吃虧的。」王侁譏笑著說：「楊將軍不是楊無敵嗎？現在反而怕起敵人來了，不會是另有打算吧？」

早已遭受懷疑和誣陷的楊業，聽到監軍又對他這樣懷疑和諷刺，便賭氣說：「我原來是一心為避免士兵的無辜犧牲，而提出兩路夾攻之計，現在你這樣看我，我也顧不得了，我楊業不是怕死的，你既要全面打，我打先鋒，看誰真正怕死。」

潘仁美也支持王侁的意見，楊業只好違心地帶領人馬打先鋒。臨行前，他熱淚盈眶地對潘仁美說：「我看這種打法註定是要失敗的。我死毫不足惜，只是這麼多士兵，還有四個州的百姓，他們將無辜受害，真是痛心啊！」潘仁美不睬，楊業指著對面的陳家峪對潘仁美說：「我還有一個轉敗為勝計策，就靠這個峪了。我決意把敵人引到那裡去，那裡是個峪谷，請潘將軍在峪口兩側，埋伏好步兵和弓箭手，等我把敵人引到那裡時，可以夾攻取勝。」

楊業果然遇到了強大的遼軍的反擊，他拼命殺了一陣，還是招架不

住，只好往陳家峪退去。到了峪口，看不到一個宋兵。原來潘仁美也曾把人馬帶到這裡埋伏，在等了一天還看不到楊業引來的敵軍後，王侁以為遼軍被楊業打敗了，唯恐楊業奪了頭功，要潘仁美撤了伏兵，繞小道與楊業爭功。等他們知道楊業果然兵敗時，就從另一條小路逃跑了。

楊業為了減少士兵的傷亡，命令部下突圍出去，他單身苦戰。眾士兵被楊業這種捨我救眾的無私奮戰精神感動，不願離他而去，一個個跟著楊業奮戰到底。結果終因寡不敵眾，宋軍大敗，楊業的兒子楊延玉陣亡，楊業被俘。

遼將軟硬兼施，勸楊業投降，他誓死不從，絕食三天三夜後，慷慨就義。

宋太宗為失掉這樣一位智勇雙全的忠義之將，感到萬分悲痛，降職處分了潘仁美，革職查辦了王侁。

楊業死後，他的兒子楊延昭與孫子楊文廣等一家人，繼承和發揚了楊業忠義衛國的精神，在保衛宋朝邊境戰鬥中立了很多戰功。他們全家英勇事蹟受到後人的稱讚，「楊家將」的佳話也流傳至今。

用人點撥

楊業本是北漢降將，但是受到宋太宗賞識，封為大將。由於他來自北漢，引起了很多宋臣對他的嫉妒和非議。宋太宗卻堅信、支持和極力保護他。雖然楊業最後慘死，但也是由於奸臣陷害，這些奸臣也得到了處分。

做為一個皇帝，能夠這樣信任手下降將著實不易。因為宋太宗相信楊業的忠義，所以極力保護和支持他。那麼做為現代社會的領導者們，如果你相信這個人可用、有才，那麼就大膽地用他，不要聽從別人的讒言。除非你有確切的證據，否則不要輕易懷疑你的手下。

宋仁宗提升小兵狄青

　　北宋京城禁軍裡有個普通的士兵，名叫狄青。西夏的元昊稱帝後，經常派人侵犯宋朝邊境。宋仁宗派禁軍到邊境去防守，狄青隨著禁軍派往保安邊境。保安的宋軍多次敗於西夏的犯境兵，守將盧守勤正為沒有得力的領兵將而煩惱。狄青自告奮勇要求盧守勤讓他去試一試。盧守勤同意了他的請求，讓狄青帶兵打先鋒。

　　狄青帶兵與前來侵犯的西夏兵交戰。只見他把髮髻打散，頭上戴著銅面具，手拿一支長槍，帶頭衝進敵人陣中，東刺西殺。西夏兵自犯境以來，從來沒有見過這個披頭散髮、只露兩隻眼睛、橫衝直撞的厲害槍手。他們見到他這副打扮就已經嚇得冒冷汗，再加上狄青的勇猛殺敵，敵人就更害怕了。西夏兵不戰自亂，狼狽敗退，狄青大勝。

　　宋仁宗得知狄青獲勝後，高興極了，隨即將狄青連升四級，還提拔了守將盧守勤。宋仁宗本來想在京城親自接見狄青，但是因為西夏兵又侵犯渭州邊境，狄青應調去抵抗，不得不取消對他的召見，只叫人將狄青的畫像送給宋仁宗看。

　　狄青受到皇上的讚賞和提拔後，更加苦練箭法，英勇殺敵。他先後參加了二十五次抗擊西夏侵犯的戰鬥，受傷八次，從沒有打過一次敗仗。西夏兵一聽到他的名字，就不戰而逃。

　　宋仁宗見西夏軍對陝西邊境侵犯頻繁，派范仲淹去陝西加強防守。范仲淹到任後，聽到傳奇人物狄青英勇抗敵的事跡，很為欣賞。於是就立即召見他。范仲淹發現他果然是個聰明過人、機智勇敢的將領。但是也發現狄青識字不多，學識較淺，於是便送給他一些兵書，鼓勵他多讀書。

　　狄青接受了范仲淹的教誨，利用閒暇時間，廢寢忘食，早起晚睡，刻

苦閱讀兵書。不久對秦漢以來的一些名將的兵法，能背誦如流，運用自如。他在與西夏的交戰中，根據兵書上的指引，結合實際情況，機動靈活地指揮，百戰百勝，人稱「常勝將軍」，受到范仲淹的多次獎賞和提拔。

宋仁宗聽說狄青苦讀兵書的事情，作戰有勇有謀後，就把他調到了京城，封他為馬軍副都指揮。

用 人 點 撥

狄青從一個小兵，發展成為馬軍副都指揮，都是盧守勤、范仲淹、宋仁宗一步一步提拔的結果。狄青雖然地位低，但是具有比較強的指揮殺敵的能力，而且英勇善戰，宋仁宗就大膽地提拔他，事實證明，宋仁宗等人沒有看錯，狄青果然是個將才。

做為一個領導者，就該善於發現人才、使用人才，其實普通人中也有很多有才華的人，只不過他們沒有被發現和使用罷了。一旦給他們機會，他們就會發出燦爛的光芒。做為人才，也要不斷地學習，提升自己，才能不斷地適應形勢發展的需要。

趙構納奸辱國

　　西元一一二七年，金兵大舉南下，攻克北宋都城汴州，將太上皇宋徽宗和皇帝宋欽宗俘虜，並將皇宮內的金銀珠寶、甚至連皇帝的妃子們也一併掠走，這就是歷史上有名的「靖康之變」。隨後，金國在大宋扶植張邦昌為傀儡皇帝。

　　金兵走後，張邦昌沒有了金兵做後盾，給他撐腰，自己簡直無法控制局面，朝廷官員群起反抗張邦昌，張邦昌沒有辦法，只好迎接宋欽宗的弟弟，當時在河北招募士兵的趙構在應天府稱帝，定都臨安，歷史上稱之為南宋，趙構也就成了南宋的開國皇帝。

　　趙構稱帝後，宰相李綱和老將宗澤等大臣，都不止一次地向趙構上書，請求要洗雪「靖康之恥」，興兵報仇。可是趙構心裡卻不這麼想，他知道他這個皇帝來自國難當頭之際，要想牢牢保住自己的皇位，恐怕不容易。他覺得興兵容易，但是打仗就難了，萬一打不贏，自己豈不是丟人，那時恐怕朝臣們就不會信服自己，自己也就失去威望，皇位就難保了。如果真的打贏了，就更難辦了，那時候欽宗回來了，按理應該把皇位讓給欽宗，但是自己又嚮往至高無上的權力，豈能就這麼簡單地把皇位還回去。趙構左思右想，還是覺得不能輕易發兵。面對大臣們一個接一個的勸諫，他既不反對，也不接受，打算拖延他們，得過且過，況且皇宮中驕奢糜爛的生活對於他來說，是再合適不過的了。

　　有一天，御史中丞秦檜帶著自己的家人從金國回來了。雖然他們表現得十分狼狽，好像是從金國歷盡艱辛逃回來的樣子，其實他被擄到金國後，就投降了金國，金人認為他是誠心投降，就派他回來做內應。為了騙取高宗的信任，他煞費苦心地編造了一堆謊話，讓高宗相信他是逃回來

的，而不是叛變。

高宗信以為真，連忙說：「朕自從接任皇帝以來，沒有一天不是想著興兵伐金的，但是又一想自己剛剛接下了這一大攤子的事情，害怕出兵之後兩帝難保，真是左右為難啊！愛卿從金國那邊剛剛回來，一定知道金國的一些詳細情況，你為朕出出主意吧，朕到底該怎麼辦呢？」說著，裝出了一臉難色。

秦檜從高宗的話中聽出，其實高宗一點都不想興兵，只不過是在給大臣們做戲，就連忙說：「陛下深思熟慮，真的是英明啊！如此明君承襲大統，實在是大宋江山和大宋人民的福氣啊。臣以為當今只宜用緩兵之計，暫且與金人議和為好。這樣皇上您就有足夠的時間整頓朝廷，又可以保證二帝的平安，讓萬民享受太平。」高宗聽了，心裡簡直樂開了花，十分高興地說：「秦愛卿所言極是啊！」

可是眾大臣們卻極力反對議和。老將宗澤說：「什麼緩兵之計，分明是屈辱求和，大宋兵多將廣，為什麼害怕小小的金國？我年紀雖老，但是一樣可以戰死沙場。當今之際，只有戰不能和，更不能苟且於臨安，而是要立即返回汴京，壯我兵士志氣！」宰相李綱也說：「大宋江山是列祖列宗打出來的，今天兩帝被俘，我們不把他們救回來，報仇雪恨，怎麼對得起列祖列宗呢？金人想滅我大宋，占我河山。議和只是亡國之道，伐金才是救國之道。請陛下您三思而後行啊！」

高宗早就對李綱等主戰派感到不快，隨即就罷了李綱的官，宣佈秦檜為禮部尚書。不久高宗又將秦檜提升為參知政事，後來又讓他做了宰相，將朝中的大權都交給了秦檜，自己則在後宮花天酒地。

宋徽宗、欽宗二帝自從被金人掠走後，雖然沒有受什麼皮肉之苦，吃喝也不錯，但畢竟遠離家鄉，寄人籬下，心中不免鬱悶。所以徽宗和皇太后不久相繼駕崩。高宗聽到這個消息後，連忙派王倫為奉迎梓宮使去金國，並要他轉告金人，只要歸還梓宮和高宗的生母韋太后，南宋就願意議和。王倫與金協商，金同意交回梓宮和韋太后，接受和談，並派張通古、蕭哲為江南詔諭使去南宋，要求高宗以臣之禮接受金國的國書和金主的冊

封。對於這種喪失民族尊嚴、有辱國體的事情，高宗實在難以接受。秦檜見高宗面露難色，便忙說：「陛下，我願替您分憂，不如就讓我來代替您行臣禮、受冊封，與金人談判，您看如何？」高宗倒是答應了，但是金人卻遲遲不肯答應，非要高宗親自行臣禮、受冊封。沒有辦法，最後南宋只得答應割地稱臣，金人這才肯甘休。

此後不久，金朝內部發生宮廷政變，宋金和約作廢，金將兀術率軍再次南侵。秦檜此時更加肆無忌憚，說：「和約失效，可以再談嗎。現在先把南淮守備的軍隊撤掉，以表示我方議和的誠意。」這種明顯的賣國傾向，激起了許多大臣的強烈反對，吏部尚書李光說：「對狼子野心的戎狄，只能戰不能和，淮南守備更不可撤。誰要是再說議和的事情，誰就是賣國賊！」秦檜聽了惱羞成怒，隨即反駁李光，李光氣憤地指著秦檜罵道：「你這奸賊，不顧大家多次反對，總是主張議和，今天還要撤回守備，這不是盜弄國權、懷奸賣國是什麼？」

秦檜氣得臉色發青，渾身發抖。他將朝服一脫，頭冠一摘，跪在高宗面前痛哭流涕：「皇上為為臣做主啊，讓臣掛冠而去，以免受陷害啊！」說著，便一個勁地叩頭。高宗一見秦檜這般，可坐不住了，連忙把他扶起來，下令將李光革職回鄉。

金兵南下後，四處燒殺搶掠，無惡不作，南宋抗金將領堅持抗擊金兵，獲得了很大的勝利。韓世忠收復通州，張俊收復宿州、亳州，尤其值得一提的是岳飛率領岳家軍從德安府大舉北伐，接連收復了蔡州、鄭州、洛陽，一直打到了距離開封不遠的廊坊。秦檜對此憂心忡忡，一旦宋軍打敗金軍，打回開封，那自己就無法向金國交代了。於是他就祕密上奏高宗，將韓世忠、張俊、岳飛以述職為名，召回京都，以此延緩抗金的進程。高宗此時已經完全相信秦檜的話，事無鉅細都聽他的。於是他就下詔書，召韓世忠、張俊、岳飛回京，但是岳飛堅決不回，秦檜就一連下了十二道金牌催岳飛班師回朝。岳飛接到金牌後，悲憤交加，熱淚長流，仰天長嘆道：「十年功勞，毀於一旦，奈何！奈何！」

岳飛回朝後，秦檜就以莫須有的罪名加害岳飛及岳飛全家，因為他深

知，只要有岳飛這樣的南宋將領存在，宋朝就不會垮，金吞併宋朝的願望就不會實現，所以秦檜千方百計地加害朝廷的棟樑。此後，南宋將淮水、商州以北的土地割給金國，並每年向金納貢，向金稱臣。這段歷史也成為中國人最難以啟齒的一段歷史。

用 人 點 撥

　　在中國幾千年的封建社會中，沒有君主賢明而國家不興盛的，也沒有君主昏庸而國家不衰敗的。而君主的賢明或是昏庸，又與其是否用人得當關係極大。像宋高宗這樣昏庸無能、重用奸臣的人，難保不使國家受盡屈辱。

　　所以現代社會用人依然是一個非常重要的問題。一個國家、一個群體如果沒有良好的用人機制，就無從發展。而做為一個領導者，一定要懂得如何用人、用什麼樣的人，切不能只聽信小人讒言，而丟棄了那些真正為你著想的賢良之士。宋高宗的教訓，值得我們每一個領導者借鑑。

元世祖封十八歲的安童為丞相

　　元朝初年，有個十三歲的少年，名叫安童。是為救護元太祖成吉思汗而英勇獻身的孔溫窟哇的後裔，也是為創立元朝立過蓋世奇功的木華黎的曾孫。

　　安童聰明伶俐，魁偉沉毅。雖然幼年跟著親人生活在朝宮，卻從不和那些有刁邪惡習的權貴子弟來往廝混。他刻苦攻讀，經常向德高望重的長輩請教，很受朝廷裡官員的器重。元世祖見他出世不俗，認為他是個值得深造的孩子，將他放在宮裡做長宿衛。這樣一來，安童就可以有更多的機會與文武官員接觸，跟長輩們學習的機會也就多了，因而學識進步很快。小小年紀，就能下筆成章，講話也很有見地。

　　元世祖破獲阿裡不哥反叛集團，負責破案的人拘捕了一千多人，報請元世祖發落。元世祖看安童就在身邊，突然想起要考考他的本事。於是元世祖就問：「安童，你聽清了這個反叛集團的罪情嗎？他們要推翻朝廷，罪大惡極，我要把他們統統處死，你看如何？」

　　安童神態自若地說：「這些人中，真正想奪權篡位的人是少數，極大部分是隨聲附和、脅迫從命的，陛下這樣大量地殺人，怎能征服其他還沒有歸附的人呢？殺一人，牽連一片，怎能叫天下人心悅誠服呢？」

　　元世祖當然不想濫殺無辜，他從安童的回答中，看出小安童已經成熟多了，便驚訝地說：「好一個長宿衛，年紀輕輕，見識不俗啊。我要是真的把這些人都殺了，那就連一個孩子都不如了。」說著，就按照這些人罪責的大小分別予以處罰。

　　安童十八歲的時候，元世祖決定破格提拔他。朝中有人認為安童雖然可以提拔，但應該一步一步來，不能一下子就給他個大官做。元世祖卻不

認為如此，他說：「金世祖用阿魯罕做參政知事，不到五個月阿魯罕就因年老多病而辭職。歷史上像這樣因用得太晚，而未能充分發揮其才的賢人不是很多嗎？凡是賢人，只要看準了，就要及早起用，不僅能早點鍛鍊提升他，而且能讓他早一點、久一點為國家辦事，對社稷百姓不是都有好處嗎？」

朝臣們聽了元世祖的這番話，都很贊同，沒有人再提反對意見。於是元世祖就將安童提拔為光祿大夫，中書右丞相。安童說：「我年紀還小，擔負這麼重要的職位，朝中那麼多長者和元老，定難信服。當前南宋還沒有歸附，我上任必礙國家大事。所以我萬萬不敢受命，請陛下三思。」

元世祖說：「朕意已決，你不必再推辭。論才幹，你是能勝任的。至於年小難以服人，朕已經把權力交給你了，將來一定會支持你，只要你大膽行使職權，不怕有人不服你。同時，我還打算讓國子祭酒許衡做你的助手。他學識淵博，德高望重，朝中大臣沒有人不服他，有他輔助你，你就大膽地做吧。」安童這才放心大膽的接受任命。

元世祖召見許衡，準備向他交代輔佐安童的事情。不料許衡有病，未能來見。安童得知後，便親自到許衡家裡探望，並趁機向許衡請教。許衡見他如此謙虛，也就不厭其煩地予以指點。安童得益匪淺，對許衡像師長一樣的尊敬和感謝。

不久許衡病癒，元世祖即向他委以輔佐安童的重任，並且說：「丞相安童年紀比較輕，需要老臣幫助，我已經和他說了，由您來輔佐他，他很樂意。他有事向您請教，您要耐心策劃。他遇到阻力，您要給他壯膽、排難。您有什麼好的建議和意見，多和他單獨談談。凡是需要由我出面的事情，您可以即時跟我講，也可透過他跟我直接提出。」

許衡高興地接受了輔佐安童的任務，他還說：「安童是個很有抱負和才能的人，他還很尊重老臣，我很樂意幫助他。要是今後遇到我不能排除的阻力，比如大臣與他作對，那就要靠陛下您的權威去幫助他了。」

安童尊重許衡，許衡按照世祖的交代，對安童給了很大的幫助。安童有了許衡這強有力的後盾，把朝政處理得井井有條，朝臣無不欽佩。

西元一二七〇年，有幾個大臣嫉妒安童，密謀設立由阿合馬負責的尚書省，藉以削弱安童的權力。他們藉為安童減輕工作負擔為名，向元世祖提出了這一預謀，要把安童封為三公。元世祖深知這個意見分明是排擠安童，於是求計於許衡。許衡說：「對這個陰謀，只要陛下不採納，他們就不能得逞。但是他們不會死心，下一次，他們還會跟安童作對。安童當前很受朝中眾臣的擁護，大家都不會同意他們這個意見的。陛下何不召集眾臣共同商議設立尚書省的事呢，讓朝中老臣共同抵制他們的意見。這既能進一步提高安童的威望，又能擊敗他們排擠安童的陰謀。」

元世祖採納了許衡的意見，隨即召集滿朝文武共同商議此事。當滿朝文武聽到要設立中書省的事後，無不感到驚奇。除少數幾個密謀者外，其他都極力反對。有的說這是違背歷朝規定的；有的說這是政出多門，有亂朝綱；有的說年輕丞相當三公，分明是打入冷宮。有個名叫商挺的老臣鏗鏘有力的言詞，把幾個野心勃勃的人說得啞口無言，他說：「當今丞相政績出色，雖然年輕，我們老臣卻很信服他，都不如他。他是國家的柱石，我們年長的人都要支持他。如果設立尚書省，還要丞相做什麼？如果把丞相封為三公，他怎麼處理繁多的朝政？這分明是削弱丞相的權力，擾亂朝綱，危害社稷，萬萬不可啊！」

元世祖趁機斬釘截鐵地說：「商挺說得對，朕早就不同意這個意見。今天讓大家討論，正是為了求得共同的見解。丞相是列朝最高的職務，是帝王主持朝政的良弼。設立尚書省，讓丞相做三公，分明是削弱丞相權力，實際上也是分散朕的注意力，萬萬不可採納。當今丞相年輕力強，德高才深。上任不久，政績出色，眾卿萬眾一心，全力支持。」

元世祖為了更好地支持安童，將他原來兼封的光祿大夫加封為金紫光祿大夫。這樣一來，安童的威望更高了，朝臣再也沒有人敢藐視、妒忌和為難他了，他的政令更加暢通無阻。

安童在元世祖的大力支持下，為國家的長治久安做了很大的貢獻。可惜他四十九歲就病逝了。元世祖為過早失去這一得力的輔弼良臣而感到非常痛心。為他親自舉行了隆重的葬禮，還為他立了刻有「開國元勳命世大

臣之碑」的紀念碑。

用 人 點 撥

　　十八歲的安童被任命為丞相，說明元世祖敢於任用青年奇賢。他還派經驗豐富的老臣許衡輔助安童，以防有人不服安童。可見元世祖十分善於用人，他不僅用年輕有為的安童，更讓老臣輔佐安童，使安童的丞相之位更容易坐穩。

　　一個完備的行政系統，就應該在人員的安排上趨於合理，不同年齡結構、不同特長的人要合理搭配，這樣才能發揮最大的效果。

朱元璋容降將助己

　　秦從龍原本是元朝江南行台侍御史，位高權重，聲名顯赫，是個很有才能的人。元朝末年統治者統治越來越殘暴，人民生活更加困苦，因而許多農民揭竿而起，紛紛起義。秦從龍看到這種境況有心報效朝廷，但是朝廷已經腐朽到無藥可救的地步了，光憑他一個人也是無力回天。於是他辭去官職，回到鎮江隱居。

　　朱元璋是元末農民起義軍的重要首領之一。此人善於用人，因而才打下江山。朱元璋早就聽說過秦從龍這個人，知道此人是個不可多得的人才，如果能夠爭取他為己用，那麼將來自己的事業一定會飛速發展。於是朱元璋在派徐達攻打鎮江的時候，還派給了他一個重要的任務。他告訴徐達：「鎮江有個秦從龍先生，此人博古通今，才能過人，你打下鎮江後，無論如何要找到此人的下落。」徐達不敢怠慢，果然找到了秦從龍。於是朱元璋馬上叫自己的侄子朱文正，帶著豐厚的禮物去聘請秦從龍。

　　朱文正費了好大力氣，才說服秦從龍為朱元璋效力。當朱元璋聽說秦從龍來了後，親自出城門迎接他，而且對他非常的尊敬，稱他為「先生」。

　　還有一個叫郭雲的人，原本是元朝的一員武將，此人對元朝十分的忠心。朱元璋的勢力越來越大，眼看已經把江南的地區收歸己有，準備向北挺進。當時元朝皇帝嚇得迅速往北方逃跑，河南一帶其他的地方都被朱元璋佔領了，唯獨郭雲死守自己的城池，誓死不肯投降。起義軍士氣如虹，而元軍卻節節敗退。在與朱元璋的軍隊決戰之時，郭雲不幸被徐達手下大將擒獲，被帶到徐達面前。此時郭雲面不改色、心不跳，依舊威風凜凜，不肯服輸。徐達大聲喝道：「敗軍之將，為何不下跪？」郭雲卻絲毫不

聽，昂首挺胸，大罵徐達的軍隊，只求速死。

徐達沒有辦法，只好帶他來見朱元璋。朱元璋早就聽說了郭雲的事，十分愛惜他的才能，於是當場放了他。郭雲不知所措，還以為朱元璋在耍什麼花樣。於是朱元璋拿起手邊的一本《漢書》，讓郭雲讀，郭雲讀得十分熟練。朱元璋很高興，重重地賞賜了他，並讓他做了當地的知縣。郭雲在任上很有作為，把自己的管轄地區治理得井井有條，朱元璋更是高興了，覺得自己沒有看錯人，於是又提升他為南陽衛指揮檢事。

用 人 點 撥

做為管理者應該寬容大度，當然在寬容大度的同時也要謹慎小心，正確判斷和識別人才也是十分必要的。但要掌握一個「度」的問題，也就是說，一個曾經是社會底層的人，不等於他永遠在社會的底層；一個曾經與自己為敵的人，也不可能永遠是敵人。

只有領導者不計較人才的身分和地位，對人才採取寬容大度的態度，這些人才才能發揮出更強大的熱情和能力。

朱元璋老少參用

　　朱元璋在建立明朝後，開始把選拔人才放在頭等重要的位置。在訂立國策的時候他說：「為天下者，譬如作大廈，非一木所成，必聚材而後成。天下非一人獨理，必選賢而後治。故為國得寶，不如薦賢。」朱元璋的用人方略十分高明，不僅做到文武並用，而且還能做到「老少參用」，注意選拔年輕官員。

　　朱元璋認為，郡縣的官員過了五十歲，雖然熟悉政務，但精力已經衰竭。主管選拔官吏的部門，應該深入到民間選拔二十歲以上，天資聰穎才識兼備的俊秀之士，充實到中央和地方的行政機構，使他們與年老的官吏參而用之。這樣人才就會源源不斷，明王朝就可永保生機，社稷就會長治久安。

　　有個叫楊士奇的書生，是個孤兒，從小生活很貧苦，但是由於勤奮好學，精通書史，在很年輕的時候，就被朱元璋破格提升為翰林院編修官。後來楊士奇官至尚書，位居內閣。他辦事幹練，頗得朱元璋和以後幾個皇帝的器重。他和後來的楊榮、楊溥並掌國政，史稱「三楊」。

　　由於朱元璋實行老少參用的用人方針，明初出現了人才輩出的局面。他們有的出自山林，有的居於草野，有的拔於卒伍，由平民布衣登上高位者不勝枚舉。在大批年輕有為之士進入仕途以後，朱元璋又對那些年老的大臣做了妥善的安排。他專門給禮部下了一道命令，把四十歲以上到六十歲以下的官員，安排在中央任職；六十歲到七十歲的官員，留在翰林院，用作參謀和顧問。當一些官員年老有病不願意當「顧問」的時候，朱元璋就解釋說：「念卿等德高望重，才授以此職務，為的是使卿等不負平生所學，何必推辭呢？」

　　朱元璋之所以採用「老少參用」的用人方略，是因為他認為：「十年之後，老者休致，而少者已熟於事。如此則人才不乏，而官吏使得人。」顯然，朱元璋主要考慮的是執政人才的連續性的問題。同時，老少互補對於開拓思路、穩妥辦事、提高工作效率等都具有重要的意義。

用人黙授

　　在一個系統的人才結構中，各種人才的自檢最好有一種互補的作用。這樣的人才結合，往往可以使每個人都充分發揮自己的作用，而又不至於出現人才浪費的現象。在人才互補規律中，年齡互補是不可或缺的一個重要原則。老年人有老年人的長處和短處，青年也有青年的特長與弱點。因此一個好的人才結構，需要有一個比較合理的年齡結構。

　　現代社會，隨著科學技術的發展，很少有通才的存在，人們往往只是某一個方面的人才，因而就更加需要領導者注意整合自己的人才結構，爭取設計一個最佳的人才系統。

唯才適用，有善必從

　　在朱元璋創業之初，依靠從驢排寨得來的三千兵馬，後來又大敗橫澗山的元軍，收服了大量軍士，兵力增至近三萬，他的力量迅速壯大，後來投靠他的人越來越多。

　　定遠地區有個由馮國用、馮國勝兄弟帶領的地方武裝。這兄弟兩人二十多歲，在當地是很有影響力的地主，家中有幾百畝土地，有幾十個佃戶。由於當時各地農民起義不斷，馮氏兄弟為求自保，就組織了一些鄉民，成立了自己的武裝。

　　馮國用自幼聰明好學，文武雙全，而馮國勝武藝超群。但是他們的力量畢竟十分單薄，所以仍然十分害怕，寢食難安。當時朱元璋的勢力逐漸強大起來，聲譽較好，所以就產生了投靠他的念頭。可是朱元璋對像自己這樣的儒士是否歡迎呢？馮家兄弟躊躇不決，但最後還是主動找到朱元璋的門上來。

　　朱元璋一看兩人一身儒士服裝，氣質儒雅，一副讀書人的樣子，打心眼裡就喜歡上了。於是朱元璋非常客氣地接待了他們。朱元璋問：「兩位一看就不像一般人，一定非常有學問。當今之士，群雄逐鹿，天下大亂。世事究竟何去何從，請兩位給予指教。」

　　馮國用回答說：「大江南邊，形勢最為險要的是建康，古人早就說過，建康自古就是盤龍虎踞之地，很多帝王都把都城建立在那裡，所以應該佔領建康。現在駐守建康的元朝軍隊都是一些懦弱無能之輩，對軍事十分無知。如果主公您能率領軍隊，揮師南下，據有建康，把它作為根據地，然後再向四方用兵，必能救民眾於水深火熱之中，使仁義之道得以昌行天下。」

　　馮國用提醒朱元璋說：「主公千萬不可效仿各地的山寨頭目，鼠目寸光，整天就知道貪圖美女玉帛，只顧蠅頭小利。如果能佔有建康這個戰略要衝，就能以德服天下，必然能建功立業。」朱元璋自從進軍以來，還沒有聽到過這麼高瞻遠矚的宏論，不由得喜上眉梢。從馮氏兄弟的身上，朱元璋終於感到了要想實現自己的遠大抱負，就必須大量吸收這樣的人才。朱元璋當即命馮氏兄弟為幕府參謀。

　　不久，朱元璋又網羅到了另一個關鍵人才—李善長。李善長自幼十分聰明，六歲那年，元朝重新實行科舉考試，他父親希望兒子能夠參加科舉考試，走上仕途之路。而等他漸漸長大之後，李善長卻發現元朝統治者對漢人十分歧視，重開科舉，也只是表面上的，漢人要想通過科舉出人頭地，甚至在仕途上光宗耀祖，簡直就是不可能。於是李善長放棄了科舉的念頭，一頭鑽進了書本之中，自己研究起做官的學問來了。李善長對法家的思想尤其偏愛，他感覺與儒家的道德說教相比，法家學說中所講的權術計謀最為實用。

　　李善長對自己的才能十分有信心，覺得自己是個能安邦定國的大才，只是沒有找到合適的機會，施展手腳。李善長棄文從商，來往於徽州和定遠之間，攢下了許多錢財，成為當地的名士。他娶了定遠一戶富裕人家的女兒為妻，在定遠置了家業。

　　他一方面做生意，一方面時刻注意關心著國家大事，總不忘有朝一日能夠遇見明主，一展自己的政治抱負。

　　朱元璋在時事紛亂的年代裡興起，使李善長看到了希望。他通過瞭解朱元璋的行為，覺得他一定可以成大器。於是李善長來投奔朱元璋。朱元璋早聞李善長大名，於是趕緊召見。

　　兩人見了面，行了禮，李善長沒發一言，仔細打量起朱元璋的面相。接著就極為高興地說道：「總算是天有日、民有主了！」朱元璋聽到這句吹捧的話，自然十分高興。

　　他急忙問：「現在天下群雄並起，要到什麼時候才能天下安定呢？」李善長說：「當年的漢高祖也是出身平民，但是他為人豁達而大度，知人

善任，從不貪圖眼前的富貴，從不縱兵燒殺搶掠，不過五年，就成了大業。現在元廷已經到了瓦解的邊緣，內部不和，人心盡失。所以只要主公您效法當年的漢高祖，用不了多久，天下就會平定下來。」

李善長還把朱元璋與劉邦相提並論，說漢高祖劉邦的家鄉在沛縣，而主公的家鄉在濠州，兩家相距不遠，所以漢高祖留下的帝王之氣，一定能夠照到他的身上。這樣的比喻朱元璋聽了，心裡自然十分高興。於是李善長被朱元璋任命為幕府的掌書記。

朱元璋還不忘警告李善長：「當今之世，群雄並起，天下一片混亂，李先生這樣有智謀的人，正好適應時事的需要，但是我經常聽說群雄之出謀劃策的人，有事無事，就進讒言，詆謗主人身邊的將帥，所以總是使得主人眾叛親離，隨後自行滅亡。我希望李先生要以此為借鑑，處理好各種關係，一心一意，共建大業。」自此，朱元璋就讓李善長擔任了自己的軍師，負責總理各種事務，包括安撫百姓、整飭軍隊、徵兵籌餉等軍事大計。

朱元璋除了吸收李善長等著名的知識分子外，還網羅了劉基和宋濂等著名的儒士為自己服務。

劉基原本是元朝的進士，也做過官，小到最初的高安縣丞，大到江浙儒學副提舉，還做過都事，打過仗。後來受朱元璋之邀來到南京，被朱元璋尊為先生，得到重用。

在朱元璋優遇劉基的時候，有三位地主階層的知識分子宋濂、章溢和葉琛。相繼來到應天，投靠朱元璋。宋濂原來就曾是朱元璋的幕僚，後來辭職回家，現在是再次為朱元璋服務。而葉琛曾經在元朝做過幕府和行省元帥。章溢則是當時的一代學術宗師，許濂的再傳弟子。受到傳統封建思想的影響，他曾經在家鄉組織軍事武裝，鎮壓過紅巾軍，還做過元朝的浙東元帥府僉事，後來他辭官隱居在匡山。

三人的到來，使朱元璋十分高興。朱元璋於是撥出專門的財物，在自家住宅旁邊蓋了一座「禮賢館」，請劉基、宋濂、章溢和葉琛去住。因為四人均是浙東名士，所以，當時就有人稱他們為「浙東四先生」。

　　對於這四個人，朱元璋還特意請教陶安：「跟先生相比，這四位先生水準如何？」陶安十分謙虛而又實事求是地說：「從謀略上看，我不如劉基；從學問上看，我不如宋濂；從治理天下看，我又不如章溢和葉琛。」

　　朱元璋一聽，十分歡喜。於是朱元璋根據四個人不同的才能，讓劉基做了自己的幕僚，讓章溢和葉琛做都水營田僉事，負責水利、屯田等事情，讓宋濂做了江南處儒學提舉，主管東南地區的教育事務，不久，又任他為長子朱標的老師。

　　朱元璋的行為，對他的統治起到了很好的作用，也廣泛擴大了他的影響力。在他自己的統治區域內，尊重儒士、重視教育的風氣又恢復了起來。各地陸續恢復了一度廢置的學校—孔子廟學，開始廣招弟子，講授儒家倫理。這些措施，實際上給朱元璋建立新政權，奠定了良好的基礎。

用人點撥

　　朱元璋從創業初期，就十分重視網羅人才，特別是那些能夠幫助自己分析天下形勢、指明前進道路的讀書人，更受到他的重視。

　　任何一項事業的成功，都不是靠一個人的力量做出來的。任何一個人，也不可能只憑自己的力量，就能創造一番大事業。在創業時期，助手的幫助尤其重要，縱觀古今中外，沒有任何例外。只有那些善於吸收人才，善於使用人才的人，才能成就一番偉業。

明成祖資賢重直

　　朱棣，是明太祖朱元璋的第四子，洪武三年封為燕王，十三年就藩北平。他自幼聰慧機敏，頗有城府，深受太祖喜愛。靖難之役之後，四十三歲的朱棣登上大明皇帝寶座，是為明成祖。

　　明成祖朱棣是繼朱元璋之後，明朝又一個有作為的皇帝。他在位期間，繼續實行削藩政策，藉以鞏固皇權；建立東廠，以加強中央集權統治；派遣鄭和下西洋，實際暗中尋找惠帝蹤跡，但是在客觀上促進了中國與亞非各國在經濟、文化上的交流。他派人治理運河，暢通漕運，有利於南北經濟的交流和發展；編纂《永樂大典》，對保存古代文化典籍做出了重要貢獻。

　　明成祖朱棣對於大明帝國多有建樹，一個重要原因就是他善於資賢重直。他認為一個國家要治理好，必須要有人才，特別是還要有敢於直言諫諍的人才。他曾多次告訴吏部：「君子為了國家不計個人得失，所以敢於直言，不怕丟官喪命；小人為了個人不考慮國家，所以溜鬚拍馬，只想升官發財。」他還對其文武百官說道：「每個人的才識都不同，要用其所長，避其所短。因此我如果有了什麼過錯，你們就要敢於明確提出來，我絕不會責怪你們。」

　　永樂初年，浙江義烏縣縣吏上表，直述戰亂之後存在的一些問題，提出了治理意見。明成祖看後十分高興，一一採納。不僅對其直言相諫進行通令嘉獎，而且將其奏摺拿給六部大臣傳閱，並語重心長地對他們說：「遠在下面的官員都能如此關心國家大事，你們在我左右，更應如此。」

　　原工部尚書鄭錫，早年曾為明成祖的部下，後又曾為惠帝督師阻扼燕軍。成祖即位後，有人將他列入奸臣的名單中，並建議成祖將鄭錫治罪。

成祖朱棣深知鄭錫才能過人，不忍將其殺死，便將其召來責問道：「鄭錫，你早年跟隨我東征西討，為我立下汗馬功勞，而且當年我對你不薄，你也很尊敬我，但是為何現在你要背叛我？」鄭錫回答說：「當年我跟隨燕王您，我們君臣之間的確關係融洽，做為一個臣子，我的本分就是效忠皇帝，所以我效忠惠帝並沒有錯，我不過是對皇上竭盡臣職而已。」成祖聽後不僅不怪他，反而笑著將其釋放，並任命他為工部尚書。由於明成祖重用人才，不計舊隙，使得惠帝手下一大批有才之士，都歸順了他。

用人點撥

　　明成祖之所以得到那麼多人才，最重要的一點就是他不計前嫌，唯才適用。鄭錫本來是惠帝時的官員，帶兵反對朱棣奪權，這完全是效忠惠帝的表現，對於一個皇帝來說，有這樣一個效忠自己的人，實在是難得。正因為如此，朱棣才更加賞識鄭錫，為他的忠誠所感動，不但不怪罪他，反而給他封了官。朱棣這樣寬宏大量，也為他招來了更多的前朝舊臣。

　　做為領導者要有寬宏大量的氣度，只要是有本事的人，即使他曾經反對過你、甚至欺負過你，只要你認為他可用，也可以不計較這些。你越是對他寬容，他就會對你越加感激，從而更加忠心於你。

明宣宗慎用人才

　　我國古代歷史上，有過不少歷史盛期，正如史書上所說，「明有仁宣，周有成康，漢有文景，清有康乾」。「明有仁宣」，是指明朝仁宗和宣宗時期，社會進步，達到了中國歷史上的又一個太平盛事。

　　明宣宗，即朱瞻基，明仁宗長子。朱瞻基即皇帝位之後，逐步感到明朝舊制有許多弊端，應該進行改革。但是改革從何著手呢？朱瞻基經過派出人員進行視察得知，各州縣的官員多是庸才，更有一些人貪贓枉法，無惡不做，人民對此怨聲載道。他還進一步認識到，產生這種狀況的主要原因在於選拔官吏制度上的弊端，因而必須改革官制。

　　過了一段時間，吏部給明宣宗朱瞻基呈上一個關於任命蘇州等九郡新知府的名單，讓其審批。上早朝的時候，明宣宗朱瞻基問吏部尚書說：「你們對這九個人是否做了詳細考核？」尚書郭璡出班回答說：「蘇州等九府，歷稱最為難治的地方，此次確定人選，頗費斟酌。」明宣宗問：「那麼這九個人選可以勝任嗎？」郭璡不得不實說：「並非最優秀的人選。」明宣宗朱瞻基一聽非常生氣地訓斥道：「這麼重要的事情，怎麼可以馬馬虎虎地對待？你們不想活了嗎？」郭璡忙辯解說：「官吏升遷，限於資格，因此受到限制，如無聖上明示，不敢越級選拔。」朱瞻基聽後一想，祖制如此，也不能只怪吏部。於是說：「那就將此事緩一緩吧。」然後對其他大臣說：「各部、院負責官員任免的都可以舉薦人才，只要你經過考察認為這個人德才兼備，不論級別高低，均可破格提拔。只是朕所要的可是具有真才實學的人才！切不可濫竽充數！」

　　對於明宣宗朱瞻基的上述改革，朝野上下互相傳頌、議論著。但是文武大臣卻感到了沉重的壓力，他們不薦不行，薦出的不是人才也不行，將

來不能勝任、犯了律條要受到牽連，只好認真仔細地去考察、選拔人才。

　　經過一段時間，被推薦的人選名單和履歷資料呈到了皇帝那裡，明宣宗又找到內閣大學士和吏部尚書、侍郎等人集體研究，確定下來後再由吏部正式任命。到任之前，明宣宗又親自一一召見這些人，鼓勵他們秉公辦事，克勤克儉，清正廉潔，愛民如子。並向他們明確指出，如果發現某人貪贓枉法，一律斬首。

　　新官赴任後，明宣宗朱瞻基又分別派出巡撫和督察，到各地去考察他們的政績。半年後的考察結果顯示，這批官員都做出了比較突出的政績，百姓也比較擁護。例如蘇州知府況鐘，到任之後不久就查處了多起州官的貪贓枉法事件；對考察瞭解到的許多弊政，都一一加以改革；特別是通過訪查，瞭解到百姓感覺租賦過重，於是對於蘇州各縣農民不合理的負擔四十萬擔租賦上報奏免，減輕了農民的壓力。另外他不畏上峰，親自綁縛不法皇宮太監，送往北京皇宮交皇帝處理。對於他的事跡，在朝廷上下廣為傳頌。在宣宗的大力宣導下，文武大臣向宣宗舉薦了大批謙虛正直的官員出任府、州長官，他們多數為明王朝的興盛做出了貢獻。

用人點撥

　　明宣宗用人的最大特點就是「慎用」，對於下屬推薦的官員，不立刻就用，而是多方考察，然後確實覺得此人可用，再使用。這種慎重的態度，值得我們現代人學習。

　　很多時候我們往往對於親戚朋友推薦的人，都覺得很不錯，都不加考察就來用。但實際上，在使用的過程中，往往會發現這些親朋口中的人才，並不如他們所說的那樣好，這個時候如果再把他們辭退又怕得罪朋友，但是不辭退的話，又耽誤自己的事情。與其這樣左右為難，不如開始的時候認真考核。

清世宗任用賢守令

　　童華，字心樸，浙江山陰人。少年時是縣裡的生員，成年後學習了名家、法家的著作，後去到郡縣幫助治理政務。雍正初年，按規定捐足資金當了知縣。當時朝廷正在制定法律條例，大學士朱軾推薦他有法律專長，因而受到清世宗召見，被派到河北去檢查救濟工作。童華來到樂亭、盧龍兩縣，發現上報的饑民人數太少，與實際不符，經過調查，他發現饑民人數比上報的要多好幾倍。於是就如實上報了自己調查的實際饑民數。

　　怡親王和朱軾為治理營田水利事務來到永平縣，向童華問起灤河的情況，童華回答得清楚明白，怡親王十分器重他，不久便任用他為平山知縣。該縣當年發生災害，童華認為救災要緊，不等上報，急忙開倉拿出七千石糧食借給災民。後來皇上又提升他為真定府知府，並代理按察使職務。吏部藉他從前賑災的事，提出要免除他的官職，清世宗知道後，特下詔書原諒他，沒有免去他的官職。

　　不久，童華又被調到江蘇蘇州任職。浙江總督李衛曾到蘇州隨便抓人，童華以沒有法律手續為由，不讓他們抓。李衛大怒，編造一些流言蜚語上奏皇上。清世宗召見童華，責備他沽名釣譽。童華回答說：「臣盡心盡力為國家，好像是在收買名聲；實心實意為百姓，似乎是想獵取榮譽。」清世宗明白了事情的真實情況，於是改任他為陝西知府。

　　童華在蘇州很受百姓愛戴，百姓將他比作明代清官況鐘。

用 人 點 撥

　　清世宗不僅重視人才，而且愛護人才，他對李衛的讒言不輕易相信，而是親自瞭解，弄清是非。在對待童華的問題上，做到了用人不疑。

　　今天我們在任用賢才的時候，首先必須做到對人才的充分信任，大膽提拔，不要為那些閒言碎語所干擾。特別是在選用一些年輕的人才或者幹部時，更要注意明辨是非，不要因為有人說長道短，就影響了我們對人才的提拔和使用。

育才 篇

一年之計，莫如樹谷；十年之
計，莫如樹木；終身之計，莫
如樹人。

——管仲

伊尹義補太甲

　　伊尹原來是商湯的一個奴隸，由於他聰明過人、能力超群而得到湯的重視提拔，伊尹的奴隸身分也逐漸解除。伊尹也不忘提拔之恩，努力報效商湯，幫助湯治理國家。從商湯到外丙到仲壬再到太甲，一直是伊尹輔佐。因此伊尹在朝廷中特別有威望。伊尹曾經花費很大的力氣寫出兩本書，分別是《肆命》、《組後》，分別介紹如何分清是非和商朝的法律。太甲在剛剛即位時還能夠認真處理朝政，逐漸的就變得為所欲為，對大臣的建議也不理會了，京城的百姓也被弄得怨聲鼎沸。大臣們束手無策，個個指望伊尹能夠勸諫太甲。伊尹對太甲的所作所為也是非常為難，明明有心去勸阻太甲，可是阻力非常大，伊尹就不得不採用強硬手段，用軍隊控制皇宮，把太甲放逐到太甲祖父商湯的墳墓地區——桐宮。伊尹暫時替太甲管理政務，並告訴太甲，讓他靜心思過、痛改前非。

　　太甲向來崇拜自己的祖父，認為他能力超群，武功蓋世，是一位大英雄，來到祖父的墳墓後，他心裡生出一種敬仰之心。但是他發現祖父的墳墓並不是他所想像的氣派宏偉，而是幾間簡陋的草房，一座不大的土丘。在草房中居住的是湯的看墓人，他知道伊尹是為了磨練太甲才讓自己跟太甲一起居住。看墓人就每天給太甲講湯過去如何艱苦創業，白手起家。看墓人把商湯許多的優秀品質都向太甲一一講述。太甲也被祖父當年打拼建國、治理政務的艱辛所吸引。他彷彿看到了祖父當年與群眾同心協力建設國家的場面，慢慢地太甲也開始自我反思。經過三年的磨練，太甲基本上轉變過來了。從心裡就想著學習祖父的優秀品質，打算也治理好國家，為百姓造福。

　　伊尹臨時管理了國家三年，當他聽說太甲已經從思想上根本轉變過來

了，就親自帶領文武百官來到桐宮，迎接太甲的回朝。後來伊尹舉行盛大的歡迎儀式，慶祝太甲的重新即位，並向全國發佈詔令，號召人民跟隨太甲一起為振興國家奮鬥。太甲也被伊尹的忠誠所感動，也更尊敬伊尹了。

太甲在伊尹等大臣的輔佐下，把商朝治理得國泰民安，人民也安居樂業。從此太甲以祖父為榜樣，嚴以律己，多方納諫，勤政愛民，成為一名有道的國君。

用 人 點 撥

太甲崇拜自己的祖父湯的蓋世奇功，卻沒有認識到在成功背後的艱辛。湯之所以得到百姓的愛戴、人民的擁護，正是由於他能夠親民愛民、嚴以律己、吃苦奮鬥。伊尹也就抓住了能夠影響太甲的關鍵點，把太甲放在桐宮，使之靜心養性，改邪歸正。

可以這麼說，榜樣的力量是無窮的，但在教誨他人時，抓住對方能夠容易接受的方面，曉之以理，動之以情，才能較好地達到教育的目的。

楚王攬過犬得人心

　　西元前六九九年，楚王派屈瑕去攻打羅國。楚王派了大臣鬥伯比去為大軍送行。鬥伯比見到楚國軍隊軍容嚴整，將士個個鬥志昂揚，非常高興。鬥伯比見到了統帥屈瑕，對他說：「將軍辛苦，希望馬到成功。」屈瑕傲慢地說：「大夫放心，我一定率領楚國軍隊蕩平羅國，為我楚國樹威。大夫只管聽好消息吧！」說話時對戰爭的艱苦完全沒有預料到，而且一副志得意滿的樣子。鬥伯比也沒有再說什麼。

　　把大軍送走，鬥伯比在回來的路上對車夫說：「屈瑕一定會失敗。」回到都城，鬥伯比立即進宮晉見了楚王，把屈瑕驕傲輕敵的表現悉數告訴了國君，鄭重向楚王建議說：「一定要增派軍隊，否則必然使楚國軍隊遭受恥辱。」

　　楚王聽完鬥伯比的建議，不以為然，輕描淡寫地就把鬥伯比應付了過去，根本沒有派兵增援以備不測。晚上楚王回到宮苑，見到了夫人鄧曼，就對夫人說：「鬥伯比也太大驚小怪了，看到屈瑕驕傲一點就說他一定會失敗，要求寡人立即派兵支援。誰不知道將領都有一點怪脾氣呢。」鄧曼聽到楚王這話，感到事情並不這樣簡單。她嚴肅地對楚王說：「驕兵必敗，這是古訓。伯比說的話很對呀，大王應該速速派兵前去支援，否則我們真可能慘敗。」楚王這才緊張起來，感覺到了事情的嚴重性，急忙派了賴國人前去增援屈瑕。

　　可是打仗的時機就在一刻，這時候派兵增援為時已晚，來不及了。由於屈瑕的驕傲輕敵，楚軍在戰略上沒有重視敵人，結果被羅國人打得大敗，楚軍屍橫遍野，剩下的士兵只恨爹娘沒給自己多生兩條腿，哭爹叫娘的狼狽逃竄了。大將屈瑕看到大勢已去，楚軍已經不可收拾，知道自己回

去可能也會受到懲罰，畏罪不敢回去了，於是就自己吊死在了荒谷之中。其他活著回來的將領也都不敢回到國都來，就自己把自己囚禁在了冶父這個地方，聽候楚王的處理。

楚王聽到了前線傳來的消息，痛悔萬分，想到鬥伯比要求增兵的建議，想到鄧曼的鄭重勸諫，對自己的錯誤行為也十分後悔。他對眾將士說：「這次失敗都是我的罪過，與諸位將士沒有關係。」於是楚王下令，赦免了所有將領。將領們看到國君如此深明大義，都對楚王感恩戴德，視楚王為再生父母。原來因為楚王錯用屈瑕輕敵而導致失敗，對楚王的不服也渙然冰釋，煙消雲散，都決心以死效忠楚王。

楚王把過失勇敢地攬在自己身上，使將領們非常感動，培養了人才，贏得了人心。眾臣感到在楚王領導下不會遭受不白之冤，也能充分發揮自己的才智，於是人人奮力為國，使得楚國傲視諸侯，影響力日增。

用人點撥

　　楚王的決策失誤了，但是由於他勇敢地承擔了失誤的責任，把過失攬在了自己身上，由此得到部下的尊敬和回報。楚王的善待人才、勇於認錯的領導風範，值得我們學習。

　　我們見到現實生活中的一些領導者，動輒對下屬大發脾氣，斥責下屬工作的失誤，鬧得關係十分緊張，這部分是由於領導者不能善待人才導致的。下屬在領導者的部署下開展工作，自然會按照領導者的意志行動，這樣產生了失誤，領導者不首先反思自身，怎麼能行呢？

范武子教子

　　春秋時，晉國的正卿范武子已經退休在家了，歷經多年的宦海磨練，他已經對官場上的人情世態瞭解得很透了。他經常教育他正在朝為官的兒子范文子要謙虛，遇事不要爭功，而是要盡量讓功於同僚或下屬，這樣才能夠團結上下左右，齊心合力辦好事情。如果一味貪圖功名，為眼前的蠅頭小利所迷惑，勢必要招來禍患。

　　有一天晚上，范武子待在家裡焦急地等待著自己的愛子回家。平常的這個時候，范文子早就回來向父親請過安，父子或談論一些朝堂上發生的事情，或各自忙著自己的事情了。可是今天，范文子卻遲遲沒有回來。范武子不由得焦急起來，他知道自己的兒子還比較稚嫩，對官場上的事情知道得還不多。兒子不會發生什麼事情吧？

　　范文子終於下朝回來了，父親關切地問道：「今天怎麼回來這麼遲？」沒想到兒子眉飛色舞地回答：「父親呀，今天朝堂上來了一個秦國的客人，他在朝中講了一些隱語，大夫中沒有一個人能夠回答出。當時的情形真是尷尬，眼看我們晉國就要在其他國家面前丟人了。這時候我就把自己知道的其中三條，當場講給大家聽了，大家都愣在了那裡。所以我今天回來得晚……」范文子還沉浸在喜悅的情緒中，並沒有看到父親的臉色，還想滔滔不絕地說下去，沒想到這時父親已經勃然大怒了。

　　武子聽了兒子的話，看到兒子洋洋得意的神情，再也控制不住自己的憤怒，他想今天是好好教育一下兒子的時候了。武子大怒說：「大夫們不是不能回答，而是在對長輩父兄謙讓。你是個年輕的孩子，在朝中三次搶先，試圖掩蓋他人，爭取功名，這樣爭功還了得！如果不是我在晉國，大家顧惜往日的情面，你這樣做恐怕早就遭殃了！」武子這時候已經控制不

住自己的行為了，他順手拿起身邊的拐杖向兒子打去，文子的興致一下子消失得無影無蹤，在慌亂中，父親把他帽子上的簪子都打掉了。

文子這時候才清醒過來，對自己的行為深感內疚。他知道父親是在指正他，對父親的行為並沒有絲毫的不理解和怨恨，他暗下決心以後要遵循父親的教誨，做一個謙和的人。

後來晉國與齊國發生了戰鬥，在這場戰鬥中，郤獻子出任晉國的中軍主帥，范文子領上軍，受中軍指揮。戰爭勝利，晉國軍隊凱旋回國時，范文子雖然有條件盡快回國，但是他有意讓郤獻子先回，自己過了一段時間才回來。

范武子早就想見到久別的兒子，見到了兒子老淚縱橫地說：「兒呀，你知道我天天盼望著你回家嗎？」

范文子扶住年邁的父親，對父親說起了自己晚回來的原因。他說：「軍隊是郤獻子為主帥所領導的，現在打了勝仗，倘若我率領上軍首先凱旋歸國，恐怕國內的人就會把注意力集中在我的身上，把我當作功臣來歡迎，所以我不敢這麼做。」

聽到這話，范武子立刻轉悲為喜，深情地對兒子說：「你知道謙讓和委功於人了，我可以放心了。」

用人點撥

　　這個故事給我們兩點啟發，首先是年輕人往往有一種傲氣，有一種自然地要表現自己的衝動，這種行為並不是不好，而是年輕人必須認清形勢，不要把別人的謙虛和忍讓，當作自己晉升的階梯。敬人者，人敬之，只有充分尊重別人、尊重前輩，年輕人才會取得成功。

　　第二點啟發與第一點直接相關，就是領導者要認清年輕人或者下屬的這種衝動，不要對這種比較幼稚的表現一棍子打死，而是要積極引導，善於用教育的方法使下屬認識到自己的膚淺，在以後的工作中不斷充實自己。這樣才會達到雙贏的效果。

經塹長智，穆公育明視

　　孟明視是秦國的一員大將，此人驍勇善戰，但是很年輕、自負。

　　在秦國與晉國的交戰中，秦穆公派孟明視、西乞術、白乙丙帶兵偷偷地越過晉國的崤山地界，去攻打晉國的軍隊。他們取得了戰爭的勝利，一舉消滅了晉國的軍隊，大獲全勝。返回時，有人就勸告他要小心晉國的埋伏，他卻洋洋自得地說：「我們已經打了勝仗，晉國就是有埋伏也只是殘兵游勇，手下敗將不足掛齒。」他們行走不遠果真遇到了埋伏，由於準備不足，他們吃了敗仗，孟明視和其他兩位將軍也被俘虜了。後來多虧秦穆公的後母文嬴從中說情，才被放回。

　　過不了多久，孟明視要求秦穆公發兵去報上次被俘之仇，秦穆公答應了。沒想到晉國早有準備，兩國的兵馬一交手，又失敗了。孟明視原來以為上次失敗是中了埋伏，本以為這次明槍明刀的準會勝利，卻又吃了敗仗，這才認識到自己不是什麼了不起的人物，原先的自負一掃而光。於是就自己上了囚車，等待國君處死。

　　秦穆公也有自己的心思，他知道孟明視的能耐，也看出了他的缺點，就是閱歷不深，過於相信自己的能力，不能計算敵方的力量等。他也知道一向在順風裡駛船不一定是好船夫，他要把國家的大船交給那些經過大風大浪的人，因此他才不計較孟明視的失敗，看到孟明視的失落，他就教導他在什麼地方栽了跟頭，再在什麼地方爬起來。

　　於是他就對孟明視說：「咱們連吃了兩次敗仗，也不能全怪你。我也有很大的責任，我只重兵馬，不太關心國家政治和老百姓的難處，那是我的失誤。一個國家的興亡成敗不是一個人的事，打了勝仗不是你一個人的功勞，吃了敗仗也不是你一個人的過失。」不僅不怪罪孟明視，還讓他繼

續做為將軍率領軍隊。

這下，孟明視可實在過意不去了。他明白了自己的缺點，也覺得對不起國家和人民，為此，他下定決心改正缺點，將功贖罪。他把家當和俸祿全拿出來，送給陣亡將士的家屬，平時和士兵一起同吃同住，一塊參加訓練，一塊研究克敵致勝的辦法，還虛心接受別人的意見。

不久，晉國又聯合其他國家攻打秦國，奪了兩座城池。但孟明視只是讓士兵堅守，不許出戰。這時秦國有人說孟明視的壞話，請秦穆公再挑選一位將軍，秦穆公說：「先別忙，孟明視自有他的好主意。」這樣，孟明視埋頭苦幹了幾年，在崤山打敗仗後的第三年，他請秦穆公一塊去打晉國，並說：「這回再打不了勝仗，就絕不活著回來！」

大軍過了黃河，他又對將士們說：「我們這回出來，是有進無退。我想把船燒了，你們看如何？」將士們說：「燒吧，打了勝仗，不怕沒船，打敗了，還能回家嗎？」仗打起後，孟明視帶頭衝鋒陷陣，將士們同仇敵愾，不僅奪回了上次丟掉的兩座城，還接連又打下了晉國的幾座大城。晉國只好屈服。

用人點撥

　　孟明視連吃敗仗，秦穆公都沒有責怪他，在他失落時又開導他，在別人進讒言時依然重用他，這不僅表現了秦穆公的容才之量，還表現了秦穆公的教育有方。孟明視在他的培養下，終於成了一個成功的將軍。

　　俗話說：「失敗為成功之母」、「上學要捨得交學費」，培育人才也應如此。從孟明視的故事中，我們知道，做為一個領導者，在培育部屬的過程中，千萬不能因為下屬做錯了一件事就改變看法，而是要信任他，給以他在失敗中鍛鍊成長的機會，否則人才就不會出現。

齊靈公好男服

　　東周時，齊國的齊靈公喜歡看到他的妃子穿上男人的衣服。他覺得女人穿上男人的衣服別有一番味道。女人本來很嬌小，穿上男人的寬大的衣服以後，越發顯得嬌柔可愛。因此他就讓他的妃子在日常生活中穿著男人的服飾。

　　起先只有他的最寵愛的妃子穿這樣的衣服。隨後，宮中的女人知道了齊靈公的這一喜好後，為了討齊靈公的歡心，也紛紛穿起了男人的衣服，一時間穿男服的風氣充滿了整個宮中。如果不仔細看，根本分不清哪些是男人，哪些是女人。齊靈公看到宮中的女人都穿著男人的衣服，感到非常的高興，覺得真是一番奇異的景象。

　　過不多久，這一風氣就從宮中傳入了民間，一時間穿男服的潮流遍佈了齊國的每一個角落。別國的人到齊國一看，很奇怪，齊國竟然沒有女人。仔細看，才知道是因為女人都穿著男人的衣服在街上行走。

　　有一天，齊靈公出去私訪，走到大街上一看，清一色的男人在街上行走，他就很奇怪問隨行的晏子，說：「我國的女人都不出來嗎？」晏子就說：「出來啊，大王你仔細看看就知道了。你看不見女人是因為他們都穿著男人的衣服呢。」齊靈公就很奇怪地問他：「為什麼她們不穿著自己的衣服出來，非要穿著男人的衣服出來呢？」晏子回說：「這是大王您的功勞啊！您在宮中提倡女子穿男人的衣服，這一穿法傳到了民間，所以女子都穿著男人的衣服了。」

　　齊靈公聽完晏子這樣說，覺得女的穿男人的衣服終究不合適，就命令官吏發佈公告制止說：「如果發現哪個女子再穿男人的衣服，就撕裂她的衣裳，折斷她的衣帶。」儘管如此，女子穿男人服飾的風氣仍然禁止不

住。

　　齊靈公就問晏子，讓晏子想個好辦法，晏子就說：「你讓宮中的女人穿男人的衣服，而不讓外邊的婦女穿這樣的衣服，這就好比外面掛的是牛頭，而裡面賣的是馬肉啊！你為什麼不先禁止宮中人穿這種服飾呢？只要宮中的人不穿了，外面的人自然也就不穿了。」

　　齊靈公就按照晏子的說法做了，不到一個月，女子穿男人衣服的風氣就止住了。

用　人　點　撥

　　「楚王好細腰，宮中多餓死」、「桓公好紫服，全國效仿之」，這都說明了領導者的喜好對下屬的影響。

　　從這些事實中，我們可以悟出一個道理，就是領導者要想使下屬走正道，必須從自身做起，「其身正，不令則行，其身不正，有令不行」。自己正了，導之以行，下屬就會見賢思齊，歪風邪氣自然不禁而止。這就要求領導者要從自身做起，為下屬做表率。

孔子與顏淵

　　顏淵是孔子的學生，家裡很窮。一天，孔子命顏淵去買餛飩。餛飩每碗十二個，十二文錢一碗。孔子故意多給顏淵一文，想試試顏淵的心。

　　顏淵接過老師給的銅錢，也沒有數一下，拿著碗就走到了賣餛飩的地方。賣餛飩的也沒數錢，直接就丟入了錢筒，煮熟一碗十二個餛飩交給了顏淵。

　　顏淵端著餛飩碗，走過一棵梧桐樹下，剛巧一片梧桐葉落在了碗裡，顏淵急忙用手指拿去葉子，由於手指上染上了餛飩湯汁，就把手指放入口中，用舌頭舔了一舔。

　　孔子正巧遠遠地看見了顏淵用舌舔指的動作，等到吃完餛飩，又發覺確實只有十二個，心裡不覺懷疑，可能顏淵貪了一文錢的小便宜。孔子當時也沒有說什麼，顏淵也蒙在鼓裡。

　　一個大雪紛飛的天氣，孔子舉行了一次宴會，邀請學生和一些人出席。宴席上擺設了銀器，比較隆重。顏淵和許多孔子的學生都來了。

　　顏淵家裡貧窮，衣單畏寒，遲遲不去赴宴，妻子就問顏淵為什麼還不去？顏淵說出衣單畏寒，打算不去的心思。賢良的妻子便把自己的貼身小襖脫下來交給顏淵，叫他貼身穿上，外面再穿上長袍，說這樣就可以禦寒了。顏淵就穿著自己妻子的貼身內衣，在大雪紛飛中去赴宴了。

　　飲酒之際，有個學生喝得酩酊大醉，不覺將一個銀杯丟向室外，當時由於大家酒興正酣，誰也沒有注意這件事。紛紛揚揚的大雪飄落下來，不一會兒就把銀杯蓋住了。

　　酒席散了，收拾杯盤，發覺少了一個銀杯。於是查究起來，眾學生為了表明心跡，證明自己的清白，紛紛敞開了自己的衣袍，讓人檢看。這時

顏淵脫衣也不是，不脫衣也不是，脫去外衣就會露出妻子的小襖，在眾人面前丟醜，不脫外衣，顯然又會蒙上盜竊銀杯的嫌疑。左右為難，呆若木雞，又惱又苦地離開了老師的家。

孔子知道這件事情後，又對顏淵產生了第二個疑點。

過了幾天，天空放晴，冰雪融化，深埋在雪裡的銀杯終於重見了天日，重現在人們的眼前。盜杯的議論頓時消失。而顏淵這時候因為含冤不能得到洗刷，已經病倒在床上好幾天了。

孔子知道顏淵有病，前去探望，並且贈給顏淵一些銀兩。顏淵婉拒了孔子的贈銀，告訴孔子自己那天沒有脫衣叫人查看的委屈。孔子說：「失去的銀杯已經在雪融後重新出現，你不必難過了。」

孔子又把買餛飩的舊事重提，顏淵向老師說明自己沒有數過銅錢，賣餛飩的人也沒有數過。又說了樹葉之事，指染湯汁的原因，孔子慚愧地說：「這都是我的過失呀！」

用人點撥

　　孔子不知道顏淵的品行怎麼樣，就想出辦法進行試探。在經歷過誤會以後，終於冰釋前嫌，徹底認識了自己的學生，也得到了一個好學生，以後更加刻意地進行重點培養。這是培養人的過程中經常會出現的現象。在此，我們被孔子的良苦用心和勇於承認錯誤的精神感動著。

　　現在的領導者面臨著更多的培養人才的任務，這時候也會遇到類似孔子遇到的問題，就是怎樣確定自己培養的人才的品格，是不是能夠符合培養的條件。這時候孔子的做法可以作為借鑑。領導者同時要勇於從自身尋找原因，教學相長，培養出合格的現代化建設人才。

孔子因材施教

　　孔子常教導學生要言行一致，不可巧言令色。然而有一天子路對孔子說：「先生所教的仁義之道，真是令人嚮往！我所聽到的這些道理，應該馬上去實行嗎？」

　　孔子說：「你有父親兄長在，他們都需要你去照顧，你怎麼能聽到這些道理就去實行呢！」孔子恐怕子路還未孝養父兄，就去殺身成仁了。

　　過了一會兒，冉有也來問：「先生！我從您這裡聽到的那些仁義之道，就應該立即去實行嗎？」

　　孔子說：「應該聽到後就去實行。」

　　這下站在一邊的公西華被弄糊塗了，不由得問孔子：「先生！子路問是否聞而後行，先生說有父兄在，不可以馬上就行；冉有問是否聞而後行，先生說應該聞而即行。我弄不明白，請教先生？」

　　孔子說：「冉有為人懦弱，所以我要激勵他的勇氣；子路勇武過人，所以我要中和一下他的暴性。」

　　冉有的懦弱在《論語》中也有記載，冉有曾在權臣季氏的手下做事，季氏為人聚斂暴虐，做為孔子的弟子，冉有明知道這樣做不對，不但不敢去勸上司季氏，反而順從季氏的意願，為他「聚斂而附益之」，氣得孔子大罵冉有「不是我的徒弟」！並發動學生「鳴鼓而攻之」！如果冉有能夠聽從孔子的教導，堅持仁義之道，那就不會做出助紂為虐的事來了。

用　人　點　撥

　　對不同的人使用不同的教育、培養方法，這就是通常所說的因材施教。子路和冉有具有不同的性格，所以當他們問到同樣的問題時，孔子的回答卻是完全相反的，這既符合因材施教的原則，也符合辯證地看待、分析問題的辯證法。

　　我們現在的領導者在培養人才時，注意因材施教的原則是非常必要的。因為每一個人才都有自身的特點和專長，若是採用千篇一律的教育模式，勢必會埋沒人才，甚至引導人才走向歧途。發現個性，有重點、有針對性地培養人才，會收到事半功倍的效果。

韓獻子與穆子育才

　　西元前五三六年冬十月，晉國的上卿韓獻子覺得自己年事已高，體力、智力都不足以勝任現在職位的工作了，於是就想著薦舉一個人來接替自己的職位。他首先想到了穆子，覺得他的才能一定能夠勝任自己現在的職位，於是就薦舉穆子。

　　然而穆子卻不這樣認為，患有殘疾的穆子辭謝說：「《詩經》裡面說，『難道不是早晚都想著前來嗎，無奈路上的露水太多，不方便過來呀』。又說『辦事情如果不能親自主持，老百姓就不會信任』。」他實事求是地藉《詩經》上的話說出了自己的想法，表明了自己的態度。意思就是說自己很想輔佐國君，為國為民幹一番事業，但是因為自己有殘疾，諸事不能率先垂範，光動嘴，不身體力行，人民是不會滿意的。

　　所以他說：「我沒有才幹，讓給別人不是更好嗎？」穆子並且推薦起代替自己，說道：「起和田蘇來往，田蘇稱讚他『喜歡仁義』。《詩經》裡說『忠誠謹慎地對待你的職位，喜愛這正人和直人。神靈將會聽到，賜給你大福。』」就是說，體恤百姓是德，糾正直是正，糾正曲是直，把這三者結合起來合而為一就是仁。像這樣，神靈就會聽到，將給大福。現在立起為上卿，不是最合適的嗎？

　　穆子說自己這樣做是為了慎重，是考慮到國家和人民。並且詳細介紹了起的情況，說明他做上卿最合適。讓賢的誠意溢於言表。

　　看到大臣們這種培養人才的至誠，晉侯很受感動，也非常高興。他同意獻子退休，任命起為上卿，任命穆子為首席公族大夫。這樣的讓賢育才，令當時的很多人大為稱許。

用 人 點 撥

　　獻子與穆子的真誠令人感動。他們的目的都是為國為家，舉
薦合適的人才，同時也是他們對人才的培養。這種舉薦是在他們
對人才有充分瞭解的基礎上進行的，同時舉薦也是為了讓人才更
加有機會、有條件地發揮自己的才能。

　　領導者要培養人才，從獻子與穆子的故事中能夠得到的啟
發，就是首先要善於發現人才，要對人才有所瞭解；其次，要勇
於讓賢，不能占著高位不捨得放；再次，與第二點直接相關，就
是要給人才提供施展抱負的舞臺。這樣的領導者才是真正能為社
會做出貢獻的人。

叔向恭賀韓起

　　春秋時期的晉國，叔向是晉國的大夫，他德高望重，為人誠懇，且一向為官清廉，樂於幫助同僚，贏得了很多人的尊敬。韓起是晉國的正卿，與叔向一樣也是晉國的高官，他與叔向雖然官階有別，但交情甚篤，韓起每有鬱結常能直說，聽取叔向的意見。

　　一個寒風凜冽、大雪飄飛的晚上，叔向在自己簡樸清雅的客廳裡接待了來訪的韓起。沒有寒暄、沒有客套，兩人落座，韓起的鬱結就爆發了。韓起面對長者，憤憤不平地說：「我空有正卿的名義，卻沒有正卿的收入，窮得連和別的卿大夫交往的費用都沒有。」韓起身材稍高，人到中年，儀貌堂堂，嗓音洪亮，激動的時候眼珠發亮，雙頰微紅。他希望叔向能同情他的處境，並給予有效的指點和出路。

　　沒想到叔向聽完他的話，卻立刻滿臉歡欣地向韓起拱手祝賀，「可賀！可賀！」激動的韓起深感意外，疑惑地看著這位老者，不知他葫蘆裡賣的什麼藥。韓起問道：「我如此窘迫，以致我常常憂慮的就是這件事情，您不但不同情，反而還向我恭賀，這是什麼道理？」

　　心胸豁達、幹練機敏的叔向看到韓起困惑的樣子，並沒有直接回答他的問題，而是平靜地先給他講了晉國歷史上兩個人物的故事。「在我們晉國歷史上，有這樣兩個人，一個是貧而有德的欒書，一個是富而無道的郤至。欒書曾是晉國的上卿，按照規定，他應該享受五百頃田地的俸祿，但實際上他連五分之一也沒有得到。連祭祀祖宗的祭器他都買不起。可是他並不因此耿耿於懷，而是更加注意自己的品德修養，同時嚴格按照國家的法律辦事，贏得了全國百姓的尊敬與愛戴。」叔向喝了口茶，目光灼灼地看了韓起一眼，繼續講下去。

「郤至這個人，與欒書恰恰相反，他做為當時晉國的正卿，不知修身養德，只知道聚斂錢財，他驕奢淫逸，貪得無厭，對權勢和錢財的追求沒有限度。因此他魚肉百姓，肆行不義，醜聲四播。結果是不只他一個人自取其咎落得死無葬身之地，他的宗族也被滿門抄斬，歸於寂滅。」

講到這兒，叔向停頓了一下，接著說：「一個人佔據重要的位置，處在高高的位置上，可以使好者愈顯其好，也可以使歹者愈顯其歹。所以我認為做人寧可正而不足，也不可邪而有餘。現在您像欒書那樣貧窮，我想您也一定能夠像欒書那樣修身養德，所以我要恭賀您。如果您對自己的品德修養漠不關心，而總為自己的財富牽腸掛肚，那麼我痛哭您還唯恐不及，哪還有什麼心思恭賀您呀！」

叔向的金石之言和熱腸寬厚深深感染了韓起，紓解了他的怨氣。他恍然大悟，心明神服，明白了德行比財富更重要的道理，自己不應該為財富太少而憂慮，而應該像欒書那樣在貧困之時樹立美好的德行，這才是長久之計，才可避免步郤至的後塵。

想到這裡，韓起當即下跪，給叔向叩頭至地，感激地說：「我只考慮自己財富的多少，這實在是亡身滅族之路。您的一席話，使我心明徹悟，懂得了居官當重德的道理，是您救了我呀！不單我要永遠感謝您，就是我的祖先和我的後代子孫也要感謝您啊！」

用 人 點 撥

　　「心態不平衡」這話隨時都能夠聽到。韓起身為高官，因資財不足、交際窘迫而心態失衡，叔向述事曉理，使之審察利害而幡然感悟，下跪致謝。叔向的「賀貧」之計確實中肯而巧妙。我們從這個故事裡學到的一個是叔向培養年輕人的技巧，另一個重要的就是「德」在政治上的重要性。

　　以德為本，這古人之名訓，看起來不似謀略，其實是政略，是對內的一種有效手段。「為政以德，譬如北辰居其所而眾星拱之」。政治上立於不敗之地者，雖言有諸多因素，但堅持以德為本是非常重要的一個素養。

晏子罷高繚

　　晏嬰為齊國的宰相，政事繁瑣，每日忙於處理公務，常常自己會感覺到由於自己的事情太多，許多事情處理得可能並不是太好，自己的言行也可能會對其他人產生不好的影響。認識到這些，晏嬰就有意識地鼓勵下屬多向自己提意見，使自己不至於犯太多的錯誤。為此，他還在宰相府裡找了一些人幫助自己處理政事，監督自己。

　　在宰相府裡有一個人叫高繚，此人在宰相府已經三年了。做事情還算勤懇，就是說話做事有點畏首畏尾，從來不會在眾人面前議人長短，在自己的頂頭上司晏子面前更是謹言慎行，從來不說自己認為「越軌」的話。而他的同事們卻往往受到晏子的鼓勵，經常指出宰相行事中一些不好的言行，基於此，晏子避免了很多錯誤的決策和判斷。因此晏子對這些人也更加信任，經常有意識地對他們加以培養，對他們中的優秀人才還會委以重任。

　　就是在這種氣氛中，高繚還是奉行「明哲保身」的策略，從來不主動為宰相提出意見，就是在宰相問到的時候也是語焉不詳、含混不清。晏子感覺到有必要對他加以特別的教育了，於是就在有一天，毅然宣佈罷了高繚的官職。

　　命令一出，高繚黯然而退，有人前來為他求情，說：「高繚在宰相府為官三年了，從來沒有說過您一句壞話，為什麼要把他辭掉呢？」晏嬰說：「你只知其一，不知其二，高繚確實工作做得還不錯，但是正因為他從來沒有說過我的壞話，我才毅然地辭掉他的呀。我這個人就像是一塊彎彎曲曲的木頭，需要斧頭削，鉋子刨，才有可能做成一件有用的器具。可是高繚來我身邊整整三年了，對我的過錯從來沒講過，他這樣做對我有什

麼好處呢？既然沒有好處，我還要他待在身邊幹什麼呢？」

晏嬰沒有接受那個人的求情，還是毅然地辭退了高繚。這件事情對宰相府的人震動極大，他們從此更加注重時刻關心宰相的行為，看到宰相不適當的行為就即時指出。晏嬰之所以成為歷史上有名的宰相，把齊國治理得井井有條，使得國家強盛繁榮，這與他重視培養人才，關注己失，勇於改過是分不開的。

用人點撥

有人給你提出了意見，這究竟是好事還是壞事？不同的人有不同的回答。晏子的回答是積極培育向自己提意見的人才，遇到「老好人型」還要堅決辭退，這樣一方面對這個「老好人」是個教育，對其他人也是一種激勵。

其實，正確的意見是對自己有益無害的，即使個別人提出了不正確的意見，只要正確對待也沒有什麼關係。晏子給我們的啟示就是一定要善於培養人才，一是培養直接對國家有用的人才，二是培養可以講真話能間接做出貢獻的人才。其中最重要的就是要大度雍容。

勾踐委功育人

　　勾踐在吳國忍受了無盡的屈辱，終於騙得吳王夫差的信任，被放回到了自己的國家越國。

　　大臣們一見自己的國君回來，又是高興，又是傷心。看到昔日紅光滿面的國君，今日變得憔悴的面容和瘦削的身軀，有的大臣暗暗流下了眼淚。

　　勾踐蹣跚地走到寶座前，轉身面對大臣們誠懇地說：「我是個國破家亡的奴才，要不是諸位大臣這麼盡心盡力地出全力，我哪會有回國的這一天！我們的國家之所以沒有滅亡，到現在還能支撐著，全是眾位愛卿的功勞呀！」大臣們看到國君如此自責，對大家如此器重，都深深地被感動了。尤其是國君對自己的器重，更是從心眼裡感到高興。

　　范蠡代表大臣們說：「這全是大王的洪福，哪兒能算是我們的功勞呢？但願大王從此以後記住石屋看馬的恥辱，帶領臣下發奮圖強，我們越國才有希望，我們的仇也才能報。這也是我們做臣下的唯一希望！」勾踐表示：「眾卿，我會記住你們的功德，不會讓你們失望的。」

　　從此以後，勾踐臥薪嚐膽，把臣下的每一點功勞都看在眼裡，記在心裡，掛在口頭。他勵精圖治，讓文種管理國家大事，讓范蠡整頓軍事。處理朝堂事務時虛心納諫，把取得的每一點進步都即時地把它委功於臣下。這樣一來，越國人個個喜歡，積極性被充分地調動了起來，每一個國民都恨不得把全部的勁頭使出來，使越國盡快強盛起來。

　　文種積極提出了滅吳國的七條計策，第三條計是用美人計誘惑夫差，讓他荒淫無道。勾踐認為這七計很好，連說：「妙計，妙計！事情成功了，功勞全在於愛卿。」

范蠡整頓軍事，效果也非常卓著，勾踐也不斷委功於他。當勾踐委派范蠡找美女送給夫差時，他毫不遲疑地就答應了，並且迅速找到了西施和鄭旦。

西施和范蠡原來是熱戀的情人，這時候西施對傷心欲碎的范蠡說：「你別傷心，咱們亡了國，連做人的尊嚴都沒有了，還能隨著自己的心意去談戀愛嗎？大王對我們如此器重，事情還沒有成功就委功於我們，我們能不盡力嗎？咱們已經把自己獻給了國家，就不能這麼兒女情長了。再說，送給夫差的只是我的身子，我的心永遠是你的。」

范蠡緊緊握住西施的手，痛心而又堅決地說：「妳為了國家，為了大王，為了我，去受這莫大的委屈，真正把自己冰清玉潔的身子獻給國家的是妳。我對這種崇高的行為佩服得無話可說！但是妳要保重呀！」說罷已經是涕淚漣漣。

經過君臣上下和全國人民的共同努力和慘澹經營，越國終於滅掉了自己的宿敵吳國，報了亡國之仇。勾踐還是把滅吳復國的功勞如實地記在了文種、范蠡、眾大臣以及全國人民身上。

用人點撥

亡國的勾踐之所以能夠洗雪恥辱，使國家走向繁榮，是因為充分調動起了大臣和全國人民的積極性。而勾踐正是透過把功勞記在臣民的身上來培育人才，才獲得成功的。大臣看到國君如此器重自己，就更加肝腦塗地，報效國家。

當前，領導者應該重視培養人才，充分激發他們的積極性，全身心地投入到建設中去。

吳起愛兵如子育人才

　　吳起是中國古代裡一流的軍事家，他智謀超人，善於帶兵作戰。他在魏國的二十七年，是其一生最輝煌的時期。吳起先後與各諸侯國大戰七十六次，其中全勝的有五十四次，其餘二十二次則勝負未分，也就是說，吳起從來沒有打過一次敗仗。吳起為魏國向四面擴張領土達千里，他不僅在實戰上做出了巨大的貢獻，其作戰經驗、取勝的方法，也給後人留下了寶貴的遺產。

　　吳起的一個士兵身上長了毒瘡，吳起用嘴給他吮吸瘡膿。這位士兵的母親聽了不覺痛哭起來。人們很不解地問道：「你的兒子只是個小兵，吳將軍為他吮吸瘡膿，這是對你兒子的重視和關心，你不僅不感謝，為何還要哭呢？」她說：「事情並不是你們所說的那樣的。去年孩子的父親長了毒瘡，吳將軍為他吮吸瘡膿，孩子的父親瘡治好之後拼死參加戰鬥，不久就在戰場上犧牲了。現在吳將軍又吮吸孩子的瘡膿，我不知他哪一天又要拼死在戰場上，所以我才哭啊！」這位母親從直覺中，已認識到吳起如此愛護她的孩子，必將使他像父親一樣，深感吳起的恩義，從而大大激發他的戰鬥意志和犧牲精神，終將效忠沙場。

　　吳起治軍善於培養人才，他並不是就軍論軍，而是將治軍、作戰與治國、親民、用賢等綜合論述。他很強調使士卒勇敢是取勝之關鍵。在回答魏武侯「軍隊靠什麼來取得勝利」的問題時，吳起說：「靠的是父子兵。視卒如愛子，無論讓他們處於安全或危險的境地，他們都會團結緊密，勇敢作戰；無論讓他們到哪裡，都沒有人能抵擋。」

　　吳起這樣說了，也這樣做了，而他所說的正是他作戰實踐的總結。吳起之所以能每戰必勝，威震諸侯，正是因為他使人們「樂於聽從」、「樂

於參戰」、「樂於效死」。而他之所以能使人如此，完全是因為他能與士卒共安危，組成一支不可抵擋的父子兵。

吳起在帶軍時，和最低級的士兵穿一樣的衣服，吃一樣的飯菜，睡覺絕不另設床鋪，行走不乘車坐馬，還跟士兵一樣親自揹負糧食，衣食住行都沒有什麼特殊，跟士兵同甘苦、共命運。正因為吳起「視卒如嬰兒」，愛護備至，所以他的部下心甘情願為之赴湯蹈火，與之同難共死。

用 人 點 撥

吳起能夠取得勝利的關鍵，是因為有一批甘願為之冒生死的士兵，有這一批優秀士兵的關鍵，是因為吳起平時對士兵的「手足情深」，有意識地培養。正是因為吳起培養了這些不惜赴死的「父子兵」，他才能夠戰績卓著，名垂史冊。

吳起的感情投資給我們很多啟發。對於培養人才來說，一個關切的舉動，兩句動情的話語，幾滴傷心的眼淚……這些無形之物的作用，有時簡直可以勝過高官厚祿，而且它所影響的不只是受惠者本人，還能擴散到更廣泛的群體。感情投資是一種非常有效的培育人才的方法。

上行下效

　　滕定公死了，太子對他的老師然友說：「上次在宋國的時候我和孟子談了許多，我記在心裡一直沒有忘記。今天父親不幸去世，我想請您先去請教孟子，然後才辦喪事。」

　　然友便到鄒國去向孟子請教。

　　孟子說：「好得很啊！父母的喪事本來就應該盡心竭力。曾子說：『父母活著的時候，依照禮節侍奉他們；父母去世，依照禮節安葬他們，依照禮節祭祀他們，就可以叫做孝了。』諸侯的禮節，我沒有專門學過，但卻也聽說過。三年的喪期，穿著粗布做的孝服，喝稀粥來盡孝。舉國上下從天子一直到老百姓，夏、商、周三代都是這樣的。」

　　然友回國稟報了太子，太子便決定實行三年的喪禮。滕國的父老官吏都不願意。他們說：「我們的宗國魯國的歷代君主沒有這樣實行過，我們自己的歷代祖先也沒有這樣實行過，到了您這一代便改變祖先的做法，這是不應該的。而且《志》上說過：『喪禮祭祖一律依照祖先的規矩。』還說：『道理就在於我們有所繼承。』」

　　太子對然友說：「我過去不曾做過什麼學問，只喜歡跑馬舞劍。現在父老官吏們都對我實行三年喪禮不滿，恐怕我處理不好這件大事，請您再去替我問問孟子吧！」

　　然友再次到鄒國請教孟子。孟子說：「要堅持這樣做，不可以改變。孔子說過：『君王死了，太子把一切政務都交給大臣代理，自己每天喝稀粥。臉色深黑，就臨孝子之位便哭泣，大小官吏沒有誰敢不悲哀，這是因為太子親自帶頭的緣故。』在上位的人有什麼喜好，下面的人一定就會喜好得更厲害。領導人的德行是風，老百姓的德行是草。草受風吹，必然隨

風倒。所以，這件事完全取決於太子。」

然友回國報告了太子。

太子說：「是啊，這件事確實取決於我。」

於是太子在喪廬中住了五個月，沒有頒佈過任何命令和禁令。大小官吏和同族的人都很贊成，認為太子知禮。等到下葬的那一天，四面八方的人都來觀看，太子面容的悲傷，哭泣的哀痛，使前來弔喪的人都非常感動。

用人點撥

　　滕國的太子（也就是後來的滕文公）死了父親，由於他上一次在宋國聽了孟子「道性善，言必稱堯舜」，給他留下了很深刻的印象，所以這一次他就請老師去向孟子請教如何辦喪事。孟子的意見回來以後，太子發出了實施三年喪禮的命令，結果遭到了大家的反對，「雖令不從」。太子於是又再次請老師去問計於孟子，這一次孟子講了上行下效、以身作則的道理，希望太子親自帶頭這樣做。結果喪事辦得非常順利，大家都很滿意，「不令而行」。

　　領導者以身作則，上行下效是孔子反覆申說的一個話題，孟子也同樣繼承了孔子的思想。

　　領導者最重要的就是要樹立表率，為人才樹立一個榜樣，吹出一股強勁的正義之風，「風吹草動」，人才感到這股正義之氣，自然就會興起更強大的正義風流。從培養人的角度來說，就是領導者一定要有「上行下效」的意識，自己樹立一個光輝的榜樣，以造就更多的可用人才。

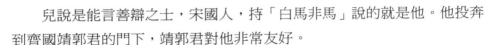

靖郭君與兒說

　　兒說是能言善辯之士，宋國人，持「白馬非馬」說的就是他。他投奔到齊國靖郭君的門下，靖郭君對他非常友好。

　　兒說的為人很受人們的非議，兒說到了靖郭君的門下，因為大家都不喜歡他，所以門人對他的到來以及待在靖郭君門下都很不高興。有個叫士尉的門客勸告靖郭君不要收留兒說，說如果繼續收留他，門人們就會相繼離去。但是靖郭君並沒有聽從他的，士尉沒有辦法，就辭別靖郭君走了。

　　靖郭君的兒子孟嘗君聽到門人們的議論，也私下裡對靖郭君說不要收留兒說。靖郭君聞言大怒，咆哮著說：「即使把我的家族清除了，把我的家破壞了，如果可以滿足兒說，我也不會做任何推辭的！」於是就讓兒說住在了上房裡，命令自己的大兒子伺候他，每天早晚的飯都是大兒子侍奉陪同。

　　這樣過了數年之後，齊威王死去，齊宣王即位。靖郭君的交好都不被宣王看好，於是就辭別了國君趕到薛地，與兒說一起留在了靖郭君這裡。沒過多長時間，兒說就辭別靖郭君，準備去見齊宣王。靖郭君說：「宣王非常不喜歡我，您去必定會死的。」兒說辯解說：「我本來也沒有求生，請一定讓我去。」靖郭君還是沒能阻止他去。

　　兒說到了國都，宣王聽說了就壓著怒火對待他。兒說見了齊宣王，宣王說：「你是靖郭君言聽計從、十分愛護的人吧！」兒說回答道：「愛護是有的，言聽計從沒有。大王您當太子的時候，我曾經跟靖郭君說：『太子的相貌不仁厚，他的下巴就像豬一樣，長著這副相貌的人必定要幹出叛逆之事。我們不如把太子廢了，立郊師為太子。』靖郭君大哭著說：『不可以，我不忍心呀。』當初若是聽了我的話，一定不會有今天的患難了。

這是一個。至於薛地，楚將昭陽曾經想用數倍的土地來換取薛地，我又說『一定要聽他的。』靖郭君卻說：『我的薛地是從先王受封的，現在雖然後來的王不喜歡我，但是我怎麼向先王交代呢？況且先王的宗廟在薛地，我怎麼可以把先王的宗廟給楚國呢！』又不肯聽我的。這是第二個。」

齊宣王聽到這裡，憤怒已經去了很多，感動的表情表現出來，說：「靖郭君對於寡人竟然這樣好呀！寡人年紀輕，實在不知道這些，您能為我請來靖郭君嗎？」兒說回答：「遵命。」

靖郭君穿著齊威王生前所贈的衣冠，拿著他的劍，來到了國都。齊宣王親自到郊外迎接，遙望見靖郭君到來就先哭了。靖郭君到了，就請他做齊國的相。靖郭君推辭，但是不得已還是接受了。不出幾日，宣王對靖郭君已經言聽計從了。

那個時候，靖郭君可以說是能發現、信任、培育人才了。能信任人，所以儘管人們攻擊他，靖郭君也不失去對他的信任。正是因為這樣，兒說才能不顧生命危險，經歷患難，勇於赴難來報答知遇、培育之恩呀！

用人點撥

就像故事裡所說的，兒說之所以能夠不顧危難毅然決然地去為靖郭君辯解，以致最後靖郭君重新獲得齊王的信任，這與他始終信任、培育兒說，兒說心存感激是分不開的。設若當初靖郭君不能站穩立場，被門人或者兒子說動，那麼結果將會是怎樣呢？

其實，我們從靖郭君與兒說的故事中能學到很多東西，尤其是領導者更應該學會靖郭君的堅定立場，與對人才的信任和培養。讓自己的長子親自伺候一個門客早晚的飯食，對於當事人會是怎樣的心靈教育，聰明的領導者一定會從中領會到很多育人的道理。

蘇秦妻藉機引蘇秦

　　戰國時，各諸侯國割據一方，經常為了爭奪土地和財富發起戰爭。這樣就出現了一批人，他們到各國進行遊說，後來稱這批人為縱橫家，蘇秦就是其中一員。

　　他先是雄心勃勃、躊躇滿志地到秦國去遊說。他在見秦王前，為自己買了一身華麗的衣服，名貴的鞋子、帽子，僅有的一點剩餘他又慷慨地送給了乞丐。就這樣，他滿懷信心地穿著他的新衣服去見秦王了。沒想到，儘管他口若懸河、滔滔不絕地講述他的策略，秦王並不理睬他。這時他除了滿腹失落，已經一無所有了，只好垂頭喪氣地回家。

　　他幾乎是一路乞討回到家的。

　　其實在他回到家之前，他的家人就知道了他遊說失敗的事情。

　　等他走到村口時，他看見自己的兒子正在玩耍。平日裡他回來，兒子都是遠遠地就迎過來親熱得不得了。可是今天兒子就像沒看見他一樣，自顧自地玩耍。他想可能兒子沒認出他來，就走到兒子面前說：「兒子，我是爸爸呀！」沒想到他兒子卻冷漠地說：「我知道。沒看見我正在玩嗎？」看到兒子這樣他也沒放心上，就回家了。

　　走到家門口時，他覺得自己這樣狼狽，肯定會得到父母妻子的安慰和熱情迎接，就大聲地喊一聲：「我回來了。」在門口等著妻子來迎接。當時妻子正在織布，聽到他的聲音，就停下來看了看他，說：「門又沒關，進來吧！」說完繼續織她的布。嫂子呢，往常只要他一回家，嫂子無論多忙都會停下手中的事忙著給他做飯，可是今天嫂子在屋中坐著絲毫沒有做飯的意思。父母也是，就當他不存在依然埋頭做他們的事。他感嘆說：「唉！妻子不把我當丈夫，兒子不把我當父親，父母不把我當兒子，這都

是我不好啊！我一定要爭回這口氣。」

　　於是他就連夜把讀過的數十箱書全倒出來，從中挑選出《太公兵法》，專心致志地誦讀起來，對其中的精華用心研究。疲倦時就用錐子刺自己的大腿，刺得鮮血直流。這樣用了一年工夫，終於把《太公兵法》學通了，同時，他還研究各國的地形、政治、軍事、國君等情況。

　　在認為確實胸有成竹之後，就前往趙國去遊說。勸說趙國聯合山東三國實行合縱抗秦的政策，終於取得了趙肅侯的信任，委任他為相國，讓他去做聯合其他國家的工作。

用 人 點 撥

　　古人說：「善歌者使人記其聲，善教者使人繼其志。」蘇秦的親人就是運用了這種引而不發、激其自奮的育人方法，最終使蘇秦成為有名的縱橫家。這種方法的目的就是啟動人內在的積極性，使人認識到自己的不足，進而達到育人的目的。

　　《孟子・盡心上》：「君子引而不發，躍如也。」是說：善於教人射箭的人，只是擺著躍躍欲射的樣子，讓學習的人自己體會。後藉喻善於引發、引導而讓人自己行動。因此誰能引而不發，把下屬的自我奮發向上的積極性發揮出來，誰就是一個高明的領導者、教導者。

蘇秦使計教張儀

　　張儀是蘇秦的好朋友，他們是同學，都是鬼谷子的學生。此人才華出眾，但時運不濟，因此生活貧困潦倒。他聽說蘇秦在趙國做了相國，就想去投奔他，讓他給自己舉薦一下，找個出路。

　　這時，他遇到了一個趙國客商叫賈舍人，張儀就跟他說了他的想法，賈舍人答應願意幫他去趙國。

　　到了趙國後，賈舍人把他安排在一家客棧裡，就去忙他的生意了。第二天，張儀就早早地來到蘇秦的門口去求見蘇秦。遠遠地他就看到蘇秦家的輝煌氣派，他感嘆自己的生活潦倒。他是邊感嘆邊往裡走，可是走到大門口就被攔住了，問他找誰，他就說明了自己的來意。可是由於他是陌生人，又沒說清楚找蘇秦有什麼事，按照相府的規定，這是絕對不能放進去的。看門的人不給他通報，也不讓他進去，他沒辦法只好回客棧。第三天，他又早早地來了，結果一樣，他又無功而返，這樣一直持續了五天。就在他準備放棄的時候，他告訴自己，再去最後一次，如果還見不到蘇秦，他就回去。沒想到，這次看門的竟然給他通報了，不過回話是：「相國現在很忙，不能馬上接見你，你再等等吧！」他想：「既來之，則安之，既然讓我等就不會讓我等很久，那就再等等吧！」

　　可是這一等又不知道等了幾天，賈舍人給他的錢用完了，衣服也穿破了，由於他實在沒錢住店了，就被店家趕了出來。蘇秦又不接見他，也沒錢回魏國了，他只好流落趙國街頭，就在他悔不當初時，又接到了一個消息，蘇相國第二天接見他。

　　第二天，他到相府後，滿以為蘇秦會客氣地招待他，他也可以向老朋友傾訴一下來趙國後的遭遇，誰知，他進會客廳時，蘇秦正高高在上地和

人談話，根本不理他。他等到了日過中午，蘇秦才漫不帶理地說：「好些年不見，老朋友，你還好吧？」沒等張儀說話，他就招呼左右給張儀準備飯菜。下人給張儀端來的是青菜粗飯，蘇秦就說：「老朋友，時候也不早了，你還是吃點飯回去吧。」說完就到堂上去自己吃開了。張儀看看他吃的是山珍海味，給自己的卻是粗茶淡飯，就氣呼呼地說：「季子（蘇秦的字），我本以為你沒忘老朋友，才跑來看你，沒想到你這樣勢利、無情無義。」蘇秦淡淡一笑，說：「我知道你的才幹比我強，會比我先出人頭地，沒想到你竟窮困到這種地步。我把你推薦給趙侯，讓你得到富貴，並不是什麼難事。只是怕你沒有志氣，做不了什麼大事，反倒連累了我。」張儀聽後氣得鼻眼冒煙，說：「大丈夫要得富貴，自個兒幹，誰非讓你推薦！」蘇秦冷笑說：「既然如此，你為什麼還來找我呀？看在老朋友的面子上，給你一錠金子，自找方便吧。」張儀氣得扔下金子，頭也不回地出了相府。

走到大街上，他是又氣又餓，他決定到秦國去幹出樣子讓蘇秦看看。

這時賈舍人趕來了，請他吃了飯，還為他做了一套新衣服，趕著馬車把他送到秦國，並拿出錢來為他在朝廷裡鋪路，使他很快受到秦王的接見，被派為客卿。賈舍人在秦國也待了很長的時間，看到他成功了就來和他辭行。張儀流著眼淚感激他說：「你真是我的知己，要不是你慷慨地幫助我，我哪能有今天。」賈舍人卻笑著說：「你的知己不是我，而是蘇相國。」張儀不解，賈舍人就悄悄地說：「這一切都是蘇相國安排的。他怕秦國出兵攻打趙國，破壞了他的計畫。就想借重一個親信的人執掌秦國的大權，他認為這個人非你莫屬，就讓我扮作客商把你引到趙國，但又擔心你得個一官半職就滿足了，特地用了個激將法，引導你生氣立志爭口氣，你果然這樣做了。我是蘇相國的門客，現在任務完成，該回去覆命了。」

張儀聽後恍然大悟，感嘆蘇秦的良苦用心。

用 人 點 撥

古人云：「志不立者事無成。」張儀本有經綸滿腹，但終是一無所成，貧困潦倒，蘇秦對張儀用了激將法，使他立志成功，才最終得以任秦國客卿，可見立志對一個人成功的重要性。

做為領導者，不僅要認清下屬的才能，還要會激發這種才能，使其確立自己的志向，才能調動下屬的積極性，利於工作的完成。

因此在用人時，要善於引導人才，使其志高意遠，樹立崇高的理想，這是領導者對部屬乃至全體工作人員進行教育的重要內容。

齊王與稷下學宮

　　戰國時期，早在齊威王之前，齊國就在國都臨淄的稷門附近設置學宮，但是規模不大。齊威王即位後，由於他特別重視人才的作用，特別重視培養人才，於是進一步擴大了稷下學宮，並且採取兼容並包、百家爭鳴的方針，吸引各國學者到稷下學宮講學，為齊國培養人才。

　　齊威王去世後，他的繼任者齊宣王也很有作為，也十分重視培養人才。他的特點是「好士」，即重視知識份子，喜歡文學遊說之人。他繼承威王的傳統，在齊國首都的稷門外又新蓋了許多房子，名為立館，又稱為學宮，招來了各國的許多學者，在那裡講學辯論、著書立說，被當時的人們稱為稷下先生、稷下學士，形成了歷史上著名的稷下學派。

　　稷下學派為齊國的發展、為齊國培養人才發揮了重要的作用。當時稷下學宮招攬了學者千餘人，其中非常著名的學者就有七十六人。其中有慎到、田駢、環淵、鄒衍、淳于髡等都大名鼎鼎，孟子、荀子也曾經到過那裡講學。他們都受到齊國的尊崇，分配給高門大屋，有好房子住，享受上大夫的待遇，但是並不當政、不任職；只論國家大事，專門對當時的政治經濟制度，以及其他一些社會問題發表意見，相當於一個政治設計院和智囊團。

　　孟子到齊國後，位為上卿，俸祿一萬鐘，每次出門都有儀仗隊，相當威風。儘管齊宣王對孟子那一套仁政的方案不感興趣，但還是對他十分尊重，對其中一些意見擇其善者而從之。齊宣王之所以不惜花費那麼多錢財在稷下養士，目的就是要集思廣益，採各家之長。

　　從此以後，齊國由國家出錢，在稷下養士成為一個傳統。沿襲到齊昏王時，稷下學士發展到數萬人。齊國稷下學宮的建立和發展，為齊國培養

了大批政治、軍事人才，加強了本國和其他諸侯國競爭的力量。而且還為中國古代政治思想和學術文化的發展，做出了重大貢獻。

　　稷下學宮的建立意義是十分重大的。齊威王、齊宣王透過稷下學宮的建立，培養、招攬了一批批的人才為齊國建設服務，使齊國在諸侯國中地位大大提升。其中，關鍵的一點就在於對人才的培養。

　　稷下學宮開了興學育才的先河，然而，真正的政府有意識地興學育才，並使之規範化，已經是西漢中期以後的事了。

孟嘗君順勢育才

孟嘗君是戰國時期著名的養士四公子之一，其門客多達三千人。但遺憾的是，孟嘗君其貌不揚。四肢短小，不及中人，和他一幫相貌堂堂的賓客相比，更是相形見絀。

有一次，有人向他告密。他那賓客中有一人和他夫人有曖昧關係，並且為他出主意說：「賓客這樣做，是對主人的極大不敬，這也是任何人都無法忍受的恥辱。所以應該將他祕密殺掉！」孟嘗君聽後思考了一會，就回答說：「男女相見，產生好感，互相愛慕，也是人之常情，不應該因此而大驚小怪。」並且囑咐那個人說：「以後不要再向任何人提及此事。」

後來孟嘗君想：「那位賓客能博得夫人的歡心，一定很善於交往。善於交往的人一定很善於心計，善於辭令，善於應變，如此，倒也是一位人才。」

不久，孟嘗君召見了那位賓客，並且和顏悅色地說：「你在這兒已經很久了，我沒能讓你做大官，如果讓你做小官，又會委屈了你的人才。我和衛國國君是好朋友，我聽說他目前正急於選用一位善於交往的人才，所以我想把你推薦給他，讓你到那兒去做官。」那位賓客聽到孟嘗君這樣說很感動，又看見孟嘗君贈送的車馬、金帛，還特地為他給衛國國君寫了一封推薦信，在信中稱讚他如何如何好，希望衛王能夠重用他。那位賓客已經感動了眼含熱淚。他彎腰垂拜，在心裡暗自發誓：一定要報答孟嘗君的大恩大德。

數年後，齊、衛兩國關係惡化。衛國國君聯合其他國家去攻打齊國。那位已經被國君信賴、重用的賓客得知後，急忙出面阻諫：「齊國的孟嘗君是您的好朋友，您曾經和他約定衛齊要代代友好，永遠互不侵犯。如今

您卻準備伐齊，這不是背信棄義、欺騙您的好朋友嗎？」他看到衛王仍然沒有放棄這一想法，就表示：「您如不罷兵，我就立刻死在你的面前！」

衛國國君看見他如此堅決，感到震驚，又前思後想了一番，終於收回成命，免去了一場惡戰。

用人點撥

在孟嘗君的故事中，我們看到了孟嘗君的寬容與大度，他知道賓客和他夫人有曖昧關係後，沒有生氣，竟然從中看到了賓客的才能，可見孟嘗君的仁厚。並且孟嘗君沒有聽之任之，而是採取了積極的措施，就是把他推薦到衛國去，最終使他成為對自己有用的人。

可見培養人真是一門學問，曉之以理，動之以情是培養，那孟嘗君的不動聲色，以善報惡，最終也能變害為利，這是更高明的培養啊！因此我們在培養人才時，也要學習孟嘗君的做法，才能更有效地培養人。

燕昭王與樂毅

　　燕昭王重用樂毅，終於在與齊國的大戰中取得了節節勝利，眼看就能滅掉齊國報仇雪恨了。樂毅這時候一舉打下了齊國的七十多個城，為燕國報了齊滅燕之仇。燕昭王更加信任、器重樂毅，樂毅也更加傾力相輔。

　　高處不勝寒，樂毅這時候也遭到了嫉妒。與燕太子樂資一向親密的大夫騎劫，位在樂毅之下，心裡早就不平衡了，總想藉機除去樂毅然後取而代之。他就對樂資說：「齊王已經死了，齊國就剩下莒城和即墨兩處，其餘的地方都已經在我們的掌握之中。樂毅開始只用了半年的工夫就以秋風掃落葉之勢打下七十多座城市，後來卻又幾年不能打下這兩座彈丸小城，這是力量不夠呢，還是另有原因？」

　　太子聽了，覺得是那麼回事，點了點頭。騎劫見勢，又進一步煽風點火說：「燕國人誰都知道，憑著他的才幹和燕國的實力，樂毅要是誠心去打這兩座城，早就應該打下來了。聽說他是怕齊國人不服，因此想拿這種恩德去感化他們，等到齊國人真正歸附了他，他不就當上齊王了嗎？那時他還會回燕國當臣子嗎？你的太子之位恐怕也難保了吧？」樂資認為他說得很有道理，就急衝衝地把這種擔心告訴了燕昭王。

　　昭王聽了自己混帳兒子的話，立刻火冒三丈，急得從寶座上跳起來指著太子破口大罵。昭王憤怒中要求行刑官照著太子屁股上結結實實地打了二十大板，燕昭王還沒有消氣，直指著皮開肉綻、哼哼唧唧的太子大罵他是忘恩負義的畜生。昭王痛心地對太子說：「先王的滅國之仇是誰給咱們報的？是昌國君樂毅！他對燕國的功勞簡直沒法說，沒有他既不會有今日的報仇雪恨，也不會有燕國今日的強大繁盛。人不能有仇不報，更不能有恩不報。咱們把昌國君當作恩人還怕不夠尊敬，你們竟然敢說他的壞話！

就是他真做了齊王，也是應該的。齊國是他打下的，由他為王，不是天經地義嗎？」

　　這件事情就這樣過去了。後來又有人當昭王的面讒毀樂毅，昭王認為不予嚴懲不足以止讒，也不利於彰顯樂毅的功勞。於是召集群臣，當著百官的面宣佈說：「我們擊敗齊國，為燕國雪恥，完全是樂毅的功勞。齊地應該屬他，他當齊王是名正言順的，是我們燕國的福事。燕國有他做兄弟，互相保護，彼此援助，才能長期安寧。」說完，命令立即將讒毀者推出斬首示眾，嚴厲地對大臣們說：「如果再有詆毀樂毅的人，格殺勿論！」

　　隨後昭王的使者拿著節杖到了臨淄去見樂毅，立他為齊王。樂毅聽使者備述前事，非常感激燕昭王對自己的信賴和深厚情誼，他對天發誓，情願一死，也不會接受這封王的命令。他決心終生輔佐燕國，鞠躬盡瘁，死而後已。

　　使者回報昭王，昭王也感動得直流眼淚，也更加痛恨讒毀者了。燕國君臣和諧，同心同德，諸侯不敢謀燕，四鄰爭相與燕和好。

用人點撥

　　當我們看到由於君臣的相互信任，而感動得「直流眼淚」的時候，我們不由得被燕昭王培育人才的真誠感動著。樂毅之所以能夠對昭王傾心相報，正在於昭王對自己的傾心相待。充分信任人才，待人才以赤誠，使人才充分為自己效力，是燕昭王留給後世當政者的最大智慧。

　　然而，信任、赤誠待人也並不是那麼容易的，領導者始終要保持清醒的頭腦，要始終有堅定的立場，才能不被流言蜚語所迷惑。生活中總是有一些人嫉賢妒能，一遇到機會就要興風作浪，這時候領導者要始終信任人才，掌握準方向，為人才的成長肅清障礙。

飛衛訓練紀昌

飛衛是個遠近馳名的神箭手，他射箭的本領十分高強，百發百中，方圓幾百里都沒有能夠比得過他的人。

有個叫紀昌的年輕人，很想學習射箭的本領，聽說了飛衛的大名，就來到飛衛家拜他為師。飛衛說：「練射箭不能怕困難，首先要練好眼力，練到能夠盯著一個目標後，眼睛一眨也不眨才行。你回去練吧，練好了再回來見我。」

紀昌回到家裡，認真地練起了眼力。他躺在妻子的織布機下面，用眼睛盯著穿來穿去的梭子，一練就是一天。很多次當妻子不織布的時候，紀昌都對她軟磨硬泡，請求她織布讓自己練習眼力。就這樣日復一日地練了兩年，就是有人用針扎向他的眼睛，他也能一眨不眨了。

紀昌高高興興地去見飛衛，告訴他自己的眼力已經練得差不多了，可以學習射箭的技術了。飛衛卻說：「這還不夠，你還要繼續練眼力，直到能把小的東西看大了，再來見我。」

紀昌又回到家裡，用一根頭髮拴住一隻蝨子，把它掛在窗口，每天站在窗前，緊緊地盯著那隻蝨子看。這次真是廢寢忘食，每頓的飯都是妻子催好幾次才匆匆吃幾口了事，然後繼續練習。日復一日地連續看了三年，那隻蝨子在紀昌的眼裡，簡直就像車輪那麼大了。

紀昌又去找飛衛。飛衛對這個徒弟極為滿意，這次點點頭說：「現在可以教你射箭的本領了。」

從此，飛衛開始教紀昌怎麼拉弓，怎樣放箭。紀昌又苦苦地練了好幾年，終於成為一名百發百中的神射手。紀昌張開弓，可以輕而易舉地一箭便將蝨子射穿。

用人點撥

　　其實我們發現，有名的神箭手飛衛在培養紀昌時有兩個步驟。第一個步驟是考驗、訓練階段，同時也是練好基本功的階段。如果在考驗階段中紀昌不用功，或者畏懼困難放棄了，那麼第二個階段昇華階段也就不會到來了。其實在飛衛看來，第二個階段就很簡單了，學生有了基礎，只需要教一些技術性的東西，徒弟就培養出來了。

　　有的人雖然非常喜歡做什麼事情，但是或許只是一時的熱情，一旦遇到困難就會退縮了。領導者在培養人才時就要注意發現這樣的人，幫助他們找到真正的興趣點，選擇真正能予以培養的人才。在磨練中不斷選擇、培養，最後確定培養目標，人才的養成就水到渠成了。

薛譚學謳

　　秦國的青，在音樂方面非常有造詣，他曾經對他的朋友說：「從前韓國的娥到東邊的齊國去，沒有糧食了，經過齊國的城門雍門時，就在那裡賣唱乞討食物。雖然她走了，但是還有餘音繞著那雍門的中樑，一連幾日沒有消失，旁邊的人還以為她人沒有走呢。住客棧時，客棧的人侮辱她。娥因此放聲哀哭，整個里弄的老小都因此而悲傷愁苦，互相垂淚相對，三天都不吃飯。里弄的人知道遇到了高人，趕緊派人去把她追回來。娥回來後，又放聲歌唱。整個里弄的老小歡喜跳躍拍手舞蹈，不能克制自己，全忘了剛剛的悲傷了。里弄的人於是給了她很多錢財打發她走。所以雍門那裡的人，至今還善於唱歌表演，那是效仿娥留下的歌唱技藝啊！」

　　據當時的人說，青的音樂才能當不在娥之下，其實，娥就是他自己的生動寫照。所以有很多人都去青那裡學習音樂。青不僅在音樂方面造詣高深莫測，在培養人才方面也有自己的一套。

　　青的學生中有一個叫薛譚的，也是聽說青的大名，遠道而來參加學習的。這個學生非常聰明，青非常喜歡他，也經常會誇獎他一下。周圍的同學看到老師誇獎薛譚，也都對薛譚刮目相看，事事都對薛譚禮讓幾分。起初，薛譚還能夠認真虛心地向老師學習，與同學處好關係。可是過了一段時間，就飄飄然起來，認為既然老師誇獎自己，同學禮讓自己，自己的本領肯定已經達到了很高的水準，肯定已經學到了青的全部本事。於是就去辭別老師，要求回家。

　　聽到學生要回去，青馬上知道是怎麼回事了。透過這段時間對薛譚的觀察，他知道對這個年輕學生還需要好好進行教導，才能使自己的技藝得以傳承。青也知道，如果薛譚繼續學下去的的話，一定會得到成功，繼承

自己的衣缽。但是他知道應該怎樣培養這樣的學生。

青對薛譚並沒有挽留，而是很痛快地答應了他的離去，在郊外的大路上為學生餞行。同是音樂人，餞行當然離不了歌唱。青就打著節拍唱起了餞行歌。和著節拍，歌聲響起，這歌聲淒迷婉轉，只讓人渾然忘我，歌聲使林木簌簌振動，飄落的秋葉在空中翩然起舞，好像也在和著歌聲傾訴對大樹母親的依戀；歌聲使行走的雲彩停下，雲朵遮住了秋陽，好像也要為離別滴下傷感的眼淚。前來送別的弟子和行人更是早已情不自禁地潸然淚下了。青的歌聲消失了，但是卻深深地印在了薛譚的內心。

薛譚至今才知道自己是多麼的膚淺，痛哭著抱住老師謝罪，要求回去繼續學習。從此以後，薛譚終身跟隨青學習，再也不敢提回家了。

用人點撥

薛譚學謳的故事婦孺皆知，以往我們是多從薛譚方面理解這個故事的，我們往往從薛譚處吸取教訓，不要自大，須知天外有天等。然而，今天我們從青的方面來理解這個故事，卻也能得出很深刻的道理。領導者須向青學習。

培養人才時，身教勝於言傳。領導者應該像青一樣善於發現下屬的弱點，即時有效地予以指導。讓下屬自己認識到自身的缺陷，往往會比領導者直接指出能收到更好的效果。這時候領導者就要先提升自己，首先要有欣賞人的本領，然後要有教育人的方法。二者兼具，領導者培養人才便能得心應手。

漢武帝育弗陵

　　漢武帝是西漢一位雄才大略的皇帝，西漢在他的治理下達到了空前的盛世狀態。但是任何英雄都有遲暮的時候，漢武帝也不例外，可是由誰代替自己治理國家呢？他想要找一個接班人。

　　於是他經過仔細地考慮，決定立兒子弗陵為太子。

　　可是弗陵當時尚在年幼，他決定給他找個老師。漢武帝觀察群臣當中，唯有霍光忠厚老實可以擔當大任，就選擇一個早晨送了一幅畫給他。這幅畫畫的是一老者懷中抱了一個小孩坐在皇位上，皇位的下面是一群人跪在那裡高呼「萬歲」，畫的標題是：周公助成王見諸侯。霍光見到畫就明白了漢武帝的意思，決定立志學習周公，忠心耿耿地輔佐太子弗陵。

　　光有大臣輔助還不行，他身邊還有一位年輕的母親鉤戈夫人，這又該怎麼辦呢？漢武帝猶豫了好久才下定決心。

　　弗陵由於年齡太小，他一向和母親生活在一起，由鉤戈夫人照顧他的衣食住行。一天，鉤戈夫人在餵弗陵喝湯時，不小心把湯灑了弗陵一身，這事恰巧又被漢武帝知道了，漢武帝就大發雷霆並把鉤戈夫人送入了監獄。鉤戈夫人再三求饒，請求漢武帝寬恕她的無心造成的過錯，並保證以後一定會倍加小心。儘管鉤戈夫人淒婉哀求，漢武帝絲毫不為所動，並惡狠狠地說：「妳不用多說了，求也是沒用的，快下去吧，妳是活不了了。」過不了多久，鉤戈夫人就被淩遲處死。

　　大臣們很不理解，卻又都不敢多言。漢武帝看到大臣們的疑惑，就問大家對這件事有什麼看法。有人就說：「既然立了她的兒子為太子，為什麼又要殺掉她呢，她罪不致死啊？」漢武帝就說：「過去很多朝代發生動亂，都是由主少、母壯引起的，君主的母親年輕寡居就會變得傲慢、淫亂

自咎，別人又都管不了，這樣是不利於社會穩定、君主發展的，呂后不就是一個活生生的例子嗎？所以我不得不先把她除掉啊！」

用人點撥

　　玉不琢不成器，人不育難成才，即使有一定才華的人，也需要培養、教育。漢武帝決定立弗陵為太子，就得刻意培養他，使他具備太子的素質，進而為以後擔當大任奠定基礎。於是他先找霍光為輔助大臣，又去其母，體現了漢武帝養苗去稊的良苦用心。

　　《諸葛亮集·治人第六》有曰：「固治人猶如養苗，先去其稊。」立苗先去其稊，漢武帝可謂是善於用人育人。立苗而使稊草相伴，便會招致苗稊俱毀。所以歷來帝王對所鍾愛的王子和大臣，都注意選擇賢德之人做師傅或做輔助，發現其周圍有奸佞小人，必千方百計摒棄去。

司馬光單育劉器之

　　北宋名相司馬光砸缸的故事婦孺皆知，然而司馬光的人生也並非一直春風得意，當他失意賦閒在家時，曾經一度消沉，安於現狀。好在他熱愛讀書，喜歡交朋友，閒暇時光與友人一起舉杯小酌，談古論今，逍遙自在，時光也好打發。

　　司馬光當宰相後日理萬機，案頭文書堆積如山。這些文書中有不少是舊友來函，這些人在給司馬光的信中，多半是回憶舊情，懷念舉杯邀月的美好時光，先勾起司馬光的懷舊情結，然後就是敘述個人目前處境如何不好，很多人都有懷才不遇的感嘆，繼而或者暗示或者直白地表示，希望得到司馬光的提攜……司馬光對這些來信並不是每函必覆，對其中實在困難、啼饑號寒者，有時也給以恰當的接濟；對於有意進取功名者覆函表示鼓勵；對厚顏討官要爵者則棄置一旁，置之不理。

　　但是司馬光並非全然不念舊情，工作之餘，他也有時回憶起故交舊友，對舊友中那些德行好、有才氣的，他是忘不掉的，還會著意加以培養。

　　這一天，司馬光的舊交，現在任職史館的劉器之來拜望司馬光，二人談完公事後，司馬光就問劉器之道：「器之，你可曾知道，你是怎樣進入史館的？」「知道，知道！若不是君實（司馬光字君實）兄舉薦，器之現在還是布衣寒士呢……」

　　不等劉器之說完感恩圖報之類的話，司馬光又問他道：「那你可知道我為何要推薦你呢？」「知道知道！這完全是君實兄有念舊之情……」

　　「哈哈！這點你就說錯了！我的故友舊交倒確實不在少數，如果僅僅是因為懷念舊情而舉薦人，那朝廷裡面不到處都是我的舊友了嗎？」

劉器之聽後一時茫然，他靜靜地等待司馬光說下去。

司馬光果然接著說道：「在我賦閒居家時，你經常去我那裡。我們在一起談文論史，各抒己見，有時候還爭得面紅耳赤。回想起那段生活，還真很有些意思。我當時心境不好，你常常寬慰我、鼓勵我。我那時無權無勢，能有你這樣的朋友，真是一大幸事！更重要的是，後來我做了官，如今已是宰相，那些過去的泛泛之交，甚至僅見過一面、只說過幾句話的人，都紛紛給我來信，藉敘舊的名義，實在是想要一個一官半職。只有你是從不給我來信的人！你並不因為我居高位而生依附之心，你對我一無所求，依舊讀書做學問！對失意人不踩，對得意人不捧，這就是你與其他人的最大不同處。我就是衝這一點竭力向朝廷推薦你的……」

劉器之聽罷，起身對司馬光深深一揖：「君實兄瞭解我，我由這件事情也更加瞭解了君實兄！」

用 人 點 撥

司馬光的故交舊友那麼多，陪著他度過了漫長的失意歲月，但是司馬光還是不知道誰是真正的人才。直到自己官居高位，那些故交都有求於自己的時候，司馬光就想到了當初的好友，現在一直不和自己聯繫的劉器之，知道了誰是可以真正培養的人才，於是不聲不語的就進行了培養。

領導者的重要任務之一就是要培養人才，這時候是任人唯親，還是秉公辦事，都取決於領導者自身。高明的領導者如司馬光者，會首先發現、辨別人才，然後加以重點培養。如果把自己的故交都吸收進來，產生的後果將會是不可想像的。

漢宣帝樹楷模育才

　　漢朝時，對官吏的培養以漢宣帝樹立良吏作為楷模最為興盛。漢宣帝樹楷的措施不僅做得紮實，而且對良臣的獎勵也十分優厚，所以當時的官吏都爭相為賢，吏治達到了清廉剛正。據記載，當時俸祿拿到兩千石的官，凡是治理、政績有顯著成效的，就會被樹為吏楷，皇帝還會下詔書加以勉勵，增加薪俸，給予重賞，或者是加官封爵。如果公卿有缺，就會從被樹的楷吏中次第選用。

　　王成在膠東當相的時候，治理的政績是全國最好的，當時國內外都知道王成的政績。漢宣帝就最先樹了王成為楷模。在西元前六七年下詔全國說：「現在膠東的相王成，工作不辭勞苦，積極鼓勵慰勞人民，使得境內大治。外流的人口都聞訊自動回來上報戶口，計有八萬餘人。王成的治理政績突出，效果顯著。現在特別賜予王成關內侯的爵位，俸祿是中兩千石。」宣帝把這個決定昭告天下，令中外臣吏以王成為楷模。

　　還有黃霸，他轉任好幾個地方，政績都很突出，人民都很擁護。於是漢宣帝下詔說：「讓御史制定詔書，把以賢良和高風亮節著稱的揚州刺史黃霸擢升為潁川太守，俸祿是比兩千石，賜他的官車上有車蓋，車蓋可以高一丈，在他的官車的車轅處抹上高級的明油，以這些來彰顯黃霸的有為有德。」詔書面向全國，黃霸的品德得到表彰，也號召全國的官吏和臣民向其學習。

　　八年後，黃霸的政績考核又是全國第一，漢宣帝高興地又下詔書通告全國，特別賜予黃霸關內侯的爵位，獎賞黃金百斤，俸祿加到中兩千石，並把他樹為全國官吏的楷模。漢宣帝覺得這還不能彰顯黃霸的功勞，於數月後又擢升黃霸為太子太傅、御史大夫。最後擢升為漢帝國的丞相。

　　由於宣帝十分重視在臣吏中樹立楷模，所以當時出現了一大批優良的官吏。被樹為楷吏的大臣還有許多，他們都身先示範，帶動培養了一批又一批人才為國盡力。漢宣帝樹立的楷模朱邑死後，噩耗傳到宣帝處，宣帝十分悲痛，他特賜朱邑的兒子黃金百斤，讓他用來奉祀自己的父親。宣帝如此懷念、尊崇、保護良吏，是對所有官員的極大鼓勵，他激勵了更多的人去爭取做良吏，達到了培養人才的目的。

　　皇天不負苦心人，漢宣帝積極樹立楷模培養人才，大大啟發了臣吏的積極性，良吏清官不斷出現，賢臣輩出，天下大治。

用 人 點 撥

　　榜樣的力量是無窮的，漢宣帝透過樹立良吏作為楷模，並且給予獎賞，也就是給很多人樹立起了追求的目標，使得全國的官吏都向他們看齊，自然地全國的吏治清明，包括楷模在內的一大批人才也就培養出來了。

　　領導者在培養人才的時候，為了使人才按照自己預想的標準發展，樹立一個楷模讓大家效仿就很有成效，也很有必要。所以我們看到，高明的領導者總會不時地表揚、獎賞成績突出的下屬，以此來激勵更多的人才發揮自己的能力。

劉秀誠懇待人育人才

　　西漢末年，當光武帝劉秀展開地圖，總結其統一天下的戰績時，他不禁茫然，便對幕僚鄧禹說：「天下如此遼闊，如今我才平定了一些小郡，要到哪年哪月，才能使全國安定下來呀？我真是沒有把握呀！」

　　鄧禹回答說：「的確，現今天下群雄興起，戰亂不息，前景難測。但是萬眾都盼望著明君的出現。自古以來，興亡都在於仁德的厚薄，而不在於土地的多少。只要您不灰心喪氣，一心一意積王者之德，最終天下一定會歸於統一的。」

　　劉秀採納了鄧禹的建議。半個月後，他率領將士擊敗了稱作「銅馬」的農民軍。對那些願意歸降的將士，非但不治罪，反而維持原職讓他們參加劉軍，繼續作戰。對歸降的將領們還一一封侯，並下了一道命令：「投降軍隊不予整編，維持原編制，各降軍將領仍復原位，帶領原部下參戰，本部不作干涉。」劉秀這樣對降軍恩寵有加，以致他們都不敢相信，心中不免充滿疑惑及不安。但劉秀為了觀察其實際反應，經常一個人單騎巡視各營地，若有人此時想行刺的話，那可是件手到擒來的事情。然而眾將軍將士見劉秀如此誠懇，便產生了景仰之心，都異口同聲地說：

　　「劉秀能推赤心置入腹中，誠懇待人，不懷疑我們，真乃是一位肚量宏大的寬仁長者！以前我們以小人之心度君子之腹，懷疑他居心叵測，回想起來實感慚愧。為報君主的知遇之恩，上刀山、下火海我們在所不辭！」

　　從此後，這些降將跟隨劉秀南征北戰，披荊斬棘，赴湯蹈火，為最終平定天下混亂，建立東漢王朝，立下了汗馬功勞。

用人點撥

　　劉秀告訴我們的是：要重視發揮「情治」的作用。首先要從領導者做起，以德服人才能以情感人，否則就是有情也是虛情假意，起不到任何好的效果，只能是虛造聲勢、自欺欺人。一個高效的團隊不但要靠嚴屬、嚴密的管理制度，來約束每一個成員的行為規範，更要靠融洽、和睦的環境，來激發每一個成員的主動性和創造性。

　　剛性的制度化管理與柔性「以人為本」的管理，完全有相互結合的餘地。領導者在制度化管理中適當地引進親情、友情、溫情的內容，來一點人情味，「淡化」一下規則，「軟化」一下制度，下屬的潛能有時就是靠人情味激勵出來的。無情的制度，有情的管理，情理交融，剛柔相濟，成為領導者追求的境界。

曹操雖勝責己

　　三國時期，曹操為了統一北方，決定北上征服塞外的烏桓。這一舉動十分危險，許多將領紛紛勸阻，但曹操還是率軍出擊，將烏桓打敗，基本完成了統一北方的大業。班師歸來，曹操調查當時有哪些人不同意北伐計畫。

　　那些人認為要遭到曹操嚴懲了，一個個都十分害怕。不料，曹操卻給了他們豐厚的賞賜。大家都很奇怪：事實證明勸阻北伐是錯誤的，怎麼反而得到賞賜呢？

　　曹操說：「北伐之事，當時確實十分冒險。雖然僥倖打勝了，是天意幫忙，但不可當作正常現象。各位的勸阻，是出於萬全之計，所以要獎賞，我希望大家以後更加敢於發表不同意見。」之後，大家更加盡心盡力地為他效命了。

用人點撥

　　曹操的用人育人在歷史上是出了名的。從這個故事中，我們也可看到曹操是如何的善於和重視培養人才，如何重視人才的作用。正因如此，曹操才取得了輝煌的業績。

　　有功勞歸自己，有錯誤怪下屬，這是領導人最容易犯的毛病之一。合格的領導者，總是能夠肯定下屬的成績，承擔自己的錯誤。最難得的是曹操這種人，即使自己力排眾議而大勝，也絕不驕傲，而是充分肯定那些有一定道理的下屬，這是「超級攬心術」，擁有這種「攬心術」的人，哪能不是「超級領導」呢？

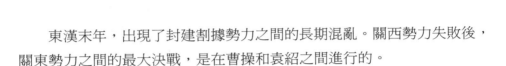

曹操焚書安人心

　　東漢末年，出現了封建割據勢力之間的長期混亂。關西勢力失敗後，關東勢力之間的最大決戰，是在曹操和袁紹之間進行的。

　　曹操，字孟德，沛國譙人。他在鎮壓黃巾起義和割據勢力相互鬥爭中，以曹氏、夏侯氏豪族及其佃客、部曲為骨幹，又招納其他豪強武裝、收編部分義軍，組成了他的軍隊，逐漸成為一個有實力的軍事集團。他善於用人，採取了一系列措施，擴大了他的軍事力量，成為中原唯一能與袁紹抗衡的力量。

　　袁紹，他出身於「四世三公，門生故吏便於天下」的大族，並利用自己的優勢，佔據著大片土地，號稱「謀士如雲，戰將如雨」，精兵十幾萬，是當時最強大的割據勢力。

　　袁紹和曹操之間，最初實力懸殊極大。曹操手下的不少將佐士卒、文人謀士都與袁紹一方有祕密書信往來，以備萬一曹操被袁紹兼併，能有個安身之地。對此情況，曹操心中明白，但是迫於時局不便挑明。

　　不久，就爆發了中國歷史上有名的「官渡之戰」。曹操利用奇計，率先突襲白馬袁軍，並斬袁紹的大將顏良。從而在延津大敗袁軍，隨後又突襲烏巢，燒毀袁紹軍糧，又一舉在官渡全殲援軍，取得了徹底的勝利。

　　就在曹軍清理戰利品時，從袁軍大營繳獲一大筐書信，都是在官渡之戰以前曹操部下寫給袁紹的密件。有的人在書信中吹捧袁紹，貶低曹操，說自己是身在曹營心在漢。有的則表示隨時可以叛曹降袁。曹操的心腹們認為事關重大，就把書信交給了曹操，那些寫了信的人看見祕密敗露，就一個個膽戰心驚，不知道該怎麼辦！正當人們緊張萬分之際，曹操接過信件看也沒有看，就立刻下令把它全部燒掉，並笑著對眾人說：「這些信都

是過去的東西，那時候袁軍占的地盤比我們大，軍隊比我們強，糧草也比我們多，我們和他征戰，就像雞蛋碰石頭，就連我自己也考慮過失敗後的退路。我的下屬這樣做本是人之常情，不足為怪。」

那些提心吊膽的人見丞相如此態度，又親眼看見一大筐的書信，在烈火中化為灰燼，就長吁一口氣，感覺非常的輕鬆，同時，又都流下了無限感激的熱淚，此事迅速傳遍了曹軍大營，一度驚恐不安的軍心，頓時穩定下來。

那些寫過效忠袁紹信的人，為了報答丞相的大恩大德，在以後的一系列戰役中爭相衝鋒陷陣，殺敵立功，為曹操的爭雄做出了很大的貢獻。

用人點撥

　　欲成大事，就要延攬人才，就要愛護人才，教育人才。曹操為了穩定軍心，擴大他的軍部力量，不計部下的叛逆之舉，並在當面焚燒了罪證，使他們消除了後患，這不僅表現了曹操的寬宏大度，還從側面教育了部屬，使他們消除了憂慮，認識了錯誤，真是不動聲色育軍心啊！

　　育人不僅指責其錯誤，在特定時刻不動聲色，或許能收到更好的教育效果。

胡質勵將

　　胡質，字文德，年輕時就因為其出眾的才學和品行聞名鄉里，被曹操收為頓丘令，後來升任東莞太守。他在東莞任職九年，政績卓著，深受當地軍民的熱愛和擁戴。因此曹操又調他到荊州當刺史，不久又升遷為青州、徐州的都督，指揮青州、徐州的軍隊和百姓屯兵自守。胡質的性格沉穩樸實，內向而不外顯，他的德才一直受到上下的稱讚。胡質為張遼、武周兩員大將消除積怨的故事，歷來被人們傳為美談。

　　張遼原來是呂布的部下，歸降曹操後，跟隨曹操南征北戰，屢立戰功，後來升為蕩寇將軍。曹操在去漢中討伐張魯的時候，委派張遼屯兵在合肥。這時候孫權趁機率領十萬大軍包圍了合肥，張遼臨危不懼，組織了八百名敢死的勇士衝入吳軍陣營，大敗了吳軍。曹操得知後，嘉獎了他，並把他加封為征東將軍晉陽侯。

　　武周，是曹操的護軍都尉，他為人忠厚，辦事幹練，也深得曹操信任，頗受同僚讚賞。張遼和武周本來是很親密的朋友，但卻為一件小事引起了爭執，以至於發展到後來兩人互不理睬。

　　這一天張遼觸景生情，不禁想起了胡質，更加敬佩他的為人。於是就託人轉告胡質，說要去拜訪他，並和他交朋友。不料胡質卻以身體不適為由婉言謝絕了他。

　　次日，張遼和胡質偶然遇見了，張遼本想立即前去問候，但看見胡質容光煥發、精神抖擻的樣子，根本就沒有任何生病的跡象。於是就很不高興地說：「不少人敬佩您的人品，稱讚您的人品不錯，我也有心與您結交，可是您怎麼刻意地迴避我呢？是嫌棄我嗎？」胡質笑著回答說：「我豈敢嫌棄將軍！只是不敢和將軍交友罷了。」「不敢！」張遼莫名其妙地

反問道。胡質點點頭，鄭重嚴肅地說：「交朋友，要看朋友的大節，才能與朋友保持長久的友誼。您原來與武周將軍的友誼，盡人皆知，武周為人很好，您卻因為一點小事就與他反目。我和他相比，才疏學淺，怎麼能令您長久信賴呢！與其結交不久又絕交，倒不如乾脆就不結交！」張遼聽後，心中很不是滋味。他前思後想，感到胡質語重心長，又慚愧、又感激，連連對胡質稱謝。

隨後，張遼主動去武周的府上拜訪，誠懇地承認、檢討了自己的錯誤，武周也很受感動，二人爭著承擔責任，積怨頓消。胡質看到張遼有錯就改，對他也十分敬佩，馬上欣然邀請他到自己家中做客，並與他結交為好朋友。

用人點撥

　　胡質的育人方法我們可以稱之為「激將法」或者「旁敲側擊法」，不是透過教化或灌輸讓張遼認識到錯誤，而是透過具體的事情，啟發張遼自己認識到自己言行的不對之處，自己去改正，主動地承擔責任，這正是這種方法的高明之處。

　　高明的領導者在培養人才時，對不同的人才肯定會採取不同的培育方法，其中「激將法」或者「旁敲側擊法」，讓人才自己反省的方法會經常用到。對於那些才能出眾又不好直接規勸，或者不容易接受直接培育的人才，透過適當的、變通的培育方法，可以見到神奇的效果。

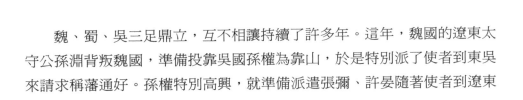

孫權責己請張昭

　　魏、蜀、吳三足鼎立，互不相讓持續了許多年。這年，魏國的遼東太守公孫淵背叛魏國，準備投靠吳國孫權為靠山，於是特別派了使者到東吳來請求稱藩通好。孫權特別高興，就準備派遣張彌、許晏隨著使者到遼東封授公孫淵為燕王。

　　張昭聽說這件事情後，立即來見孫權，對主公說：「公孫淵背叛了魏國，又害怕魏國去討伐他，所以才遠道來我國求援，這並不是出於他的本意啊！如果我們的使臣去了遼東，公孫淵突然改變初衷，重新歸附於魏國，那麼我們派去的使者必然會遭到殺害，這不是要被天下人恥笑我們嗎？我們的遠水實際上解不了公孫淵的近渴，公孫淵背叛魏投吳是絕對靠不住的。」

　　孫權還不相信張昭的話，和他進行了反覆的爭論。張昭自始至終堅持自己的意見，堅決反對派出使者。這時坐在寶座上的孫權已經氣急敗壞了，他手摸著掛在腰間的配刀，憤怒地對張昭說：「吳國的所有士大夫入宮都向我致敬，出宮就向您行禮，我對您的敬重，可以說已經到了登峰造極的地步，而您卻全不在乎這些，竟然還屢次在大庭廣眾之前反對我，使我喪失做為國君的尊嚴，我恐怕對您要做出不能克制的事情來了，希望您以後自重自愛！」

　　勇敢的張昭並沒有被孫權的暴風驟雨嚇倒，他毫不退讓地對主公說：「我雖然明知道自己的話是不會被您採納的，但是我仍要盡我的一片忠心。見到陛下的錯誤，不說是我的不對，我說了陛下不聽就是陛下的問題了。這實在是因為太后臨終前，把我叫到床前囑託我，太后詔書中託付的話，就好像時時刻刻響在我的耳邊呀！」

　　孫權聽到老臣這發自肺腑的忠直的話，也感動得不能自已，把腰刀拋在了地上，和張昭相對而泣。可是孫權還是下定了決心，派張彌、許晏去了公孫淵處。

　　張昭對孫權的一意孤行非常氣憤，就推說有病不去上朝。孫權對張昭的行為也感到非常惱怒，就派人用土把張昭家的門封了起來，氣憤的張昭也在裡面用土把門封起來。

　　然而，不幸的消息很快傳來了，公孫淵果然背信棄義，為了向魏討好，殺了吳使。

　　孫權被這一消息徹底驚醒了，他自感有失，就幾次到張昭的門前慰問認錯，拆了外面的土牆。張昭堅決不再出來。孫權無法，下令點火燒毀張昭的門，而張昭把門關得更緊了。孫權見這一招不管用，就急忙下令滅火，站在張昭門口等候不走。門裡的張昭終於被感動了，在兒子們的攙扶下出來見了主公。孫權高興萬分，親自把張昭載回宮。孫權誠懇、深刻地批評責備了自己的獨斷專行，主動承擔了一切錯誤。張昭終被感動重新上朝。

用 人 點 撥

　　任何當政者被臣下當眾反對，可能都會覺得臉上過不去，下不了台，於是就會對反對者大加斥責，甚至處以極刑，這並不罕見。但是認識到錯誤後，像孫權這樣承認錯誤，並且做出如此舉動的恐怕少之又少，所以最後張昭被感動，重新上朝。孫權這一舉動對臣下影響很大，是對他們的一次生動的正面教育。

　　人犯錯誤並不可怕，只要敢於承認錯誤、糾正錯誤，就一定會在以後避免再犯同樣的錯誤。然而，我們確實有些領導者不善於甚至不敢承認錯誤，面對下屬時，我永遠是對的。結果自己有了錯誤不承認、不悔改時，一方面給下屬做出了惡劣的榜樣，另一方面，真正有才華的人才就會消極怠工，甚至另謀高就。

孫權竭誠對呂蒙

　　呂蒙，字子名，汝南宮波人，是三國時期東吳著名的謀士和大將，他年輕的時候在孫策部將鄧當的手下為將領，後來鄧當死了，呂蒙就為別部司馬，代替鄧當。後來隨著孫權征伐丹陽、江夏，都是身先士卒，屢見戰功，就被提升為橫野中將。

　　建安十三年曾隨著周瑜在赤壁大破曹軍，把曹軍圍在南郡，又回來撫定荊州，被拜為偏將軍，作為尋陽令。此後多次為孫權出謀劃策並取得成功，他的地位也越來越高，等到魯肅死了以後，他就被任命為都督，駐兵在路口。接著又殺了關羽，取得了荊州，因為功勳卓著，被封為南郡太守，屠陵侯。

　　不幸的是正當呂蒙大展鴻才之際卻得了重病，孫權知道以後，非常的不安，立即派人將他從荊州接回都城，並把他安置在自己隔壁的住宅中，還親自派人給他醫治護理，經常在旁看著醫生給他號脈、針灸、開藥方，隨時觀察他的病情。

　　但是他每次去看望呂蒙的時候，呂蒙都要欠身致意，孫權對此非常的不忍心。他擔心呂蒙會因此受累消耗體力，這樣是不利於治病的，就讓人在呂蒙臥室的牆上挖了一個小洞，以便在不驚動呂蒙的情況下看到呂蒙。

　　孫權每次發現呂蒙病情好轉就格外高興，看到病情惡化就寢食難安。有一次，孫權竟然把呂蒙死前的「迴光返照」，誤認為是即將康復，特地發佈大赦令，並且請文武大臣一起為此事設宴祝賀。但是呂蒙最終沒有擺脫病魔的糾纏，在四十二歲就一命歸西了，孫權特別的痛苦，一連幾天都不吃飯，急得文武百官都勸他節哀。之後，他又特地安置了三百戶人家專門看守呂蒙的墳墓，定期向呂蒙祭奠。

　　孫權厚待呂蒙的事跡深深打動了東吳上上下下人們的心。大家為答謝明主慰賢之恩，一個個置個人榮辱生死於不顧，竭盡心力地為孫吳效勞，並取得了顯著的成效。

用　人　點　撥

　　凡是優秀的領導者都非常愛護人才，孫權對呂蒙的愛真是感人至深，這一舉動不僅使呂蒙及家人對孫權感恩戴德，使東吳上下都心悅誠服地接受其領導。真是其情也真，其術育人心啊！

　　做為領導者，不僅要會用人才，還要善於厚待人才，樹立一種賢明的形象，以身育人，更能得人心，達到意想不到的育人效果。

孫權教呂蒙讀書

　　呂蒙，三國時東吳大將。他在少年十五、六歲時，便隨他的姐夫開始了戎馬生涯。他南征北戰，衝鋒陷陣，立下了不少的功勳。後來他被任命為別部司馬，三十一歲就很有成就了。但是由於他識字甚少，一直被人視為一介武夫。

　　孫權很喜愛他，為讓他勝任更重要的職位，就勸他快識字、多讀書，尤其要讀《孫子》、《六韜》、《左傳》等。呂蒙不以為然，認為當今戰事不斷，軍務繁忙，無暇苦讀。孫權批評他說：「我並不是讓你坐下來讀書，只是希望你能見縫插針，多學一些知識。你說軍務繁忙，難道你比我還忙？我在少年的時候就讀過《詩》、《書》、《禮記》等書，只是沒有讀過《周易》。但是主事之後，我沒有多少時間讀書，就抽空彌補，認為受益匪淺。再說了，當初漢武帝在打天下時，還手不釋卷呢。曹操也常說自己雖然老了，但是一直酷愛讀書。這些人與你相比，你還有什麼理由不讀書呢？」

　　孫權的一席話把呂蒙說得很慚愧，於是他從此開始了用功讀書。雖然未曾「頭懸樑，錐刺股」，但還是很刻苦，並且制訂了一個讀書計畫，把一切可以利用的機會，統統用在了學習上，而且學起來全神貫注，不知疲倦。

　　有一次他可能夜間讀書太久，第二天議事時竟然坐在那打起呼嚕來。忽然，他在酣睡中背誦起了《周易》，眾人非常的震驚。等他醒後，眾人問他，他說：「剛才我夢見了伏羲、周公、文王，他們和我討論歷代帝王的成敗，日月貞明的道理，精深奧妙，我很興奮，所以就開始背誦了。」眾人聽後面面相覷，敬佩呂蒙的苦讀精神，並將此說成：「呂蒙通周

易」。

　　過去魯肅因為呂蒙缺少知識，有些看不起他。有一次魯肅代周瑜為奮五校尉，到江陵時，經過了呂蒙的駐地晉陽。呂蒙在招待他時問：「這次攻打荊州用了什麼計策？」魯肅認為他有勇無謀，不願和他討論，就說：「屆時另議。」呂蒙感到很失望，就責備了魯肅一番，並且提出了五項謀取荊州的策略。不但計策巧妙，而且表述得生動具體，驚得魯肅木然許久，最後撫摸著他的肩膀說：「我以為你作戰勇猛，哪想到智勇雙全。看來，你再也不是吳下阿蒙了！」

　　後來孫權採用呂蒙的計策，攻下了曹操的皖城。不久呂蒙又智取了長沙等地。魯肅死後，又代他領兵駐紮陸口。當關羽進軍樊城時，他又趁機奇襲南郡，殺關羽，奪荊州，為東吳立下了許多大功。

用人點撥

　　如果說：「書籍是人類進步的階梯」，那麼在軍事領域中，書就是名將成長的糧食。一位名將的成長，既離不開實戰的鍛鍊，也取決於從書中汲取營養。正是基於這個原因，古往今來有成就的將帥，大多重視對知識的學習。

　　孫權勸告呂蒙讀書，呂蒙從中受到教育，不斷地學習，最終成為東吳有名的大將，讓最初瞧不起他的魯肅也對他刮目相看，可見書本對人的教育力量。所以我們在教育部下時，也要重視部下對書本知識的學習，這樣才能做到理論和實踐相結合，成為多方面的人才。

孔明精心育蔣琬

名揚古今的諸葛亮，不僅廣攬人才、重用人才，還會千方百計地保護培養人才。蔣琬，就是在諸葛亮的精心保護、培養下，才逐漸成為蜀漢政權中出類拔萃的人才。

蔣琬，三國時陵湘人，字會焱。在劉備入蜀前，他只是一個州衙門裡的小吏，做些繕寫文書之類的事。劉備入蜀後，讓他做了廣都縣令。由於他辦事公正，勤勤懇懇，又頗為妥善，受到了同僚們的讚賞和百姓的擁戴，也引起了諸葛亮的分外關注。

可是有一次劉備因為有事到了廣都縣，蔣琬卻因為喝醉了沒有出來迎接，這使得劉備非常地生氣，當場就罷了他的官，並且判處了他的死罪。諸葛亮知道這件事後，就馬不停蹄地趕過來，奉勸劉備說：「蔣琬平時辦事是非常謹慎的，工作很勤奮，辦事很公正，並且他飽讀詩書，博學多才，只要稍加教導，肯定是治理國家不可多得的人才呀！」劉備怒氣未消：「可是他如此目無尊長，又怎麼能治理百姓呢？」諸葛亮就說：「這一次，只不過是他偶然的過失罷了，再說，蔣琬一貫是以安定百姓為本的，不善於官場上的迎來送往，您不能因為眼前的這一次小事而把他判處死罪啊！」

劉備看到諸葛亮都為他講情，並且說得合情合理，他一向都非常尊重諸葛亮，因此也就收回了成命，說：「既然軍師都這樣說了，我就繞了他一次吧。不過死罪免了，活罪難逃。」於是就罷了蔣琬的官。

不久，諸葛亮又找了個機會，把蔣琬扶持起來，給以他重任，並大力培養。蔣琬也發奮努力，立志精忠報國。後來蔣琬做了尚書郎，還曾經代理丞相的職務。諸葛亮率師出征時，總是讓蔣琬全權負責軍需保障，而蔣

琬也總能做到有充足的士兵和食物，以滿足軍隊的需要，幫助軍隊解決了後顧之憂。

　　數年後，當諸葛亮打出岐山病危時，還特地給後主寫信，稱讚蔣琬的人品與才幹，並且提議在他死後，讓蔣琬來接替自己的職位。劉禪遵照諸葛亮的遺囑，先是命蔣琬為尚書令，總統國事，次年又令蔣琬為大將軍。蔣琬終於成為繼諸葛亮之後，蜀漢政權的中堅人物。

　　蔣琬遇到了孔明可謂是遇到福星了，沒有孔明的精心保護、培養，縱使其有通天之能也是枉然。孔明對蔣琬也可謂是育之有術，用心良苦啊。先是為其求情，赦其死罪，後又尋找機會重用他，並大力撫養，蔣琬才得以成為一號人物。

　　領導者對待人才也應學習諸葛孔明，對人才要能夠容其小過，在必要時加以培養，這樣才能使人揚長避短，才盡所用。每一個人才的成長，與領導者的教育和培養是分不開的。

老漢歪打正著育周處

　　西晉時，有意興陽羨人周處，他的胳膊非常有力，無人能比，並且善於騎射。但是他為人性急粗暴，一意孤行，動不動不問是非曲直，就奮臂揮拳。

　　有一次，周處碰見了一位老大爺，看見他眉頭緊皺，就不解地問他說：「老大爺，今年風調雨順，五穀豐登，你為什麼還悶悶不樂呢？」老大爺就嘆息說：「哎，有三害不除，我又怎麼能高興得起來呢？」周處就好奇地問：「是哪三害啊？」老大爺就說：「南山上有一隻猛虎，常常跑下山來危害村民，在長橋的下面有一條蛟龍，常常發水淹沒莊稼。還有一害，遠在天邊，近在眼前。你自己去想吧。」周處聽了以後，剛開始感到非常的驚訝，過了一會兒就哈哈大笑地說：「這三害沒有什麼了不起的，都包在我的身上了。」

　　於是周處就揹著箭囊，手裡拿著鋒利的斧子，走了。

　　他先到了南山去找猛虎，他走了三天三夜，轉遍了南山的各個地方也沒有找到老虎。他想是不是我聽錯了，這山上沒有老虎啊，要是有的話，我為什麼就是找不到牠呢？要不，我還是到長橋去殺蛟龍吧！他抬頭看看天，發現已經黃昏了，最近不停地奔波也累了，就決定在南山休息一夜，明天一早再去長橋。這樣，他就找了一個地方睡下了，由於連日疲勞他很快就入睡了。睡著睡著他就做了一個夢，夢見了一隻老虎站在自己的身邊，並且用眼睛看著他。忽然他打了一個寒顫，就醒了，抬頭一看，不是夢，而是真的有一隻老虎站在自己的身旁。他就悄悄地拿起身邊的斧子，趁老虎不注意，照準老虎的頭使勁劈下去，就這樣，不費吹灰之力就把老虎殺死了。接著，他又沉沉地睡去。

　　第二天一早，他又到南橋把蛟龍殺了。

　　由於周處出去的時間很久，意興的父老鄉親都以為周處死了，就自發地起來慶賀。正當人們相互慶賀的時候，不料周處斬了蛟龍回來了。他看到鄉親們在慶賀，還以為他們是因為自己除去老虎和蛟龍慶賀呢。可是沒有想到鄉親們卻是因為自己死了才慶賀的。到這個時候，他才知道自己是被眾人如此痛恨，就幡然醒悟。

　　從此以後，周處就刻苦學習，虛心地向周圍的人請教，並且也變得謙虛，懂禮貌起來，最後成為了一位賢德的名臣。

用人點撥

　　周處「朝聞夕改」的精神固然可嘉可敬，可是如果沒有鄉親們的側面教導，他也不能認識到自己的錯誤，也就是不能自知，不能自知，也是枉然。可見，自知是一切智慧的人成長、成功的前提，只有自知才能續長補短，人盡其才。

　　從周處的故事中，我們可以知道，教育人才，首先要啟發他們的自知，讓他們明白自己的優缺點，才能夠做到揚長避短，最終達到教育人才的目的，使人才全面發展。

拓跋嗣器重陸俊

北魏太宗拓跋嗣即位後不久，北部邊區懷荒鎮中高車族的一些部族首領就來京求見。這些將領說：「陛下呀，平東將軍、鎮將陸俊不但對部下刻薄寡恩，對我們高車人更是苛刻冷酷，我們再也無法忍受他了。我們帶著族人的請求來見陛下，請陛下把他撤了，將寬宏仁厚的前任鎮將朗虎再調回來吧。」

當時北魏的北部邊區，是少數民族聚居的地區，民族之間的衝突不斷，這次高車族人進京請求，拓跋嗣唯恐小不忍則亂大謀，就不問情由，也沒有調查就立即下詔，把陸俊召回，讓朗虎即刻去懷荒鎮守。

陸俊回到京城後，晉見拓跋嗣，提出了自己不同的看法。

他說：「高車族以放牧為生，缺少文化，不懂禮法。臣治理那兒的時候臨之以威，以維持正常的社會秩序；又教給他們禮儀，目的就是想漸漸感化他們。他們現在赴京告狀，這足以證明他們野性未改，還沒有馴化好，不願意做朝廷的順民。臣恐怕他們還有反叛的企圖，朗虎軟弱無能，又極為注重虛名浮譽。這次重新返回懷荒，定然陶醉於高車人對他的擁戴之中，一味地寬厚放縱，而疏於防範他們的叛亂呀！」

陸俊繼續說下去：「臣以為不過　年，高車人羽翼一半，必然要藉故鬧事。那時候朗虎措手不及，毫無對策，又好走極端，必然大加鞭撻。如此一來，高車人怨恨高漲，只怕是朗虎有殺身之禍，大動亂也不可避免呀。臣請陛下三思，收回成命，讓臣重回懷荒效力。」

拓跋嗣哪裡肯輕信陸俊的「一面之詞」，認為陸俊是因為不滿調動而危言聳聽，信口開河。魏太宗看著陸俊那身材矮小而又自信十足的樣子，忍不住譏笑他說：「瞧你，人不過三尺，還能有什麼高見嗎？不要再說

了，退下去吧。」

不出陸俊所料，第二年高車人果然發動了叛亂，殺了朗虎。拓跋嗣聽到這個消息，想到年前陸俊的話，立即召見了陸俊，對他大加稱讚，愧疚地說：「看來，你雖然身材矮小，見識卻是十分高遠啊！」

這件事情以後，拓跋嗣對陸俊十分器重。不久，就把他提升為平西將軍、長安鎮將軍。不斷地給予陸俊培養與鼓勵。陸俊也不負拓跋嗣所望，在鎮壓虛水胡革吳起義中，以收買、分化敵人等，輔佐軍事行動，取得了成功，使北魏王朝度過了一次危機。

用人點撥

拓跋嗣由起初對陸俊的不瞭解甚至對他輕視，轉而為重點培養他，委他以重任，其中經歷了一個轉折和時間的考驗。我們最為佩服的並不是陸俊的先見之明，而是拓跋嗣的勇於認錯，即時地發現、培養人才，終於彌補了損失。

對人才的認識是一個逐步的過程，領導者不可能透過一兩次的接觸，就全面認識一個人。有時候領導者也會對人才判斷失誤，這也不要緊，最要緊的是發現失誤之後要即時改正，去培育人才。不善於承認自己的錯誤，發現失誤還一意孤行的領導者，是最要不得的。

苻堅育王猛興國

　　苻堅，字永固，一名文玉，氐族，洛陽臨渭人，前秦皇帝。王猛，字景略，漢族，寒士出身，北海劇縣人，官至前秦宰相。二人都是十六國時期有名的政治家。

　　苻堅早在少年時就有遠大抱負，能夠禮賢下士，注意廣交英豪，當他聽說才華出眾的王猛隱居華山時，立即特地派人把他請來，對他十分賞識，對別人說能得到王猛，就像是劉備得到了諸葛孔明。

　　西元三五七年，永興元年，苻堅發動政變，殺死暴君苻生，奪取了帝位。即位後，苻堅更加信任和重用王猛，把一些重要的事情都交給王猛處理，王猛也全力相輔。王猛不畏權勢，抑制豪強，嚴厲懲辦了不守法紀的氐族貴族。外戚強德橫行霸道，禍害百姓，王猛也把他捕殺。王猛任京兆尹時，幾個月的時間，誅殺了強橫亂紀的貴戚強豪二十餘人，於是百官都很守規矩，朝廷風氣為之一新。

　　而苻堅頂住氐族貴族的反對，堅決支持王猛，在一年中五次擢升王猛的官職，由京兆尹升到吏部尚書、尚書左僕射、司隸校尉，最後到尚書令。苻堅聽從王猛的建議，選拔有才能的人，規定各級官吏要如實推舉人才，推薦的人好的就受到獎勵，推薦得差的就受到懲罰，所以即使是宗室或者是外戚，如果沒有實際才幹也不能做官。

　　苻堅聽從王猛的建議，很重視農業生產，又組織修建水利灌溉工程，推廣「區種法」。還非常注重文化教育，提倡儒學，興辦學校。苻堅每月親自到太學，曾經親自考試學生，甚至禁衛軍士、後宮掖庭，也都令他們讀書。由於採取了以上一系列措施，前秦政治比較清明，經濟有所發展，國家很快強盛起來。歷史上稱：「關隴清晏，百姓豐樂，自長安至於諸

州，皆夾路樹槐柳；二十里一亭，四十里一驛，旅行者取給於途，工商貿易於道。」

　　苻堅志向恢弘，企圖統一天下，結束分裂的局面。建元六年，他派王猛統兵滅掉前燕。建元七年，又命令將領滅掉仇池。八年，又奪取了東晉的梁、益二州。他對歸降的鮮卑、羌族的王公貴族採取寬容政策，不僅不加殺戮，而且讓他們擔任尚書、將軍等要職，對他們的野心缺乏警覺。

　　建元十一年，王猛病死，苻堅親自去探望，臨死前王猛對苻堅說：「我死之後，不要以滅掉東晉為目標，而鮮卑、羌族的首領應逐漸加以剪除。」苻堅對王猛的死極其悲痛，但對王猛的囑咐卻沒有放在心上。次年，前秦滅前涼和代；又過了兩年，開始對東晉用兵。自恃「強兵百萬，輜重如山」的苻堅，終於在淝水之戰中一敗塗地，前秦立刻分崩離析。鮮卑慕容氏在中山建立後燕，羌族姚萇也在關中自稱大單于、秦王。建元二十一年七月，苻堅被姚萇軍殺死。

用 人 點 撥

　　王猛之所以能夠剷除豪強，實行一系列措施選拔人才，發展生產，興辦教育，使得前秦迅速地走向安定繁榮，是與苻堅的信任和培養分不開的。正是由於苻堅的堅定支持和培養，王猛才有可能在這個氐族人掌權的國度裡施展抱負。

　　我們發現，苻堅對王猛的培養就有兩個方面，信任和給予權力。高明的領導者對優秀人才的培養也往往就是這樣，信任人才，讓他放手去幹，給他創造條件，做他的堅強後盾。只要認識到人才的長處，就讓他放手去做，這是對人才最好的培養。

隋文帝多元樹楷

　　隋文帝楊堅建立了隋朝，勵精圖治，非常注意培養人才、用好人才。其中最重要的一個育人方法就是樹立典型，讓天下的官吏有效仿的榜樣。隋文帝積極樹楷的培養人才的行為是始終如一的。在他的治理下，隋朝開國之初就取得了非常可觀的政績。

　　西元五八二年，隋文帝楊堅親自到岐州視察，當他看到岐州在刺史梁彥光的治理下民風淳樸，人民安居樂業，市場繁榮，尤其是聽到岐州百姓對刺史的稱頌時，對梁彥光的治理非常滿意。隋文帝毫不猶豫地表彰了梁彥光，把他樹立為全國臣吏的榜樣，號召全國的官吏向他學習。不僅這樣，文帝還賞賜梁彥光五百斛的粟米，綢緞三百匹，同時還有御傘一支。不久，文帝感到這些封賞還不夠，於是又賜給梁光彥錢五萬。

　　梁彥光對文帝的賞賜和信任以及器重感激涕零，從此更加勤奮地處理政事，竭力地為百姓謀福利，此後的考績每次都是第一，被譽為當時之「最」。隋文帝樹立的這個楷模很好地發揮了作用，影響了很多官吏積極於政事，當時的吏治為之一新。

　　隋文帝時的相州被認為是一個難治之州，接連換了好幾任刺史都沒有能夠治理好。這時文帝聽說汴州刺史樊叔略政績很突出，理政有方，在朝野享有很高的聲譽，於是就派樊叔略就任相州刺史。

　　樊叔略帶著朝野的期望上任了。到任後他首先整飭吏治，賞罰分明，使得相州的吏治出現了新氣象。同時，他積極地興辦農桑，開辦學堂，使人民有所作為，有所追求。在一系列的措施實施後，相州很快地達到「大治」。在政績考核中得了全國第一，州內外都對叔略敬仰有加。當地百姓甚至稱頌他說：「智慧無窮是清鄉公，上下正氣是樊安定。」

看到取得如此大的成績，文帝大為讚賞，特下詔書予以表彰，把他樹為楷模，把叔略的事蹟昭告天下，令上下學習。

西元五九一年，臨潁縣令劉曠的考績得到了天下第一，有大臣把這個消息告訴文帝，文帝十分高興，特別下詔召見了劉曠，當面勉勵他說：「天下的縣數以千計，只有愛卿與眾不同，實在難能可貴。如果天下的官吏都像愛卿一樣，還愁我們的國家不能大治嗎？」文帝下詔，特別給予劉曠「殊獎」，通報天下，令全國臣吏都向其學習。還破格提升劉曠為莒州刺史。

除了這些官吏的楷模外，文帝還有意樹立了孝義的典型，號召人民踐行孝道；樹立了誠節的典型，號召人民誠實節義。這些都對培養人才起到了非常重要的作用，也為隋初升平景象的出現立下了汗馬功勞。隋文帝在位時，湧現出了一大批循吏良臣和忠孝節義之人。

用 人 點 撥

　　隋文帝是一個很英明的皇帝，我們由上面的故事可以多少窺出他成功的某些端倪。其中最重要的就是重視對人才的培養和教導，培養人才是通過多元樹立楷模來實現的，文帝知道治理國家需要很多方面的人才，於是就樹立了多方面的楷模令臣民學習。

　　我們從隋文帝身上可以學習很多東西，其中一個方面就是要樹立多個方面的楷模，在每一個領域都要樹立一個榜樣，給榜樣以榮譽、地位，使大家向他們學習。這樣各個方面都會湧現出人才，社會就會和諧地發展。

李淵平等獎軍功

　　隋朝末年，天下紛擾，群雄並起各霸一方。鎮守太原的唐公李淵，因為無法控制境內的局面，擔心朝廷會治罪，便在太原起兵，與群雄爭奪天下。西元六一七年，李淵高舉義旗，所屬州郡陸續相應，廣大民眾紛紛前來應募，很短的時間裡就擴充了一萬多人。李淵對所屬將士不分貧富貴賤，統統以義士相稱，使全軍上下一心，和睦相處。

　　西元六一七年七月，李淵親率三萬人馬和眾多將領向隋都長安進軍。大軍進到霍邑時，遇到隋將宋老生的頑強抵抗，當時又值陰雨連綿，道路泥濘，糧秣供應不上，同時又傳來了突厥兵進攻太原的消息。李淵顧慮重重，打算回師太原。後來在李世民的堅持下收回了撤軍命令。八月，天氣晴朗，李淵率軍一戰取勝，斬殺宋老生，攻克霍邑。為向長安進軍打通了道路。

　　李淵攻克霍邑，好似絕處逢生，歡喜異常。進入霍邑城後，立即下令各部評議軍功，獎勵義士。這時問題就出來了，有些軍吏提出疑問說：「雖然軍中不分貴賤統稱義士，可是這義士裡面有主有奴，有貧有富，包含著許多等級。獎勵軍功，主人和奴隸也能不加區別嗎？」

　　這個問題使李淵十分為難，因為這是直接影響到內部關係的重大政策問題。他既覺得主奴不分不成體統，可是又有許多事實使他不便嚴格區分。

　　在李淵身邊英勇作戰、屢建戰功的錢九隴和樊興等人都是奴隸出身，能夠埋沒他們的功勞嗎？李淵的女婿柴紹隨軍作戰，他的家奴馬三寶在關中回應起義，已發展到數萬之眾，對馬三寶也不能另眼看待呀。李淵的軍中應募參軍的以奴隸居多，而且作戰大都十分英勇，如果在獎勵軍功中不

能一視同仁，必將使他們心灰意冷，削弱部隊的戰鬥力。

　　李淵思潮起伏，權衡了利弊，李淵毅然把盛行的等級觀念暫時放在一邊，他當眾宣佈說：「兩軍爭戰中，刀槍弓矢從不分貧富貴賤，為何論功行賞時卻要有高低之分呢？必須一視同仁，論功行賞！」號令一出，全軍上下無不雀躍歡騰。

　　由於李淵能夠堅持貫徹一視同仁的政策，所以有些奴隸出身的人，因屢建戰功而獲得了很高的封賞。錢九隴後來升任眉州刺史、巢國公，樊興升任到左監門大將軍、襄城郡公，馬三寶升任為左驍衛大將軍。李淵的這種培育人才不分等級的政策，不僅對唐朝的建立起了重要的作用，而且也為以後的一些王朝的建立，樹立了培育人才獲得成功的典範。

　　　　李淵透過對各種人才，尤其是下層人才的重用與培養，透過調動他們的積極性，給他們以應有的獎勵與榮譽，使得人人上進，盡全部努力來回報領導者的恩惠，這是領導者培養人才常用的方法之一。李淵給我們提供了生動的個案。

　　　　我們現在的領導者屬下有各種各樣的人才，這些人才來自四面八方，各有專長，需要領導者即時地去發現、引導、培育。這時候，出身、學歷等不能再成為領導者的眼障。領導者會更加重視人才的實際能力，因勢利導地對人才進行培養，這樣的領導者也會是真正的成功者。

李世民教育太子

　　唐太宗李世民生於西元五九九年，他在位二十三年，順應形勢，安撫民心，謀求穩定，贏得了貞觀年間的一派繁榮昌盛，被各族人民譽為「天可汗」。他總結自己的一生，深刻認識到人才是治國安邦的根本。為了確保大唐江山永固，他不但要求有賢能的臣子，還要求有賢明的國君。為此，他十分重視對太子李治的教育，簡直做到了遇物則誨的程度。

　　在處理政務時，李世民加緊了對李治的培養。在各種場合接見群臣時，都經常讓李治陪同，以便他進一步熟悉君臣禮儀和增強辦案能力，多方面瞭解國家大事和眾臣情況。每次上朝議事，都讓李治在一旁觀摩，有的時候還詢問他對一些問題的見解。如果意見正確就加以鼓勵，如意見不對就耐心開導。李世民還親自為李治寫了《帝範》，作為他將來繼位的行為準則，並且推心置腹地告訴他：「我繼位以來，做了不少的錯事。你要知道，取法於上，只能達到中等，取法中等，就難免其下。你要像古代的哲王看齊。我並不是你學習的榜樣。」

　　在日常生活中，李世民也隨時對他進行多方面的教誨。有一次，李世民帶著他坐船遊玩，問他：「你知道坐船的道理嗎？」李治搖搖頭，李世民就耐心地對他講解，告訴他：「船就像皇帝，水好比百姓，水能載舟，也能把船打翻。等你做了皇帝，要關心百姓疾苦，取得百姓支持，千萬不要逼迫他們。否則他們就會起來造反，祖上江山就會喪在你的手中。」

　　鑑於李治懦弱的性格，李世民還在人事安排上對他關心和指導，並且妥善安置了其他的皇子，忍著疼痛令武則天削髮為妮，消失了可能對李治地位造成的威脅。臨終前，還將功勳卓著的元老重臣李世勣貶到外地為官，並且深沉地囑咐李治：「李世勣才智有餘，我恐怕你不能駕馭他，我

現在把他貶到遠方，他如果聽你的命令，我死後你就任命他為執政大臣，如果徘徊遲疑，就殺掉他。」後來，李世勣毫不遲疑就離開了京城去赴任了，李治就在他行到中途的時候把他召回來，重用了他。他對此很感激李治，並表示將忠心耿耿地輔佐他。

　　由於李世民的苦心撫育，李治在多方面都有很快的進步。在他即位後，他繼承了父親的治國路線，並在執政的最初幾年中，被世人稱為「貞觀遺風」。

用 人 點 撥

　　李世民對李治的教導真是用心良苦，其效也佳，不僅從工作上對他指點，還從生活上、性格上對他進行教導，特別是他的「船水關係」的比喻，更是被後人稱為教育人的經典，就這樣，李治在李世民的精心教導下，成為了一個執政早期尚可稱道的皇帝。

　　所以說：人不教無以為才。李治的例子，就很好的說明了教育在人才成長過程中的重要性。因此領導者不僅要會認識人才，還要學會教育人才，從多方面帶自己的下屬進行教育，使其最終成為德才兼備的人才。

武后樹直諫之楷

　　武則天剛代唐高宗行使皇帝權力的時候，朝中大臣劉仁軌就給武后上疏，諫勸武后要以劉邦的呂后為戒。眼下之意就是要武后避免走向權力之巔，避免身敗名裂。這對當時一心想要當皇帝的武則天來說，簡直是不能容忍。武后暴怒，但隨後冷靜下來，考慮到劉仁軌也是一片忠心，於是就下詔慰勉了他，而且把他樹為直諫的楷模，號召大臣都要向劉仁軌學習。這樣，不僅劉仁軌得到了保護，而且大臣們也都敢直諫了，武后的慰勉起了很好的引導作用。

　　有一年秋季，武后宮內的梨花盛開了，這一現象使武后非常高興，於是就高興地出示給群臣看，群臣中不少人趁勢討好皇帝，對梨花大加吹捧，說這是武后仁德及於草木，所以梨花才越季開放，如此等等，武后聞言更為高興。誰知這時偏有一個「不識時務」的大臣杜景儉獨言梨花這時候開放，是陰陽失和導致的，根本不是什麼仁德造成的，痛斥了那些阿諛奉承的人胡說八道。

　　武后聽到這種言論，並沒有勃然大怒，而是露出了欣慰的微笑。她立即表彰了杜景儉，說杜景儉能夠大膽直言，不逢迎君主與大臣的意思，是非常難能可貴的。武后讚其為「真宰相」，要求大家師法之，不能言不由衷。

　　武后當政了多年，「太子」已經長大了。這時大臣蘇安桓認為太子可以親政了，於是上疏武后，請她把帝位歸於太子。這對武后來說，是最不願意看到的，這樣無異於謀反。但是武后認為蘇安桓是忠良的，並沒有私心，於是對這次上疏既不怒、也不聽。這件事情就這樣過去了。

　　武則天最諱言的是她的三個內寵薛懷義、張易之、張宗昌，武后平時

對他們很好，但是就怕群臣在朝堂上提起他們。大臣蘇良嗣這一天在朝堂上遇見了薛懷義，因為看不慣他那囂張的樣子，更看不慣他的品行，於是就命令隨從上前打了薛懷義幾巴掌，並強行把他轟出朝堂。薛懷義馬上到武后面前哭訴，武后聽後不僅沒有怪罪蘇良嗣，而是告誡薛懷義以後要收斂一下自己，不許再仗勢欺人。武后從此對蘇良嗣更加信賴，詔諭朝臣要學習他。

　　張易之被彈劾罷官，張宗昌也因為貪贓枉法被彈劾，按照刑律他們都應該下獄。武后護著他們，準備放過他們。這時彥范聯合一部分朝臣上疏武后說：「陛下因為和他們同床共枕久了，產生了感情，不願意對他們加刑，這樣就好了你一個人，卻把國家大法廢了呀。您這樣做是把國家推向衰敗的開端。」

　　這是把武則天的隱私公開說了出來，令武后感到非常羞恥，在朝堂上難堪莫極。但是武則天知道直諫人的重要，不僅沒有責怪群臣，反而賞賜了大臣們彩緞百匹，並且說：「如果不是愛卿說這話，我是聽不到這樣的話的。」

　　大臣們見到如此的直諫還能得到保護與獎賞，於是賢直的諫言就更無後顧之憂了。只因為武則天如此善於秉公樹楷，培養人才，才使得直臣安然立於朝堂，武后統治時出現了中興的景象。

用人點撥

　　把給自己難堪者也樹為楷模，這就是武則天的難能可貴之處。正是由於武則天對這些大臣的培養和器重，武后當政時才出現了興盛景象。武后對杜景儉、蘇良嗣等人的鼓勵與信賴，直接影響了朝臣，激勵他們敢於發表意見，為國家的發展出謀劃策。

　　每位領導者都有自己的一些小缺點，但是有時候又往往認識不到，如果下屬給自己指出來，這正是對領導者的負責和尊敬。所以優秀的領導者對於給自己提意見的人向來是非常重視、也經常給予鼓勵的。這樣既可以避免自己的過失，也可以鍛鍊人才說真話、辦實事。

武則天大度育賢

　　武則天自從做了皇后，大唐上下讚揚她和反對她的人同時增多。她憑藉超人的智慧和非凡的氣魄，和來自各方面的阻力進行了頑強的鬥爭。

　　起初，皇上李治立燕王李忠為太子，她慫恿皇上李治廢了李忠改立自己的長子李宏為太子，不久發現李宏背叛了她，就毒死李宏，讓李治立次子李賢為太子，接著又感到李賢不能按照她的旨意行事，就藉故將他貶為平民。並立三子李顯為太子。三年後，李治病死李顯繼位，為唐中宗。但五十天後，武則天又把他廢為廬陵王，囚禁於深宮，自己過問朝政，舉國大事都由武則天自己決斷。

　　武則天的獨斷專行，引起了李唐宗室和忠於李唐王朝大臣的強烈不滿，西元六八四年揚州司馬徐敬業起兵，打起伐武旗號，很快聚集起十萬多人，唐初四傑之一的駱賓王還特地做了討武詩，事發後，武則天急忙任命李孝意為揚州大總管，令他率領三十萬人馬前去鎮壓，並很快平息了反叛，徐敬業也被部將所殺。而這次叛亂的主要謀士劉苑、王認卻下落不明。武則天為消除隱患，又下令全國緝捕。

　　六年後，武則天改唐為周，自稱勝神皇帝。劉苑、王認均被緝拿歸案，武則天令人把二犯押上來親自審問。劉苑一見武則天就破口大罵，弒君竊國，大逆不道，殺子害孫，慘無人道，爭風吃醋，過河拆橋，諸如此類，沒完沒了。直罵得武則天惱羞成怒，忍無可忍，令武士狠狠杖打，直打得劉苑頭破血流，皮開肉綻。劉苑並不屈服，他以血為墨以紙為筆，隨手又在地上寫詩，痛罵武則天。武則天氣得全身發抖，又令人在他脖子後面割去一塊肉。

　　和劉苑一起受審的王認，見劉苑鮮血淋漓，面目皆非，頓時嚇得魂不

附體。他怕自己也受此毒刑，就連連叩首，一再求饒，武則天鄙視地望了他一眼，便令武士推出去斬首。同時用手一指劉苑，喝令把他也拉下去。而劉苑毫無懼色，他掙扎著爬起來，理理散亂的鬚髮，擦去血跡，又扯扯衣袖，準備慷慨就義。武士們正架著劉苑往外走，忽然聽到武則天大喝一聲：「慢」，就見武則天走了過來，親自為劉苑解開繩索，令人送他出去。

劉苑出宮後，住在他的姐姐家中養傷。剛剛痊癒，大家便勸他另找地方隱蔽起來，以免武則天反悔後再翻舊帳。但劉苑早已視死如歸，他不但不躲，反而故意出頭露面。人們正心急火燎地為他擔憂，忽然武則天派人把他帶到皇宮，大家都以為大勢已去，張羅著如何取回劉苑的屍體，突然快馬來報，劉苑被女皇封為禮部侍郎。

這出人意料的重大舉措，剎時間震驚滿朝文武，也使劉苑感到迷茫。當他得知武則天欣賞他的才幹、傲骨，而減其罪過時，不禁無限感慨，思緒萬千，決定下決心改弦易轍，發誓為女皇效勞終生。

用人點撥

武則天並沒有因為劉苑的侮辱而斬殺他，讓人在深深折服劉苑的剛正不阿外，也不禁為武則天胸懷寬闊而感嘆。不以劉苑大逆不道為然，反而重用他，這本身就是一種很好的教育方法，最終使得劉苑甘心為女皇效勞終生。

做為領導者不僅具有容才之量，優秀的領導者不僅能夠教育培養自己的下屬，更重要的是還能夠啟發引導自己的反對者，使之也為我所用。發現人才，就培養為我所用，不問其出身，領導者的事業一定會蒸蒸日上。

王維苦心育韓幹

　　著名的唐代詩人、畫家王維，字摩詰，十七歲時就寫出了膾炙人口的詩篇「獨在異鄉為異客，每逢佳節倍思親。遙知兄弟登高處，遍插茱萸少一人」。二十一歲就中了進士，擔任了掌管音樂的「大司丞」。以後官職不斷升遷，最後做到尚書右丞，因此世稱「王右丞」。

　　在繪畫方面，王維有一個超越前人的「絕技」：對於山水畫，以前的吳道子著重於線條的勾勒，對於色彩特別是線條和色彩的結合，似乎並不在意。展子虔、李思訓等人工細嚴整，特別注重色彩，給人的印象是色彩異乎尋常的絢爛、華麗。而王維卻不施色彩，專用墨的濃淡渲染畫作。這樣的水墨效果，不僅顯得清幽淡遠，而且非常適合表現山水的神韻，別有一種灑落的情趣，更富有詩情畫意。所以宋代才子蘇軾稱讚王維說：「體味摩詰的詩作，詩中有畫的情韻；觀賞摩詰的畫作，畫中有詩的意涵。」

　　晚年的王維居住在藍田別墅，在那裡，他欣賞農村風光，賦詩作畫。一天，王維正在描繪一幅山水畫，突然從院子裡傳來一陣呵斥聲。他出門一看，原來是家人們正在圍住一個十多歲的孩子斥責。王維走上前：「怎麼回事？」管家急忙跑過來解釋：「這孩子是酒店來送酒的，不知好歹，在咱們的地上亂畫。」王維一聽「亂畫」，非常敏感，不由得就湊過去看。

　　只見小孩子以碎石作筆，在地上畫了不少人物，還有車馬之類，雖然不是很嚴謹惟妙，倒是也形象動人。王維一詢問，才知道這孩子叫韓幹，是酒店的小夥計。他酷愛學畫，便趁剛才送酒等人的機會，把沿途的所見畫了下來。

　　王維把韓幹略加打量，認為他雖然幼稚，但頗為機靈，又是如此的用

心、好學，頓生喜愛之心，便把他領到自己的畫室，讓他參觀各種畫幅，還問了他一些繪畫方面的問題。韓幹如旱苗得雨，如饑似渴地觀看每幅作品，一再表示大開了眼界。王維很喜歡他，就問他願不願意跟自己學畫。韓幹當然求之不得，眼含熱淚，俯地而拜，說了些感謝與一定不負師望的話。隨即，韓幹就辭去了酒店的差使，搬到了王維院中。

王維對韓幹寄託著很大的希望，把他多年來累積的繪畫經驗和技巧，毫不保留地傳授給了他。韓幹憑其聰明才智和異常的勤奮，在不少方面漸漸表現出「青出於藍而勝於藍」的氣勢。王維十分滿意，就又把他推薦給了大名鼎鼎的畫馬專家曹霸，讓他進一步深造。

十多年後，韓幹的畫馬藝術已達到了爐火純青的地步，唐玄宗聽說了他的大名，還親自把他召到宮中學習畫馬。

用人點撥

當王維發現了韓幹的才氣之後，就下大功夫透過多種方式對其進行培養，終於使其嶄露頭角。王維的育人方法就是發現人才就進行培養，把自己的多年心得全部傳授給了這個年輕人，還從多個方面對其進行提示、充實，成為歷史上一段佳話。

很多有志向的年輕人，因為沒有好的環境，只能庸碌地終其一生，如果他們一直堅持不懈，等到身邊的環境發生了改變，就會茁壯成長起來。這時候發現並且培養人才的人非常重要。從這個角度來說，領導者善於發現、用心培養人才，是一件功德無量的事情。

顧況培育白居易

　　從唐朝開始，就以科舉考試選拔人才擔任國家官員。透過科舉考試，考生和推薦人、考生和主考官往往會結成固結型關係，形成師生關係，以後老師對門生會盡力培養。白居易也是透過結交前輩、獲得培養，而步入仕途的一個典型。

　　白居易從小就聰明伶俐，生下來剛六、七個月的時候，就已經能夠辨認「之」、「無」兩個字了。五、六歲的時候，白居易開始學詩，才情逐步得到發現和發揮。在他十五、六歲的時候，已經是飽讀詩書，很有一些知識了。就在這個時候，他的父親白季庚在徐州做官，就有意把他帶到京城長安去見世面，藉機也結交一些京城名士，為孩子的前途做準備。

　　當時，長安城裡有一位很出名的文學家，很有一點才氣。但是這個人脾氣高傲，對待後生晚輩常常以老賣老，不肯好好提攜幫助。白居易一來到長安，就聽說了顧況的名氣，於是這一天特意帶著自己比較滿意的幾篇詩稿到顧況家去請教。顧況本來不想接待，但是聽說對方也是個官宦子弟，也不好不接待，於是就讓白居易進來。白居易拜見了顧況，送上自己的名帖和詩卷。

　　顧況懶洋洋的抬頭看了看眼前站著的年輕人，又看了看他的名帖，看到「居易」兩個字，皺起眉頭打趣說：「近來長安的米價很貴，只怕是確實居住很不容易呢！」

　　年輕的白居易被顧況莫名其妙地數落了幾句，也沒有在意，只是恭恭敬敬地站在旁邊請求指教。顧況心不在焉地拿起詩稿隨便翻看，翻著翻著，他的手忽然停了下來，欠起身來睜大眼睛看著詩卷，不由得輕輕地吟誦了起來：

「離離原上草，一歲一枯榮；野火燒不盡，春風吹又生……」

讀到這裡，顧況臉上顯露出興奮的神色，馬上站起來，緊緊拉住白居易的手，非常熱情地說：「啊，能夠寫出這樣的好詩，住在長安也不難了。剛才我是給你開個玩笑，你別見怪。」

這次見面以後，顧況就經常栽培白居易，他十分欣賞白居易的詩才，逢人便誇白家的孩子是怎麼了不起。由於顧況的誇獎，這樣一傳十、十傳百，白居易也就很快在長安出了名。不到幾年，白居易就考取了進士。

在顧況以及白居易的共同努力下，白居易的名聲越來越大。唐憲宗聽說了他的名氣，馬上提拔他做翰林學士，後來又派他擔任左拾遺。白居易進入仕途後也沒有忘記顧況，十分感激他當年的推薦與培養，和顧況一直保持著極為親密的關係。

用人點撥

當高傲的顧況看到了白居易的超常詩才之後，並沒有絲毫的嫉妒，而是馬上轉變態度，對其大加讚賞，在以後透過多種方式對白居易進行培養，使得白居易終於才盡其用，走上了仕途。顧況的眼力和培養真正人才的熱情，令我們敬佩。

許多年輕有為的人才，由於諸多原因需要前輩的提攜與幫助，尤其是需要領導者善於發現並且給予著力的培養，這樣不僅對人才本身，對領導者以及事業都有好處。領導者發現、培養人才，要創造條件給人才充分發揮自身能力的機會，同時領導者的舉薦也非常重要。

韓愈助賈島

　　賈島，是中唐著名詩人，他出身寒微，自幼好學，酷愛文章詩賦。可是他多次參加科舉考試，卻年年失敗。他心中非常失落，又因為囊中羞澀，於是就出家為僧，號無本，居洛陽寺院。當時當地官府不許僧人在午後出去，賈島覺得沒有人身自由，感到非常苦惱，就寫了一首詩：「不如牛與羊，猶得日暮歸。」賈島一向以苦吟著稱，他的詩作字斟句酌，非常有新意，但是很長時間不被人瞭解與欣賞。他傷心至極，感慨地說：「兩句三年得，一吟淚雙流，知音如不常，臥歸故山秋。」

　　有一次，賈島騎驢走訪李餘幽居，得兩句詩「鳥宿池邊樹，僧推月下門」，這兩句詩使人感覺已經清新。但是他不滿意那一個「推」字，想找一個更好的字眼。不一會，想到一個敲字，覺得不錯，卻又難以決斷，於是騎驢緩行，邊走邊想，神遊物外，還用手比劃著推敲的動作。

　　突然，一陣陣馬叫聲在他的耳邊響起，賈島才發現他撞了一位達官的車駕。這位官員就是大文學家韓愈。左右將賈島推到韓愈的車前，賈島向他解釋了衝撞馬車的原因。韓愈非但不怪他，反而非常欣賞這位僧人對做詩的執著。於是韓愈就停下車來和他一起思考「推、敲」二字，韓愈認為「敲」字較佳。於是賈島便以「敲」字入詩。這件事就是「推敲」一詞的由來。

　　韓愈由此發現了賈島的才華，並且讓他和自己住在一起，一塊討論做詩的方法，大有相見恨晚之意，於是就與賈島結為布衣之交。他非常欣賞賈島「無端更渡桑乾水，卻往並州是故鄉」的蒼涼情感，欣賞「秋風吹渭水，落葉滿長安」的意境。他認為，賈島詩的風格與孟郊相近，並為之做詩道：「天恐文章中斷絕，再生賈島在人間。」韓愈的推許使賈島的聲名

大振，當時的人把他與孟郊相提並論，稱「郊寒島瘦」。

　　韓愈非常同情賈島的坎坷遭遇，不願讓他埋沒在僧侶之中，他親自對賈島「授之以文法」，使他「去浮屠，舉進士」，恢復了正常的社會生活。賈島後來當過長江縣的主簿，號「賈長江」，留下了一批獨具特色的詩作。

用人點撥

　　衝撞官員馬車儀仗，在唐朝時是犯法行為，依律當斬。韓愈遇到此事並沒有責怪賈島，反而與他共同推敲詩句，並且因此與他結為至交。賈島呢，在韓愈的培養下，最終決定脫離僧門，在韓愈的指導與推崇下不斷進步，最後成為一位文學名家。

　　對於人才，是需要適當的教育和鼓勵的，如果沒有韓愈的扶植，賈島可能會永無出頭之日。這就告訴我們，當人才在貧困潦倒時，適當地扶一把，送一程是必要的。別人的幫助和教育，在人才成長的過程中是必須的。

唐宣宗問政績鼓勵人才

　　唐宣宗是憲宗李純的兒子，與穆宗李恒是兄弟關係，是一位寬厚待人的皇帝。他喜歡走訪民間，由此他能夠得知下屬在政治方面的優劣，並從中提拔政績優秀的官吏。

　　有一次，唐宣宗到北苑去打獵，路過一片樹林時，看見八個樵夫在路邊休息。唐宣宗就走過去和他們聊了起來。經過閒談，他知道他們是忻陽縣人，就趁機問：「忻陽縣的縣令是誰？」回答說：「是李行言。」又問：「怎麼樣？」答：「為人正直，敢作敢為。有一次，還帶兵抓了一夥強盜，並把他們判處死刑，真是大快人心。」唐宣宗聽了以後，就把李行言的名字記住了，回到宮中就把他的名字記在殿柱上。

　　兩年以後，唐宣宗任命李為海州郡守，李進宮拜謝皇恩。唐宣宗問他說：「你是否在忻陽當過縣令？」李說：「是啊，當過兩年。」唐宣宗聽後非常高興，就吩咐左右說：「取紫金賜予李行言。」李行言非常納悶，不知道為什麼要賜紫金給他，但是又不敢隨便問。這時，唐宣宗笑著對李行言說：「你知道朕為什麼要賜紫金給你嗎？」李行言一聽正是自己想問卻不敢問的事，就說：「臣有所不知，請陛下明示。」唐宣宗就命他自己到柱子上看，並對他講起了上次打獵時遇到的事情，最後說，賜紫金就是對他的獎勵。李聽後非常感動，決定盡職盡責以報效朝廷的知遇之恩。

　　唐宣宗對大臣李君羨也是如此。他也是在打獵時遇到的百姓關於對李君羨的讚賞。他知道後就在合適的機會提拔了李君羨，等君羨到朝廷謝恩時才知道原因。

　　唐宣宗就是透過瞭解人才，給人才以重用的方法，鼓勵了人才，使得人才從中受到教育，為朝廷貢獻了自己的所有才華。

用 人 點 撥

領導者對人才只是重用選拔和使用，而忽視培養和激勵，那還算不上精通用人之道，會用人還要會育人，才是一個優秀的領導者。育人的方法有多種，激勵也是一種行之有效的方法，透過種種鞭策、激勵措施，充分啟動人的積極性，才能更大限度地發揮人才的優勢。

唐宣宗對李行言、對李君羨無不運用了鼓勵的手法，來激勵他們的積極性，使他們盡心盡責來報效朝廷，唐宣宗的做法值得我們借鑑。

郭進不殺軍校

　　郭進是宋初的一員武將，年輕的時候就很有才氣，他為人豪爽剛烈，處罰下屬毫不留情，宋太祖都提醒郭進帳下的官兵說：「你們在郭進將軍手下做事須要小心謹慎，如果得罪了將軍招致禍患，連我也沒有辦法幫助你們。」

　　然而，郭進在培養人才方面也有自己的一套，對待異己者也能寬容。比如郭進帳下的一名軍校向皇帝告密說郭進與敵人勾結，郭進不但沒有殺他，反而藉機培養和保護了他。

　　郭進當時任山西巡檢，率兵防禦北漢的劉繼元。因為自己的脾氣，無意間得罪了一個部下，這個部下就跑到宋太祖那裡去告密了，說郭進與劉繼元勾結，如何如何準備謀反，並說郭進如何對太祖不敬，常常對太祖辱罵等等。太祖對郭進簡直是太瞭解了，根本就不信郭進會謀反。於是就痛罵了這個軍校，命令立即將這個人捆綁起來，押送給郭進讓他處理。

　　一向脾氣暴躁的郭進並沒有對這個軍校表現出絲毫的惱怒，而是出人意料的親自給他鬆綁，對他說：「你膽敢跑到陛下那裡去議論我，我相信你是有膽識、有氣節的。現在我不治你的罪，如果你能夠去奮勇殺敵，取得勝利，我就把你舉薦給當今皇上。如果作戰失敗了，你可以投奔到別處去。」

　　這是告密者怎麼也沒有想到的，郭進的態度他做夢都沒有想到過，他的告狀，竟然被說成是有膽量。除了免罪之外，還有殺敵立功的機會，還有高升的希望；如果戰敗，甚至聽任自願投敵。軍校感動得涕淚縱橫，自覺過去是自己小氣錯怪了將軍。於是上陣奮力殺敵，奮不顧身，迫使劉繼元降服。郭進非常高興，特地向太祖奏明事情原委，請求給那軍校封賞，

還讓他拿著自己的上書直接去晉見皇帝。

宋太祖見到那名軍校，氣憤地說：「你前番告密，陷害忠良，這次立功了可以抵你過去的罪過，要賞官是不可能的。」軍校無法，只好快快地回到郭進的營中。郭進見狀，安慰了軍校一番。馬上再次向太祖請求，說自己已經答應過不再追究他的誣告，許諾了立功後就可以受賞，陛下不封官給他，就會使我失信於人，以後就不能再用人了。

宋太祖接到這個請求後，感到郭進說得有道理，終於給了那個軍校一個官職。史書上說郭進很有才幹，這次不殺軍校就是很好的培養人才、使用人才的一個表現吧。

用人點撥

郭進培養人才的方法值得我們學習。從這個故事中我們看到了郭進的超常才幹，首先是對下屬能力的肯定，其次是對下屬的信任，再次是對下屬的重諾。當然最重要的還是郭進的氣量，如果郭進氣量狹小，恐怕才幹也不會發揮得淋漓盡致。

在培養人才的時候，尤其是對多樣的下屬進行有意識培養的時候，我們可以從這個故事吸取的經驗，就是郭進的氣量以及他對待下屬的態度。領導者雅量待人，有意識地透過各種途徑培養人，就會培育出人盡其用的人才。

范仲淹助孫復

　　「先天下之憂而憂，後天下之樂而樂」的范仲淹，是中國歷史上一位有名的政治家和文學家。他在政治上具有遠見卓識，胸懷坦蕩，從不計較個人的恩怨得失，一心想著國家和人民的利益，並且針砭時弊，力主革新朝政。在軍事上，大力選拔有膽有識、武藝高強的將領，嚴明軍紀，指揮果斷，曾經在西北邊陲使敵軍聞之喪膽。在從政作風上，秉公執法，廉潔自律，自己節衣縮食，卻輔助老幼、救濟貧困，以品德高尚著稱於世。他為官一任，造福一方，很受百姓歡迎。

　　范仲淹在淮陽做官時，有一天正在批閱公文，屬下領來一個說是要面見他的瘦弱的年輕人，范仲淹見他雖然衣衫破舊，倒也文質彬彬，便停下工作，問他姓名和來意。他不願說出自己的名字，只說自己姓孫，是位窮秀才，因生活窘迫，特來請求范仲淹幫助他十千制錢。

　　范仲淹沒再追問，就叫人如數拿錢給了他。次年，屬下又向范仲淹稟報，說去年曾來過的那位孫秀才又來了，還是要見您。范仲淹又立刻命人將他領進來。見面後，孫秀才開門見山，仍然是再要十千制錢。范仲淹又如數給了他，並且關心地問：「家中有什麼天災人禍嗎？」

　　孫秀才才十分不好意思地說：「母親年老多病，而自己是個讀書人，不會耕田，不會做工，又不會經商，所以無計可施。自從流浪到此，不少人都稱讚大人是位清官，愛民如子，所以才冒昧求見大人，請您賜憐。」

　　范仲淹聽完孫秀才的話，情不自禁地想起了自己的身世：他兩歲喪父，母親帶著他改嫁給一個姓朱的人。因為家境貧窮，買不起紙筆，自己四、五歲時用木棍在沙土上學習寫字。稍大後得知家事，含淚辭別母親，來到應天，在戚同文門下讀書。因為沒錢，每天只能定量吃些凝固的粥

塊。范仲淹想到這裡，更加同情孫秀才。他思忖半天，突然興奮地告訴孫秀才：「我可以幫你謀一個學職，每天動筆抄寫東西，大約能掙一百錢。這樣你既能安心學業，又能養家度日。」孫秀才大喜過望，即刻答應，隨後就到任了。不久後，范仲淹調離淮陽，到另外的地方任職去了。

這個孫秀才，名復，字明復，是山西平陽人。在范仲淹的幫助下，他逐漸減緩了生活壓力，並且有了較好的讀書條件。他刻苦學習，深入鑽研，學業突飛猛進。但由於進京趕考名落孫山，他一氣之下跑到了泰山，專心致志讀《春秋》，成了當時著名的經學家，世稱「泰山先生」。

數年後，范仲淹得知孫復學業已成，並且還很有建樹，就把他推薦給了皇上。接著，孫復擔任了秘書省核書郎，後來又任國子監直講，即朝廷最高學府太學的教官。當時的人聽說了這件事情，都對范仲淹的慷慨相助、培育人才讚賞不已。

用人點撥

范仲淹培養人才是盡其所能給人才提供可以生活、學習的條件，解除人才的後顧之憂，當人才懷才不遇時，又順手幫扶一把，使得人才才盡其用。這種對人才的培養看似無心，實則是培養者的素養累積和給人才的重大機遇。

領導者對於下屬困難時幫他一把，無異於雪中送炭。但是更重要的是培養下屬獨當一面的能力，當下屬遇到困難時能夠盡自己所能為下屬排憂解難，為他發揮才能開闢一條陽光大道，下屬的才能就會得到更好的發揮。

宋仁宗苦心煉良材

　　宋朝年間，西周成都府秀才趙伯升告別雙親，進京趕考。

　　趙伯升出生在一個詩書世家，加上他自幼聰明伶俐，少年的時候就能出口成章，下筆成文，學識非常淵博。他在考場連續做了三篇詩文以後，自認為才高於世，沒有人能夠比得上，這次考試必中無疑。

　　趙伯升應召入宮後，仁宗見他少年俊爽，真是文如其人，心裡非常高興，就詢問了他許多事情，趙伯升對答如流，毫無偏差。仁宗見他年紀輕輕，才華出眾，暗自慶幸朝中又多了一位人才。可是轉念一想趙伯升的人生經歷太過於一帆風順了，沒有受到什麼打擊，就很難懂得處世、為政的艱辛，此後很難保證沒有挫折。再說了，他過慣了無憂無慮的生活，又馬上受到重用，很難沉下心來，為成功而吃苦耐勞。如果不加以錘煉，德才將不能兼備，是很難成為擔當大任的棟樑的。想到這，仁宗就有了一個主意，他對趙伯升的考卷吹毛求疵，使得趙伯升由當初的獨佔鰲頭，到最終變成了名落孫山。

　　趙伯升呢，是盛氣而來，此時已經變得灰心喪氣。由於沒有考中，他也不好意思回家，只有流落京城再等三年了。此時的趙伯升，與先前的躊躇滿志相比，自然是感慨萬千，別有一番滋味在心頭。

　　從此，他就留在了京城。深秋過後，他帶的盤纏都用完了，僕人也不肯和他一起吃苦了，就偷偷地跑回家鄉。趙伯升是孤單一人，由於旅費用盡，沒辦法，只好每天到街上，為人代寫文字，賣些書畫，勉強維持生計。與此同時，他抓緊時間發奮讀書。在一年多的時間裡，他嘗盡了世態炎涼，人情冷暖，人也變得謙遜、深沉了。

　　一年以後，仁宗帶著一名侍從出宮私訪，在一家茶館裡找到了窮困潦

倒的趙伯升。趙伯升並不知道眼前坐著的客人就是仁宗皇帝。仁宗在言談之間故意試探他對一年前名落孫山的感受，趙伯升不但對落榜的事毫無怨言，人也變得謙虛了，顯然在這一年多的時間裡，他經過了磨練，德操和學識都有了很大的進步，仁宗決定對他委以重任。

仁宗向成都制置使王大人修書一封，讓趙伯升去到他那裡討官職。第二天，趙伯升就帶著推薦信啟程回家鄉西川，求見王制置，並且說明了原因。王制置將信將疑，等拆開書信，心中大驚，這分明是委派新制置的聖旨！裡面還交代了王制置的升遷事宜。

趙伯升到現在才明白一切，感激仁宗皇帝愛護和培育自己的一番苦心。

用人點撥

樹需栽培，人要培養。人才成長的基本規律證實，人的成長與進步，除了自身素質和主觀努力以外，處在良好的環境中，並得到領導者的正確培養，不能不說是個重要因素。

宋仁宗對趙伯升的刻意錘煉，使趙伯升認識到自己的不足而變得虛心謙遜起來，最終成了有益於國家和人民的人才，這不得不證明了宋仁宗的育人有方。宋仁宗先抑後揚的「磨練」人才藝術，值得後人吸取寶貴的經驗。

王安石抱病護賢才

　　北宋中期著名的政治家、文學家王安石和最傑出的文學家蘇軾，雖然在政治上分歧很大，但在文學上卻是好朋友。王安石抱病救蘇軾的故事，現在還一直被傳為佳話。

　　蘇軾，字子瞻，號東坡居士，四川眉山人。他的文章氣勢浩大、豪放暢達，被譽為「唐宋八大家」。他的詩剛健清新，詞首開一派，在書法和繪畫方面造詣也很高，因此得到很多人的推崇。

　　蘇軾在文學方面獨闢蹊徑，敢想敢做，在官場上他仍然保持這一風格。宋神宗支持王安石變法時，他逆潮而動，公開反對，並以詩文公開反對時政，結果被貶出京都，就這樣，有很多人理解他的文章也多從政治方面加以理解。有一次，蘇軾寫了一首《詠檜》詩，其中有一句是「根到九泉無曲處，歲寒只有蟄龍知」。其本意是，歌頌檜樹的根能紮到九泉之下也不彎曲，地下的蟄龍是它的友鄰和知音。竟被一些人解釋為檜樹的根寧折不彎是對皇上的反抗，是圖謀不軌大逆不道。神宗聽信了他們的指控，就派人專程趕到湖州，逮捕了時任湖州知府的蘇軾，並抄了他的家。可是那些人並不放過蘇軾，欲置他於死地。這就是歷史上有名的「烏台詩案」。

　　「烏台詩案」震驚了朝野，許多高官勳貴都為營救蘇軾忙碌起來。

　　蘇軾的弟弟上書，說：「願意以我自己的官職代替哥哥贖罪。」王安石的弟弟王安禮也為蘇軾求情，就連宰相吳允和太皇太后也請神宗網開一面。

　　就在神宗猶豫不決時，退休隱居在江寧的王安石聽說了，就急忙離開病榻，不顧一切地讓人把他送到京城，並立刻面見神宗。再見到神宗後，

他懇切地說：「自古以來，凡是寬容大度的皇帝，都不因為言語的過失而懲罰大臣。現在如果不遵照古人的教訓，後人會說皇上容不得有才能的人。」隨後又舉了曹操的例子，說：「曹操一生雖然好猜疑，他尚且能寬容禰衡。陛下對蘇軾，又怎能殺害呢？」宋神宗本來就有些疑惑，再加上王安石語重心長的話，越來越覺得那些人是誣告蘇軾，有些牽強附會。

於是宋神宗就反省了一下自己，覺得自己做得有些不當，他就按照王安石的建議，釋放了蘇軾，並且把他調到黃州去做官。

用人點撥

尺有所短，寸有所長，人有其長，必有其短。從群體看，人才難得，是人才必有出眾之處；而從個體看，人才又有他的獨特個性，他們一般不會隨波逐流，趨炎附勢。做為領導者應該具有容才的肚量，善於理解和寬容人才的缺點，尋找一個契機加以培育，才能使聰明才智得以發揮，如果求全責備，勢必會將其埋沒。

蘇東坡就是這樣一種人，他才華出眾，恃才傲物，如果對其壓制，勢必對國家是一種損失。王安石以他的寬容之心寬忍了他，並調他到另一個地方做官，使他有反省的機會。

王安石順勢教育蘇東坡

　　蘇東坡，名軾，字東坡，自幼受到良好的家庭文化教育。優越的客觀條件，為他後來的成才起到了很大的作用。他長大以後，無論文詩詞畫，樣樣精通，且各有超人之處。

　　蘇東坡在湖州做官三年以後，進京述職，先去相府拜見王安石。當時王安石正在午睡，就在書房裡等候他。他突然發現硯臺下放著一張未寫完的書稿，題目是《詠菊》。就看見上面寫了兩句：「西風昨夜過園林，吹落黃花滿地金。」蘇東坡大為驚異。西風，一般是指秋風；黃花就是菊花。菊花在深秋盛開，秋風又怎麼能吹落呢？老相爺滿腹經綸，才華橫溢，難道真的應驗了那「智者千慮必有一失」？他遺憾之餘，又不禁詩性大發，便憑著與王安石私交不錯的關係，提筆依韻續了兩句：「秋花不比春花落，說於詩人仔細吟。」寫完，依舊放在硯下。又等了一會兒，仍然不見王安石醒來，便告辭回府。

　　王安石一覺醒來想起《詠菊》詩還沒寫完，便信步來到書房。取出書稿一看，兩句已成四句。仔細一看筆跡，知道是蘇東坡寫的。一讀，不禁思緒萬千。小蘇軾自視才高，過於放肆！他只知其一，不知其二，便憑臆斷妄下結論，今後如何擔當重任？我一定要透過這起菊花秋落事，讓他悟出一些道理來！主意一定，便令人查明湖廣缺官冊，奏明皇上，就將蘇東坡調到黃州做團練副使。

　　蘇東坡到黃州後，因為團練副使是個閒缺，無事可做，便常與友人登山玩水，飲酒賦詩，不覺將近一年。重九過後，連日大風。一天，風息後，有友人來訪，忽然想起後院的菊花，兩個人就去後院觀賞，一到花棚，頓時驚得蘇東坡目瞪口呆。只見菊花盡落，滿地金黃！友人問他驚奇

的原因，他就把在京城續寫王安石的詩句這件事敘述了一遍。

　　不久，蘇東坡因為公事再次進京，又特意去了一次相府。當他在那間書房再次看見續詩的時候，雖說面有赧顏，但是心中覺得暢快。

　　他一邊跪拜王安石一邊說：「學生在黃州目睹了秋落黃花，才知道自己才疏學淺。從今以後，我將不再滿足於一知半解，而要謙虛謹慎，舉一反三，以求真知灼見！」王安石喜笑顏開，急忙攙起蘇東坡，並說了許多勸勉和激勵的話。

用人點撥

　　怒斥是教育人，滔滔不絕的說教也是教育人，像王安石這樣不動聲色，讓對方在事實面前幡然醒悟也是教育人，而且是更巧妙的教育人。其所以妙，就妙在無言勝過有聲，讓受教育的人更加深刻地認識到自己的錯誤。

　　《老子・道德經》：「是以聖人出無為之事，行不言之教。」意思是說聖人以無為的原則處理世事，永不言的態度進行教化。這就要求我們在教育人才時也要注意在適當的時候，用事實說話，可以達到更好的教育效果。

金世宗建制樹楷

　　清代的學者趙翼曾經對金世宗樹楷模培養人才的做法大加讚賞，他說：由於金世宗十分重視樹立楷模，建立榜樣的工作，他治下的官吏廉潔奉公，勤於政事，百姓安居樂業，生產發展，生活比較富裕，歷史學家稱金世宗的時代為小康社會。

　　金世宗即位後，面對當時的國家形勢，勵精圖治，透過各種管道和手段發現、培養更多的良臣精吏，而且還選擇民間的賢能之人，把其樹為楷模，孝悌忠信等無不有榜樣，達到了以民促吏，以吏使民的良好效果。

　　金世宗培養人才最為重要的是把選擇良吏樹立為楷模定為制度，透過國家每三年一次的對官吏的考察，選拔出優秀的官員，該樹為楷模的一定及時樹立，對於沒有達到考核標準的官員當即罷黜。這樣建立了樹楷的長效機制，使得官員和全國的百姓都有被樹為榜樣的可能，一時之間，國內政治氣氛大好，人民生活美滿。

　　其實，金朝在臣吏中選樹楷模的做法，比較有影響的還有金照宗天眷三年，那年，金照宗選派溫都思忠考察各地的官吏，著重表彰選擇樹立了包括杜如晦在內的一百二十四人為楷模，朝廷給他們各晉一級，在全國掀起了轟轟烈烈的學習先進的熱潮。

　　金世宗把選擇楷模的方法發展為四種，第一是察廉，即派臣下去考核，有廉潔勤政，政績顯著的官員和民眾，都進行大張旗鼓的表彰；第二是命令州、縣推舉廉吏，對這些被推舉上來的人委以重任；第三是皇帝親自巡幸，親自考察，發現良才當即予以表彰，並且通告全國；第四就是明察暗訪，無論是政績還是品德，均好者都進行表彰，號召內外臣吏和全國百姓學習。

　　金世宗除了建立了以上制度進行樹楷的工作培養、表彰人才外，對為國獻身的臣吏和臣民待遇都是很優厚的。特別是對死節之臣，金朝的歷代統治者幾乎都隆重進行表彰，希望生者效之。他們不僅頌揚死者的功德，增官晉爵，詔令天下學習，而且對其子孫給予優渥，錄用其子孫為官，使其世代享受國家的優待。

　　金世宗這種建制樹楷的培養人才的方法，一方面使得當時的金國太平昌盛，人民安康，國家穩定；另一方面也對後來的統治者產生了重要的影響，後代的許多統治者吸收借鑑金世宗的方法，出現了很多盛世局面。

用 人 點 撥

　　我們已經知道樹立楷模的意義，但是以往樹立楷模往往是憑藉領導者的主觀意願，樹楷往往是隨機的，是小規模的。而金世宗的重大創舉就在於建立一整套樹立楷模的制度，使得臣吏只要忠於職守，發揮特長，就有被表揚的機會，大大激發了臣民的積極性。

　　建制樹楷的作用就在於形成了「培養楷模」的機制，使得人人皆有希望成為榜樣，所以人人發奮，工作自然也就容易辦得多了。現在的領導者很可以借鑑這種做法，形成更為長效的育人機制。

金世宗身範育人

　　金世宗對歷朝無不是亡於奢侈暴斂的教訓有深刻的理解。所以他把儉約列為治國大略的首條，多次教育孩子要節儉，以身範來帶動臣吏節儉。

　　西元一一七三年三月，太子詹事劉仲誨上奏請求增加東宮的人員和設備，金世宗說：「東宮的各個司局的人都有常數，裡面的設備也已經備置了，再增加有什麼益處？太子生在富貴之中，容易進入奢侈，我們現在應當用淳樸節儉來教導他。我自從即位以來，穿的衣服以及使用的東西，還都是舊的，你就以這個意思告訴太子吧。」西元一一七六年，世宗在金殿上當面教育太子、皇子說：「凡是使用的東西都要務必節省，如果有了多餘的，就要周濟親戚，千萬不能浪費。」

　　更可貴的是，世宗不僅不斷教育太子、皇子、國戚、群臣要賞行節儉，而且自己處處以身示範，有的簡直令人淚下。

　　西元一一六七年十月，世宗聽說他所視察過的郡邑，凡是住過的堂宇，都留著不用，作為永久性的紀念時，立即告訴群臣說。這種做法實在沒有任何意義，應該馬上通知各郡邑，將空留的房子一律復為原用，以後也不准再留。好好的堂宇，就因為我住過而空著，這是浪費。世宗住的宮室裡面也大力提倡節儉，宮室不到破損不修，修時費用也不動用國庫，而是從宮中費用中節省。

　　金世宗即位八年來，沒有增建過一處宮室。他從不大吃大喝，帶頭節衣縮食，除了太子生日及春節外都不飲酒，平常的膳食不過是四樣，他穿的衣服不僅不多做，而且還非常愛惜，常常三、四年不更換衣服。有一次，世宗說想吃點新鮮荔枝，兵部於是特別鋪設了道路。世宗知道後大為光火，說如此浪費濫用人力還了得，即宣佈自己不再吃荔枝，又重重地處

罰了主事者。

更為感人的是，有一次他出嫁的女兒回娘家，正值他吃飯，準備的飯量正好夠他一個人吃，連一點多餘的讓女兒吃都沒有。如此節約，值班官都感動得哭了。在世宗的身範下，臣吏節儉蔚然成風，民間風俗也很淳儉。

金世宗對群臣說，你們應當全力帶頭推行節儉樸素，為全國人民做出榜樣，使官民以你們為榜樣，以求在全國形成儉樸的風氣。西元一一八五年四月，金世宗又語重心長地教育宗室、群臣說：「治理國家必須崇尚節儉，你們一定要身體力行呀。不要忘記祖先開國的艱難。」金世宗對節儉的宣導以及身範，可以說是十分完備細緻了。

用人點撥

　　金世宗的帶頭節儉，在全國上下產生了極好的影響，使尚儉蔚然成風。究世宗成功的原因有二，首先是身先示範，以自己的切身行動來帶動自己所宣導的言行被更廣泛地接受；二是加大宣傳，讓節儉的觀念深入人心。這樣雙管齊下來培養人才節儉，收到了良好的效果。

　　當代的領導者要從金世宗學習的就是他的身範。領導者培養下屬，說一套做一套是肯定不行的，只有言行一致，以行動和言語雙重手段教育下屬，同時不斷鞭策自己，告誡下屬，形成長效的育人機制，這樣才能更好地培養人才。

朱元璋以儉育後

　　明太祖朱元璋出身貧苦農家，歷經千辛萬苦才奪得皇位，所以他深知民間疾苦，在創立明朝後，特別注重節儉。

　　大明朝決定定都南京，需要大規模修築營造宮殿。負責施工的大臣將設計圖案送給朱元璋審定時，朱元璋當即將那些需要精心雕琢的部分全部取消，改讓畫工畫上自己的艱苦經歷，用來提醒自己不忘過去，並且告誡子孫創業的艱難，期望他們能守住帝業。

　　朱元璋特別喜歡唐朝詩人季山甫的《上遠懷古》詩：「南朝天子愛風流，盡守江山不到頭。總為戰爭收拾得，卻因歌舞破除休。堯得道德終無敵，秦把金湯可自由？試問繁華何處在，雨花煙草石城秋。」為了警戒自己，尤其是子孫後代一定要戒除奢侈，他命人將此詩書寫在屏風上，朝夕吟誦。後世子孫生在深宮，經常地看看他那經歷，讀讀《上遠懷古》，是很有益處的。

　　圍繞著書、畫，朱元璋還常對子女說：「步子急了，就會跌倒；琴弦急了，就會斷掉；老百姓急了，就會動亂呀！」他給孩子們列舉自己的親身經歷說，以前他在民間時，看見州縣官吏盤剝百姓、貪財好色、飲酒廢事，從內心裡就憎惡他們，所以才揭竿而起。他要求子女絕不能貪圖享受。他還命人專門把太子朱標帶到農村，讓他親眼看看農民耕作和生活的情景。當朱標自農村返回時，朱元璋又特地教導他：「凡是居住食用的東西，享用它們的時候，一定要想到農民的勞苦，取之有制，用之有節，不能讓農民苦於饑寒勞苦。」

　　為了給子孫後代做出榜樣，朱元璋自我要求也極為嚴格。他身為皇帝，按照慣例，所使用的車輿、器具、服飾等物，都應當用真金裝飾，但

他下令以銅代替就好了。主管太監為此勸他，他說：「朕富有四海，豈是吝嗇這點黃金！然而，我說要儉約，如果不自己率先垂範，怎麼能夠帶動下面呢？況且，奢侈都是由小到大的。」在他的堅持下，他睡的床，金龍畫得很淡。在他每日的早膳桌上，只有一盤蔬菜。宮苑內有塊空地，他不讓栽養花草，而是令太監種菜。曾經有人送給他一張鏤金床，他嚴加斥責後命人當場將床打碎。

朱元璋曾經對中書省的官員說：「當初，堯住的是十分粗糙的茅草房子，卻是歷史上有名的聖君。後世的人競相奢侈，宮殿裡有無窮無盡的享樂，慾心一得到放縱，就不可遏止，於是禍亂叢生了。假如帝王節儉，臣下便不會奢侈。要知道珠玉不是真正的寶，真正的寶是節儉呀！」他為了使節儉這一「傳家寶」代代相傳，特別命令太監們為自己的子孫編織麻鞋、籐椅，還明確規定：兒子們如果出城稍遠的話，就要騎馬走十分之七的路程，十分之三的路程一定要走路。

在朱元璋的言傳身教下，明朝的上層人物在相當長的一段時間內，保持著節儉的良好習慣。大明江山也在很大程度上得益於此。

用人點撥

　　農民出身的朱元璋在得到皇位之後，還能時刻不斷教育、培養後人節儉生活，其方法大致有三：一是自己身體力行，在宮室建設、生活用具等各方面做出節儉的榜樣；二是加強直接教育，透過教誨等方式提醒孩子要節儉治國；三是讓太子親自去體驗生活，結合生活實際進行教育。

　　朱元璋的育人智慧和育人方法，對當今的領導者帶動下屬仍有非常重要的借鑑意義。現在我們的領導者培養人才，也不能只是停留在教誨的階段，領導者自己的身體力行非常重要，同時，領導者透過讓人才親身體驗生活，加強教育也是一種培養人才的方式。

劉南垣教訓弟子

　　明朝的時候有一位尚書劉南垣，有很多弟子在朝為官。他對這些弟子一直都很關心，總是對他們給予關懷與教育，引導他們走在正道上。

　　老尚書告老還鄉，在家過著清靜悠閒的日子，還經常與鄉里縉紳談論一些國家和地方發生的事情，尤其是對自己弟子的處境和行事非常掛念。

　　這一日，老尚書又與一些人談論一些事情，談論間就有人說出了當地的一個地方官叫做指使的人，在飲食上對下屬極端苛責，飲食上稍有不順心就發一通脾氣，搞得整個郡縣的官員百姓，害怕他對飲食的苛求和他的脾氣。劉南垣尚書聽說後非常不安，對眾人說：「指使是我的門生，他這樣做是不好的。我應當設法開導教育他一下。」老尚書就把這件事放在了心上，即刻吩咐家人去請指使到自己家裡來，準備開導他一下。

　　等到指使來了，就要款待他。老尚書說：「我準備為你大擺酒宴，咱們師徒好好消遣一番，也好好聊聊世事人情，但是你現在有公務在身，我又怕妨礙了你的公務，所以就特別的留你在家只是吃一頓飯。但是老婆子還不在家，沒有人準備飯菜，吃頓家常便飯湊合一下可以嗎？」指使因為是老師的命令，不好意思也不敢推辭就答應了。從早晨直到下午，飯一直沒有出來，指使已經饑腸轆轆了，早就盼望著好飯菜盡快上來好飽餐一頓了。終於等到飯菜上來了，可是只有米飯以及一些簡單的蔬菜擺在餐桌上，根本就沒有想像中的「美味佳餚」。指使根本無法下筷去吃這樣的東西。但是這時老師還在那邊殷勤地勸讓，要他不必客氣，儘管多吃。指使只好強忍著饑餓，回答說：「老師，我已經吃得非常飽了，再也不能吃下去了。」

　　老尚書知道時機已經到了，放下手中的筷子，嚴肅而又意味深長地笑

著對自己的弟子說：「可見飲食的東西原本是不分什麼精糧粗糧的，饑餓的時候不管是什麼粗精的東西，都能夠很輕易地吃下去，可是肚子飽了的時候，吃什麼東西都沒有味道了。這也是時勢使然呀！」

指使這時候才知道老師今天的良苦用心，頓時汗流浹背了，這樣的教育對他來說太及時了。從此以後，他時刻記著老師的這頓特別的「粗茶淡飯」，以後再也不敢因為飲食上的問題責怪人了。

用　人　點　撥

　　當人們處在一定的位置上時，由於環境以及身分的變化，往往會不知不覺間改變自己的行為方式，這時候有好的也有壞的生活方式，需要即時有人提醒走上正路，否則就有可能因為生活上小節的不注意而誤國誤家，斷送自己的前程，辜負人們的期望。

　　這時候敲警鐘的人的出現，就具有非常重大的意義。領導幹部就要做好敲警鐘的人，關注下屬的心理動態和行為，時刻準備著敲一下警鐘，把他拉回到正確的道路上來。當然敲警鐘也有技巧，單純的苦口婆心不如創造形式，讓下屬切身體會到自己行為的過錯，收到事半功倍的效果。

戚景通嚴以育子

　　明代登州衛指揮戚景通，是朱元璋的開國功臣戚詳的後人，他文武雙全，品學兼優，身為武將而被舉為孝廉。他五十六歲得一子，鍾愛異常，並對兒子寄託著殷切期望，盼他能繼承和光大自己的事業，因此特別取名「戚繼光」。

　　戚景通對戚繼光雖然視為掌上明珠，但對他從不嬌慣。他親自教兒子讀書、寫字、練武，還經常給他講些為人處世的道理。一旦發現他的缺點、錯誤，就嚴厲批評，即時糾正。

　　當時明朝官場瀰漫著貪污賄賂的惡濁空氣。戚景通不願同流合污，就以「終養老母」為由告老還鄉了，並潛心研究對付韃靼入侵的方策。此時，戚家祖居的房屋已近二百多年，甚為弊舊。他就決定對房屋進行修繕，命令工匠安設了四扇鏤花門戶。工匠們向戚繼光表示：「公子您家是將門，鏤花門戶可以安十二扇。」年僅十二歲的戚繼光聽後，即向父親提出增加門戶的建議。戚景通聞言大怒，當即對他加以斥責，而後又耐心規勸他：「你將來長大成人，能夠世世代代守住我們的家業，我也就心滿意足了。千萬不可貪圖虛榮，不然的話，連這點家業也會保不住的！」

　　有一次，戚繼光的外婆送給他一雙考究的絲履，戚繼光非常喜愛，連忙穿給父親看。戚景通一見，不僅沒有稱讚，反而怒斥道：「你小小的年齡，就穿這麼好的鞋子，長大後哪能不貪圖吃穿享樂！你的父親清白一世，不會滿足你的要求。如果你當了軍官，哪能不侵吞軍餉來滿足自己的慾望！」說著，就把絲履毀了。

　　為了進一步瞭解兒子，從而有的放矢地教育兒子，戚景通有時也帶著兒子玩耍。有一次，父子玩得盡興之後，戚景通問他：「你的志向是什

麼？」戚繼光回答說：「我喜歡讀書。」戚景通十分高興，進而教誨他說：「讀書的目的在於弄清『忠孝廉節』四字，不然，讀書也沒有用處。」隨即戚景通命人把「忠孝廉節」四個大字書寫在新刷的牆壁上，以便兒子時時省覽。

戚繼光在父親的教育、影響下，很快地成熟起來。他每日看著牆上刷寫的「忠孝廉節」，想著父親白髮蒼蒼還關心國事，苦心研究邊境防禦的方案，心情格外激動。他決心以父親為榜樣，一面刻苦學武，一面發奮讀書。幾年後，戚繼光就學業大進，在家鄉一帶小有名氣了。

戚繼光十七歲那年，戚景通身得重病，自己知道將要不行了。他將多年潛心寫成的邊境防禦方案取出來，交給戚繼光進京上奏朝廷。臨別時，又緊緊握住戚繼光的手，諄諄囑咐道：「這是你父親留給你的遺產，希望你多珍重，千萬不要輕易用它。」戚繼光肅然回答：「一定遵循父親的教誨！」

待戚繼光從朝廷返回，戚景通已經病逝了。戚繼光悲痛異常，跪在亡父墓前放聲痛哭，並發誓努力，實現父親生前對自己的熱望。

用人點撥

　　將門世家的戚景通對兒子的培養，很可以供我們參考。我們發現，雖然是將門世家，但是戚景通對戚繼光的培養主要放在了教育兒子如何做人上，放在了培養兒子的生活習慣以及思想品德上，而對「家傳」的培養，主要是透過無聲無息的「示範」進行的。這樣，戚繼光才成為著名的將領。

　　其實，反觀我們現在個別的領導者對下屬的培養，往往是注重業務、注重工作成績等方面，而對最重要的如何做人的教育卻關注的遠遠不夠。「十年樹木，百年樹人」，對人才的業務素質的培養固然重要，但絕不能忽略要貫徹始終地進行對人才的思想素質的培養。

康熙開設博學鴻詞科

西元一六六一年，康熙登上皇位，一六六二年改年號為康熙元年。康熙皇帝是清朝入關後的第二個皇帝，也是中國封建帝王中富有傳奇性的人物之一。康熙名玄燁，生於一六五四年三月，卒於一七二二年十一月，享年六十九歲。

康熙親政後，清朝政權進入了一個相對穩定的時期。康熙是一位具有雄才大略、遠見卓識的封建君主，他深深懂得知識份子對於維持和鞏固政權的重要作用，同時他也明確地知道當時的知識份子，對於剛剛入關的清廷的不滿情緒。為了加強自己的統治，廣泛的籠絡、培育人才，鞏固政權，康熙開始調整以前的文化政策，重視知識份子的作用。

他極力的舉賢納士，唯才是求，主張把具有真才實學的漢族文人，提拔和吸收到自己的智囊庫中。為此，他特意開展了開科取士、開館修書、獎勵文學、崇如重道等有利於文化發展的各項措施。特別是一六七九年，為了延攬培育人才，康熙緊急決定開設「博學鴻詞」特科，廣泛選取漢族知識份子中的學問淵博的人。此前，康熙還頒佈了求賢詔令。開設博學鴻詞科，先由內外大臣舉薦，不管是已經當官還是沒有當官，定期的在殿廷考試，錄取的人就授予翰林的職銜。

求賢詔令和博學鴻詞科公佈後，一時間朝野內外、上下官員紛紛舉薦自己所發現的人才，原來的一些隱逸之士也爭相求薦。開設博學鴻詞科不久，在京三品以上的官員以及翰林、在外的總督、巡撫、市、按察使等共舉薦各種優秀人才一百八十九人。康熙皇帝把被舉薦者匯集京師，諭令戶部發給他們俸祿，以優厚的禮遇對待他們。

一六七九年三月一日，博學鴻詞科考試開始，考場就設在宮中的體仁

閣。鴻臚寺卿先帶著考生在太和殿向皇帝行三叩九跪之禮後，依次再進入
考場。康熙皇帝親自到考場擬題兩道，一為「璇璣玉衡賦」，一為「省耕
二十韻詩」。考試從清晨開始，中午的時候，康熙傳旨賜宴，下午繼續答
題。考試一直進行到午夜，吏部收了試卷，由翰林院總封後，康熙親自批
卷審閱。結果選中多人，對其中已經入仕者授予侍讀、侍講、翰林院編修
更職務，還沒有入仕的人一律授予編修、檢討職銜，都以翰林的規格使
用，當即在東華門外設館讓他們編修《明史》。

在開展博學鴻詞科考試時，康熙帝唯恐遺漏人才，因此在錄取時尤其
寬大。被錄取的考生中，有的詩律並不和韻，有的文句滯澀，有的試題還
沒有做完，還有的字句之間帶有犯上之意。但是康熙考慮到考生都是當代
的鴻儒才俊，對他們不以為嫌，因此全部都統統錄取。

經過博學鴻詞科的選技和培養人才，一大批學識德業、理學政治、文
學詞翰、品行都優秀的知識份子進入朝廷，為鞏固清朝的統治起了重大的
作用。

用人點撥

　　康熙帝的高明之處在於「潤物細無聲」，開設博學鴻詞科一
方面可以吸引人才，廣泛搜羅人才為自己的統治服務；另一方面
就是給更多的人才以希望和進仕的途徑，讓他們有所追求，在追
求中發展自身，客觀上起到了培育更多人才的作用。

　　現在的領導者可以從康熙帝身上學到的智慧，就是要盡可能
地發現、使用、培養各種人才，不要讓人才「遊走」在自己的控
制之外，否則他們可能變成社會的不穩定因素。同時，吸收不同
的人才，給更多的人才以希望，充實自己的群體隊伍，排除不安
定因素。

康熙自舉賢才

　　張伯行，字孝先，是河南儀封人。康熙二十四年中的進士，經過康熙面試後，被授予內閣中書的職務，不久即被調到中書科任中書。康熙四十二年，因為張伯行很得康熙帝賞識，就任命他為山東濟寧道的行政長官。

　　那一年，山東正鬧饑荒，濟寧境內流民失所，民眾顛沛流離出外謀生的十分普遍。張伯行在上任的路上看到這種景象，非常痛心。他立即把家裡的錢糧運到災區，並且趕製出許多棉衣，救濟那些受凍受餓的災民。康熙皇帝也知道災民的辛苦，就下了一道救災的命令，張伯行負責了汶上、陽穀二縣，他看到災民的疾苦，未加請示就給災民發放了二萬二千六百多石救濟糧。

　　當時的布政使看到他擅自作主，不服從統一的部署，就立即提出請求要罷免他的職務，要上書皇上彈劾他。張伯行毫無畏懼，義正辭嚴地說：「救災是皇上的命令，不能把發放糧食叫做專擅。當今聖上一心把百姓的災難當作自己的傷痛，請問你，是糧食重要呢，還是人命重要？」布政使無言以對，彈劾的風波才得以平息。一七〇七年，康熙帝南下巡視，賜給張伯行「布澤安流」的金榜，以示鼓勵。

　　不久，康熙帝提拔張伯行為按察使。一七〇八年，康熙皇帝再次南巡，到蘇州以後，對隨從的官員說：「我聽說張伯行為官十分清正廉潔，這樣的人才實在難得呀。」當時就命令蘇州所在地的督撫舉薦賢能的官員進行獎賞，但是這位督撫卻沒有舉薦張伯行。

　　康熙帝於是召見張伯行，誠懇地對他說：「我早就瞭解你，他們不舉薦你，我就自己來舉薦。以後你居官為善，天下的人就會明白我是知人善任的。」於是提拔張伯行為福建巡撫，再賜給他一塊金榜，題為「廉惠宣

獸」。

用　人　點　撥

　　張伯行雖然遭到布政使的彈劾卻毫不畏懼，這樣一位賢能的官員，卻得不到他的上司江蘇督撫的推舉，要不是康熙皇帝的有眼力，著力加以培養，加以磨練，張伯行或許就只能被埋沒了。

　　我們今天也有些領導者，寧可用庸人也不敢使用有膽識的人才，更不用說著力對這些人才加以培養了，這是我們所不取的。領導者應該學習康熙皇帝，態度鮮明地排除干擾，大膽地選才任能，對人才加以培養，這樣才能為事業培養有用的人才。

穆彰阿培育曾國藩

　　清朝漢族大臣中，曾國藩位高權重，堪稱數一數二。曾國藩才三十七歲時，就已官至二品，為清王朝立國以來所僅有。人們也許要問：出身貧寒農家的曾國藩，為何年紀輕輕就能在朝廷大臣中取得顯赫聲名呢？這就不能不提到滿族大臣穆彰阿對曾國藩的賞識提攜了。

　　穆彰阿是滿洲鑲藍旗人，歷任軍機大臣、翰林院掌院學士、兵部尚書、戶部尚書、協辦大學士、太子太保等要職，深得道光皇帝的信任與器重。道光十八年，被欽點為會試總裁。

　　這一年，二十八歲的曾國藩第三次赴京會試，以第三十八名得中進士。得知這一結果，曾國藩是喜憂參半：喜的是總算榜上有名。憂的是第三十八名畢竟太後面了些，只怕難有出頭之日。他下定決心要在殿試中奮起直追，爭取名次移前。誰知殿試結果只得了三甲第四十二名，別說理想中的一甲，連二甲也相距甚遠。按照慣例，三甲人員進不了翰林院，只能分發到各部任主事，或到各地去任縣令。這對一心想進翰林院的曾國藩來說，自然是一個不小的打擊。他心灰意冷，連以後的朝考都不想參加，收拾書本準備回家再做努力。師友們連連勸慰，才使他勉強留了下來，按時參加朝考。

　　就在這時，命運之神關照了曾國藩。擔任會試總裁的穆彰阿，聽說湖南考生曾國藩的文章寫得好，在朝考結束後，特別調閱了他的試卷。曾國藩應試之文的很多論述，正切合穆彰阿近來的心境。他參與朝政多年，左右之毀多矣，但他覺得自己該是真正的良吏。這個湖南考生言之在理，想必是個有用之才，應該名列前茅，當即決定取為一等第三名。朝考結果呈皇上審核時，穆彰阿在道光皇帝面前，又特別把曾國藩的文章稱讚了一

番。皇上也頗為賞識曾國藩的說理與文風，覺得不在一、二名之下，朱筆一揮，又把曾國藩調升為第二名。由殿試的三甲第四十二名，一躍而成為朝考一等第二名，不僅曾國藩本人覺得意外，所有關注此次朝考的人都大吃一驚。

張榜當晚，曾國藩依例登門拜謝會試總裁。穆彰阿首次與曾國藩相見，對這位來自遙遠南方的考生印象極佳，覺得其步履穩重，舉止端莊，談吐大方，是個朝廷大臣的樣子。他有心多瞭解一些這位新人對內政外交的見解，便找些話題與之交談起來。正如自己內心所期望的，曾國藩雖然開始因為不瞭解這位滿族大臣用意何在，有些誠惶誠恐，但很快便領悟到對方並無刁難挑剔之意，便無所顧忌地開懷暢談，不僅對答如流，而且所談內容恰合穆彰阿心意。穆彰阿聽曾國藩所說，越發感到自己沒有看錯人。欣慰之餘，語重心長地叮囑這位即將進入翰林院的新人：「翰林院乃藏龍臥虎之地，朝廷宰輔之臣大半由此而出，足下進入之後，宜繼續爭先奮進，立志做國家棟樑之材。」曾國藩一再拜謝穆彰阿知遇之恩。

有了穆彰阿做靠山，加上自己刻苦修業深造，曾國藩在翰林院果然一帆風順、步步高升。道光二十年，授職侍講，官位升至四品。穆彰阿在向皇上稟報新任侍講時，針對道光帝極重天倫的特點，特別稟報曾國藩家祖父母、弟妹、妻子、兒女一應俱全，堪稱有福之家。道光帝聽後果然非常高興，下旨叫曾國藩次日進殿覲見。

第二天，曾國藩進殿後，被帶到以往從未去過的房間等候宣召。但一直等到臨下朝時，才有太監來通知，皇上有事，今日不見了，明日再來。曾國藩回到家中，覺得其中有異，連忙去穆府求教。穆彰阿沉思片刻，明白了皇上的用意，便問曾國藩是否留意了房中擺設，特別是牆上的字畫。曾國藩搖頭說，只等皇上召見，哪還注意那些。穆彰阿頓時顯出悵然若失神色，喃喃自語：可惜！可惜！曾國藩不解地說：明日再覲見，還可見到皇上呀！穆彰阿自顧沉思，也不答話。過了一會，突然召喚家人帶四百兩銀子去見宮中一位老太監，請他把那房裡四周牆上的字畫一一抄錄好，再設法送過來。同時讓曾國藩就在這裡等著，接到抄件，趕緊讀熟記住。曾

國藩雖未懂其中奧妙，仍老老實實照辦了。

　　第二天，皇上召見曾國藩時，問及那間房裡的字畫，曾國藩頓時恍然大悟。他既佩服穆彰阿的料事如神，更為其對自己的關照而感動萬分，心想，要不是穆彰阿，自己對皇上的問話無言以對，說不準會怎麼樣呢！如今，自己順順暢暢地回答了皇上的問話，一字不差地背出了那些詩詞，皇上的滿意心情，不言自明。穆彰阿對自己的大恩大德當永世不忘。果然，不知道個中詳情的道光帝，只道是曾國藩的觀察力和記憶力超乎尋常，世所罕見，如此賢才，應該重用。稍後不久，便降下旨意，擢升曾國藩為內閣大學士，官居二品。轉瞬之間，連升數級，為日後發展奠定了基礎。

　　曾國藩對穆彰阿一直執弟子禮。在京任職時，常上穆府討教；出外做官後，每次進京，必先到穆府問安。穆彰阿去世，曾國藩還照常到穆府探望其家人。一個滿族大臣與漢族後輩結下如此深厚情誼，實屬難得。

用 人 點 撥

　　穆彰阿對曾國藩的培養可謂用心良苦，關懷備至。我們發現穆彰阿首先是發現了曾國藩的良材以及可造就之處，覺得此材可造，然後就用心以全面的培養和關心，從穆彰阿在道光帝面前的舉薦、褒揚，到四百兩銀子抄錄字畫，愛才護才之心令人敬佩。

　　是金子也需要人來發掘，所謂「金子總要發光的」，但是早遇到好的「掘金者」和「重金者」，金子就會發揮更大的能量。高明的領導者總會做好掘金護金的工作，從芸芸眾生中發現金子並不容易，讓金子更好地發光也不容易，所幸會有這樣的領導者，從下屬中發現、培養「金子」。

張兆棟秉公護才

　　張兆棟，是清朝的一位官員。張兆棟之所以被後人稱道，關鍵在於他不僅能堅持實事求是地選拔人才、使用人才、信任人才，而且能夠想方設法地保護人才、培養人才。

　　同治年間，清廷任命張兆棟到吳下任市政使，專管一個省的財賦和選用官吏。當時，正值丁日昌任蘇州巡撫。丁日昌是一個偽證繁瑣、舉止輕率的人，喜怒無常，變幻生於頃刻，張兆棟對此都能穩定處之，在必要時加以補救。

　　有一天，在秀水任職的沈偉寶，到巡撫丁日昌彙報治水工程情況。因為沈偉寶出言不遜，丁日昌便生氣地呵斥起來，沈偉寶雖然資歷淺，也不甘示弱，對丁日昌反唇相譏，據理力爭。因此丁日昌大怒，拍案摔碎茶碗。沈偉寶也不甘示弱，乾脆摘下官帽往桌上一放，說了聲：「悉聽尊便！」便逕自出走。丁日昌見此情景，惱羞成怒，派人將沈扣住，聲言不殺掉沈偉寶誓不甘休，並派人去叫張兆棟幫忙裁決。

　　張兆棟聽說這件事後，為了盡量保住沈偉寶不遭殺身之禍，故意拖延時間不去。私下裡，他就到沈偉寶被扣留的地方，去問明事情的經過，隨後又幫助沈偉寶認識到了自己的錯誤，沈偉寶在張兆棟的分析下，也認識到了自己的錯誤，追悔莫及。

　　爾後，張兆棟又來到丁府，向丁又詢問了事情的經過，說：「沈某的罪行在於不尊重你嗎？」他這樣一問，丁日昌也覺得因為不尊重就殺頭有些過分，就支支吾吾地說：「哦，我當時非常的生氣，所以……」張兆棟又說：「做為一個巡撫，你抓一個沈偉寶非常容易，你要殺他就殺好了，誰又敢違背你的命令呢？不過問斬之後，你要是不向皇帝稟奏，我也會稟

奏的。」又說：「我也不敢違抗你的命令啊，不過，我還會如實陳奏的。」丁日昌聽到他的話，臉是青一陣白一陣，好久不說話，最後說：「你說得有道理，我做得有些過分。」說完，就對左右說：「把沈偉寶放了吧！」

沈偉寶出來之後，對張兆棟非常的感謝。經過了這次教訓，人也變得謙虛起來，更加講究禮節了。

用　人　點　撥

張兆棟之所以能公平地處理沈偉寶和丁日昌的衝突，是因為他的平衡之術的靈活運用，在不得罪人的情況下，又對人以啟發教育，使沈偉寶和丁日昌都認識到了自己的錯誤，並且加以改正。

可見，育人不單單是對人才的幫助，在事情中讓人認識到自己的錯誤，加以改正或許可以收到良好的效果。這樣就給我們以啟發，我們在教育人的時候，也要學學張兆棟的平衡之術，在矛盾中使人受到教育。

御人篇

紂王暴虐戮良臣，士卒陣前倒戈

　　說起中國歷史上的辛帝，知道的人也許不多，可「商紂王」這名恐怕就響多了，這是中國歷史上有名的暴君，他的一生貪色好淫、窮奢極侈，用其絕對的專制和駭人的暴虐，在中國古代史上寫下了血腥的一頁。「紂」（在諡法上，此字表示殘義損善）就是在這位暴君死於非命之後，天下人送他的稱號。

　　紂本非無能之輩，他天生聰明，能說會道，行動敏捷、氣力過人，能徒手鬥猛獸。正因如此，他恃才放曠，驕奢無比，根本不把手下的大臣們放在眼裏。但他卻有兩大嗜好，一是非常愛喝酒，二是十分好美色，常常是喝醉了酒，又和女人們淫蕩作樂。女人中他最寵姐己，只要是姐己說的一律照辦。他加重賦稅，把朝歌城內的鹿台錢庫的錢堆得滿滿的，為了充實巨橋倉庫中的存糧，更是橫徵暴斂。同時，他多方搜集走狗、跑馬、珍奇、古玩，充實宮廷的擺設。他一味地修繕園中的亭臺樓閣，更養了許多的野獸飛鳥，整天在園中遊戲玩樂。為了遊樂的方便，他「創造性」地繼承和發展了夏桀的「酒池肉林」，不僅讓池子盛滿了酒，到處懸掛著肉，並且讓許多男男女女脫光衣服在其中追逐嬉戲，通宵達旦地吃肉玩樂，他身邊一些尚有羞恥之心的臣下或宮女，不願脫衣，他便對之施以酷刑，直到把不聽話的活活整死。

　　他的驕橫和淫奢，自然引來了一片怨憤，有的諸侯就起來反抗他。為了壓制這種反抗，紂王加重了刑罰，讓人發明了一種叫炮烙的酷刑來嚇阻臣民。同時，他任命姬昌、九侯、顎侯三人為三公來協助他。九侯有個漂亮的女人，他把她送給紂王，可是這個美女不喜歡紂王那套荒淫無恥的做法，紂王一氣之下把她殺了，覺得還不解恨，便把九侯也剁成肉醬。顎侯

跟他爭論，因言辭激烈，被紂王殺死，做成肉脯。「三公」眨眼之間死了「二公」。西伯姬昌聽到這些事情，暗暗歎息，再也不敢說話。可是姬昌不滿的神情和態度竟被崇虎侯願知道了，他密告紂王，紂王當即將姬昌囚禁於羑裏。

姬昌的臣子閎夭等人，為了營救姬昌，就投紂王所好，到處尋找美女和奇珍異寶獻給紂王。紂王因此赦免了姬昌。姬昌出獄後，把洛西一塊地方獻給紂王，紂王封他為周諸侯的首領，贈給他作戰用的弓矢、刑罰用的斧鉞，讓他征伐那些不聽話的叛國。

同時，紂王任用費仲主持政務，費仲是個馬屁精，大臣們都不喜歡他。紂王便改用蜚廉的兒子惡來主政，惡來同樣是個小人，他的特長是搬弄是非傳播小道消息，專門詆毀別人。有了這樣的小人在身邊，紂王就越發疏遠賢臣和諸侯了。

與此同時，姬昌回到周後，到處做好事，拉攏人心、培植自己的勢力，許多諸侯都背叛了紂王前來投奔他。姬昌的實力大大增加。商朝大貴族微子、箕子和王子比干反覆進諫紂王，紂王一概不聽。商容是朝內人人敬重的賢臣，百姓也喜歡他，但是紂王討厭他直言勸諫，竟把他廢了。自此，民心大失。等到姬昌滅了饑國。紂王的大臣祖伊趕緊告訴紂王：「天子啊，由於你的過分戲嬉玩樂，老天爺也拋棄了我們，如今人民沒有不希望你早點死掉的。他們都在說：『老天你什麼時候給他懲罰呢，我願同他一同死。』王啊，如今你聽了這些話有何感想呢？」紂王說：「我生下來就有命在天的，他們的詛咒能奈我何？」祖伊回去後對人說：「紂王已經無法再勸了。」

比干力諫紂王，剛開了個頭：「為人臣子者不可袖手旁觀，就是殺頭挖心，也要據理力爭。」紂王聽了不以為然，說：「我聽說聖人的心眼特別多，有七個孔。我倒要看看比干有幾個心眼。」說罷就讓人剖開比干的肚子。箕子假裝瘋癲，仍被紂王囚禁起來。微子見勢不妙就逃走了。殷朝的臣子們被迫逃到了周，紂王陷入了眾叛親離的絕境，周武王率兵伐紂。

周武王的討紂大軍士氣旺盛，一路上勢如破竹，很快就打到離朝歌僅

僅七十里的牧野。

　　紂王聽到這個消息，立刻拼湊了七十萬人馬，由他親自率領，到牧野迎戰。他想，武王的兵力不過五萬人，七十萬人還打不過五萬嗎？

　　可是那七十萬商軍有一大半是臨時武裝起來的奴隸和從東夷抓來的俘虜。他們平日受盡紂的壓迫和虐待，早就對紂恨透了，誰也不想為紂賣命。在牧野戰場上，當周軍勇猛進攻的時候，他們就掉轉矛頭，紛紛倒戈，大批奴隸配合周軍一起攻打商軍。七十萬商軍，一下子就土崩瓦解了。太公指揮周軍，趁勢追擊，一直追到商都朝歌。

　　商紂逃回朝歌，眼看大勢已去，當夜，就躲進鹿台，放了一把火，跳進火堆之中自焚而亡。

用 人 點 撥

　　管理者的作用是毋庸置疑的，但制約管理者管理的因素卻有許多，能否合理用人，尊重下屬、愛護下屬就是比較重要的方面。

　　有才能的人都得到合理的任用，那麼必將向更好的方向發展，這也正是人們所衷心期盼的。因此我們的領導者們眼光要放遠一點，知人善任，用自己的個人魅力來影響下屬。

君逸臣勞

　　春秋時期，有一天晉國派了一位使者到齊國。負責的官員問齊桓公：「要怎麼款待使者？」齊桓公說：「問管仲。」又有一位官員向他請教其他政務，齊桓公又說：「問管仲。」

　　宮中的小丑感到不解，笑著對齊桓公說：「如果什麼事情都去問管仲就能解決的話，那做君主的不是太會享受了嗎？」

　　齊桓公回答說：「你這個小人物懂什麼，居上位的人那麼辛苦地尋找人才，就是希望得到人才而用之，自己也才可以享福。如果一個君主忘了善用人才，一個人拼命地工作，什麼事都靠自己，好不容易發掘的人才，也就無事可做了。所以寡人發現管仲這個人才以後，把齊國交給他治理，也就用不著那麼辛苦了。」不久以後，齊桓公成為春秋五霸之一。

用人點撥

　　事必躬親並不表明管理者精明強幹，個人的精力畢竟是有限的，如果把全部精力都放在了一些小事情上，必然會影響到其他事情的處理，「君逸臣勞」才是聰明之舉。

　　精明的管理者，會儘量發揮下屬的作用，對下屬放權，讓下屬獨自去完成自己所承擔的工作，並且儘量把事情做好，而管理者則坐收其利。

給予不在多寡

　　一日，中山國的國王設宴慶功，珍饈異味，十分豐盛，美中不足的是湯的分量比較少。在席中，司馬期沒有分到足量的湯水，因此認為中山王厚此薄彼，有意戲弄自己，便懷恨在心。後來他逃到楚國，說服楚王攻擊中山。中山乃是一個彈丸之地，楚兵一到，中山便被擊潰了。

　　中山王在逃跑的路途中看見兩位拿著長矛的士兵緊追過來，心裡發慌。待到這兩個人走到跟前，看不出有殺機的樣子，中山王便問：「你們是幹什麼的？」

　　來人回答：「家父命我兄弟倆來保護大王，家父去年因得到大王一壺食物之賜，而倖免於餓死，現在我們誓死報恩。」

　　中山君仰天而歎：「給予，不在於多少，而在於正當別人困難時；傷害，不在於深淺，而在於恰恰損害了別人的心。我因為一杯湯而逃亡國外，也因一碗飯而得到兩個願意為自己效力的勇士。」

用 人 點 撥

　　領導對下屬的給予不在乎數量的多少，它體現的是人與人之間相互尊重、相互關心的良好人際關係，其中內含的是一種關懷、一種仁愛。

　　激勵作用靠的是感情的力量，它從思想方面著手，以合乎情理的疏導，達到尊重和信任，以如親似家人般的關心體貼，達到情感上、思想上的溝通和對問題的共識。另一方面，它還可以從精神上激勵人們努力克服工作中的實際問題，從而激起下屬自覺做好工作的熱情。

管理者的胸懷

　　春秋末年，晉國有個卿大夫叫趙簡子，他有兩頭心愛的白騾。一天夜裡，住在廣門縣的小官陽城胥渠的僕人來到趙簡子的門前，敲門告訴說：「主人胥渠生病了，醫生說：『如果弄到白騾的肝吃了，病就能治好；如果弄不到的話，那就必死無疑。』」

　　負責通報的人進去稟告趙簡子。在一旁侍奉趙簡子的家臣董安聽後大怒：「胥渠這傢伙，竟然算計起主君的白騾來了。請允許我把他殺掉！」

　　趙簡子說：「殺人為的是使牲畜活命，不是太不仁義了嗎？而殺掉牲畜去救人活命，卻是仁愛的表現。」

　　於是吩咐廚師殺掉白騾，取出騾肝，送給胥渠。

　　人們聽說後非常感動，後來趙簡子攻打狄城。廣門縣的胥渠帶領軍隊參戰，左隊七百人，右隊七百人，爭先登上了城頭，趙簡子大勝敵軍。

用人點撥

　　作為領導者要關心和愛護下屬。《孫子兵法》開宗明義，認為「道」是贏得戰爭的第一種因素。所謂「道」，就是讓部屬與領導者的價值觀相一致，這樣部屬就會與領導者同生共死，不會畏懼什麼困難和危險，表現出崇高的獻身精神。

　　在這個競爭激烈的年代，企業越來越強烈地需要員工的獻身精神，而另一方面，員工的獻身精神卻稀罕得幾乎成了神話。導致這種情況出現的原因，可能由於管理者的唯利是圖，嚴重傷害了人的價值自尊，獻身精神甚至成了被嘲笑的對象。企業陷入了左支右絀的困境，可依然像一隻「漏水桶」，總是無法實現理想的成本管理和盈利。作為一名管理者，你需要箍好這只水桶。

吸吮膿血為哪般

　　魏國名將吳起立了戰功後，被任命為河西守將。他在職期間，為了培養造就一支父子之兵，與士兵同甘共苦，生死與共，深受將士們的愛戴和敬重。

　　一次，軍中有一個士兵生了疽瘡，紅腫潰爛，疼痛難忍，惡臭薰人。吳起得知後，立即親自去替他吸吮膿血，裹傷敷藥，像對待親生骨肉一樣關懷備至。那士兵在吳起的精心醫治護理下，很快就痊癒了。

　　吳起愛兵如子的行動，使全軍上上下下，無不深受感動。不久，這事傳到那士兵的家中，其母竟放聲大哭起來。人們覺得很奇怪，便問她：「吳將軍親自為你兒子吸吮膿血，治好他的惡瘡，你不但毫無感激之情，反而痛哭流涕，是何道理？」老婦人回答說：「諸位有所不知，當年我的丈夫也在吳將軍的部下當兵，將軍也為他吸吮過膿血，治好了惡瘡。他為了報答將軍的深情厚誼，作戰時總是一往無前，視死如歸，直到戰死疆場。現在我的兒子怎能受恩不報呢？不知道他又將葬身何處了，這怎能不使我傷心落淚呢！」

　　吳起就這樣培養了一支堪稱父子之兵的隊伍，並率領這支隊伍與諸侯大戰七十餘次，其中有六十四次大獲全勝，還從強秦手中奪得五座城池。

用人點撥

　　人們常用「愛兵如子」這句話讚揚將領對士兵的關懷與愛護，歷來是把這種關懷與愛護當成美德來歌頌的。在現代社會，領導與下屬的人際交往關係中更是如此。領導必須深切地瞭解下屬中的這種心理，懂得「愛人者，人恒愛之；敬人者，人恒敬之」這樣一條為官之道。

　　「愛下屬」所產生的心理效應是巨大的，作為一個領導，如果能夠在日常管理活動中尊重下屬的意願、體味下屬的情感、維護下屬的利益，那麼在關鍵時刻，下屬也就會更加積極、主動地投入工作，盡心盡力。

孟嘗君沉浮不驚

　　孟嘗君在自己的領地廣招門人食客，並給予優厚的待遇。於是天下有識之士，都競相投奔歸附。一時間，食客就達數千人，影響甚大。

　　秦國對孟嘗君的才能深為恐懼，便使用了離間之計，使孟嘗君失去了齊國相國的職務。樹倒猢猻散，他的食客也接二連三地離開了他。

　　後來他的食客中有位叫馮諼的人，用計使孟嘗君官復原職。孟嘗君感歎地對馮諼說道：「我對待客人很熱情，在招待上也沒什麼疏忽，以致食客人數達到了三千有餘。但是我一旦失去地位，他們全都背棄我而去，沒有人來看望我。幸好有你助我一臂之力，才重新恢復了地位。看那些傢伙有什麼臉面再來見我？如有厚著臉皮回到我這兒來的人，我必將朝他臉上啐唾沫而大加羞辱。」而馮諼卻對他說：「富貴時，大家都來投奔；落魄了，朋友四處流散，這是理所當然的。您看菜市場，早晨人們熙熙攘攘，但到了晚上，就變得空空蕩蕩了。這並非人們喜歡早晨，討厭晚上，這是因為早晨有要買的東西，所以人們聚集到市場上，而晚上沒有東西可買，人們就不去市場了。食客們由於您喪失地位而離開您也與此相同。這是由於他們所求的東西沒有了，所以您不應該記恨他們。」

　　孟嘗君聽馮諼這樣一說，立刻心領神會，仍一如既往地對待再次歸附到他門下的食客們。

　　孟嘗君雖然憤怒，但還是替別人多想了一些：食客們之所以投奔而來，是對自己抱有很大的期待，想在相國身邊幹些業績；自己失勢了，對方的期待落空了，焉有不走之理？所以是自己的沉浮影響了他們的去留。孟嘗君不再記恨他們，體現了他的君子風度。

用人點撥

　　一個統御他人的人，若想更好地達到管理下屬並使其最大限度地發揮自己的工作熱情和工作能力，做好自己的本職工作，最重要的一條就是要最大限度地發揮自己的影響力。

　　就管理者來說，虛懷若谷既是精神操守，又是謀略手段。「君子之德如風」，寬容大度必能感服下屬，贏得人心。

要有嚴明的法制法規

　　不管你要做什麼改革，一旦開始，就要從整肅紀律入手。

　　戰國時期的西門豹是一個紀律嚴明的代表人物。他性情急躁，射箭射不中靶心，就把靶心搗碎。下圍棋輸了就把棋子咬碎。魏文侯見他有才能，就派他當鄴縣縣令。西門豹的業績留在我們記憶中的似乎只有糾治「河伯娶婦」的陋習這一件事上，其實他還在鄴縣革新吏政，使鄴縣漸漸富裕興盛起來。

　　魏文侯卻常聽到有人告發西門豹，說鄴縣官倉無糧，錢庫無錢，部隊少裝備。魏文侯親自去視察，果然如此。魏文侯很生氣，責問西門豹怎麼搞的。西門豹說：「王者使人民富裕，霸者使軍隊強盛，六國之君使國庫充足。鄴縣官倉無糧，因為糧食都積儲在百姓家裏；錢庫無銀，因為錢在百姓兜裏；武庫無兵器，因為鄴縣全民皆兵，武器都在他們手中。」說完後，西門豹就上樓敲鼓。第一陣鼓聲之後，百姓披盔戴甲，手執兵器趕來集合。第二陣鼓聲之後，另一批百姓推著裝滿糧的車，集合到樓下。魏文侯見識了西門豹的業績，龍顏大悅，就示意西門豹停止練習。西門豹又不同意，說：「民可信不可欺，今天既然集合起來，就不能隨便解散，否則，老百姓會有受騙的感受。大王可不能重蹈千金一笑的覆轍。燕國經常侵我疆土，掠我百姓，不如讓我去攻打燕國。」魏文侯同意後，西門豹便帶兵攻燕，收回了許多失地。

用　人　點　撥

　　任何公司或組織都需要一套完整的紀律規範。要建立良好的規範，你必須找出某個範圍，先集中精力整頓，之後你要做的便是下決心懲罰那些再不遵守公司規定的人。這可以用罰薪或是加班等方式，到必要時你應不惜開除人，只要你能保證絕對公平合理。

　　在紀律鬆弛的情況下，操之過急、採取過分強硬的措施，可能也會引起下屬的怨恨，這種怨恨和不滿反而會影響你的領導，引發其他許多問題。總之，這裡的關鍵是把握好一個度的問題。

不能忽視小人物

　　齊國有個名叫夷射的大臣，某次他受齊王之邀參加酒宴，因為喝得酩酊大醉，便到門外吹吹風。守門的是個曾受過刖刑的人，他向夷射懇求說：「若有剩酒，請賜我一杯！」

　　「什麼？到一邊去！像你這樣的囚犯還敢跟我要酒喝！」守門人還想要求時，夷射已經離去。這時，天剛好下了一陣小雨，門前積了一片小便狀的水灘。

　　第二天早晨，齊王出門時看到了這一小灘水，大為不悅：「是誰在這裡隨便小便的？」當時，在門前小便是一種極不禮貌的行為。

　　「我不很清楚，但小人昨夜看見大臣夷射站在這裏！」守門人彙報說。結果，齊王立即賜夷射死刑。

　　春秋時，宋國將與鄭國開戰。戰前，宋國的統帥華元殺羊犒賞士兵，可能是一時粗疏大意而沒有給他的駕車人羊敬吃到。等到作戰時，羊敬說：「前天殺羊犒軍的事，由你做主；今天駕車作戰的事，由我做主。」於是，他就故意把兵車驅入鄭軍之中，使華元被俘，造成了宋軍大敗。

用 人 點 撥

　　人的一生是曲曲彎彎的一條線，在這條迂迴上升或緩慢回落的長線上，有許許多多大小不等、或清晰或模糊的點。而在這些點上，只有若干個點影響甚至決定人生的未來走向，那就是拐點。而那些時時刻刻都有可能在我們身邊出現的微不足道的人物和事例，都可以看作我們身邊的「拐點」。

　　作為領導，如果忽視了自己身邊的「小人物」，就有可能使自己的事業慘遭失敗；而如果對自己身邊的人物一視同仁的話，那他就會事半功倍。因此，我們每個人任何時候都應當重視這些「拐點」。

施惠於民得民心

齊景公到了晉國，與晉平公飲酒，樂師師曠作陪。

齊景公向師曠請教如何治理國家，說：「太師將教誨寡人什麼呢？」師曠說：「君主必須施恩於民。」齊景公來到館舍又向師曠請教如何治理國家，說：「太師將教誨寡人什麼呢？」師曠又說：「君主一定要施恩於民。」

齊景公出了館舍，趁著師曠來送行，又問同樣的問題。師曠還是說：「君主一定要施恩於民。」

齊景公回到住處，苦苦思索，酒還未醒，已經悟出了其中的含義。

原來，齊景公有兩個弟弟，一個叫公子尾，一個叫公子夏，都很得齊國民眾的人心。兩個弟弟家都很富有，民眾爭相依附，勢力可以和公室相抗衡，這可是危及君主的跡象呀！

這麼一想，齊景公豁然開朗，現在師曠一再勸我施恩於民，目的是要我同兩個弟弟爭奪民心。於是齊景公火速返回了齊國，打開糧倉，把糧食分給饑餓的貧民；打開府庫，把多餘的錢財分給無依無靠的老人和孩子；把沒有親幸過的宮女嫁了出去；對七十歲以上的老人，國家按時供應衣服和糧食。

用 人 點 撥

民心，固國之本，得民心者得天下。「得道多助，失道寡助」，古往今來的統治者，歷來重視民心的得失。只有得到下屬的支持和擁護，領導的位置才能坐得長久，其所指定的規章制度，才能更好地得到貫徹和執行。而這一切的得來，最終還取決於施惠於民，使下屬得到實惠，維護他們的利益。

魏齊濫施刑罰逼走良臣

　　范雎，戰國時魏國人，自幼即聰穎好學，善於謀略，是一位難得的賢才。由於家境貧寒，范雎不得不屈身事於魏國的中大夫須賈，希望有朝一日能通過須賈而得到魏王的賞識。可惜明珠暗投，須賈並不是一位識千里馬的伯樂，他看不出范雎是位精通韜略的謀士，這也是導致後來范雎受辱的一個根本原因。

　　一次須賈受魏王之命出使齊國，范雎作為食客陪同前往。由於齊襄王早知須賈平庸無才，因此故意對他怠慢，讓須賈在齊國一連住了幾個月，就是不願接見。相反，齊襄王早聞范雎之名，知道他十分善於雄辯，因此對范雎很賞識，派人送給范雎十斤金子，還有許多牛肉與酒。這兩相鮮明的對比，使得須賈既嫉妒又惱怒，認為這是齊國有意對自己進行羞辱，並由此遷怒於范雎。儘管范雎謝絕齊襄王的贈禮，並一再在須賈面前表現自己的謙恭之態，但仍不能平息須賈的怨氣。須賈不斷追問齊襄王向范雎贈禮的原因，范雎不敢說出真正的原因，只好推說不知，須賈於是就認為，范雎一定是向齊國透露了魏國的秘密。

　　回到魏國後，須賈心中仍是怨恨難消，就將這件事報告了魏國宰相，並一再聲稱，范雎一定洩露了魏國的秘密。這位魏國宰相名叫魏齊，也是個頭腦比較簡單、剛愎自用的平庸之輩。他一聽說范雎洩露了國家秘密，勃然大怒，也不進行審訊調查，立即下令嚴加懲罰。在魏齊的旨意下，魏齊的手下役吏用木棍猛烈地抽打范雎，並持續了幾個小時，結果范雎的後肋骨被打斷，牙齒也被打落。魏齊的賓客中有喝得酩酊大醉的，還朝范雎身上撒尿，有意對范雎進行人格侮辱，以作為對他「洩露國家秘密」的懲罰。范雎一見情況不妙，立即躺地裝死，一動不動。那些役吏們見范雎已

經沒了氣，於是就用蓆子將他包起來，扔進廁所中，並派一個人在旁看守，范雎立即抓住這個機會，從蓆子裏面爬出來，對看守他的人請求說：「在下這次蒙冤受辱，請閣下高抬貴手。如蒙相救，日後必當重謝！」看守也比較同情范雎落難的遭遇，於是對喝得大醉的魏齊說：「范雎已被打死，要他的屍體已經沒有任何用處，不如拋之荒野。」喝得迷迷糊糊的魏齊也沒細想，一聽范雎已被打死，就同意了這個看守者的建議，范雎終於逃離虎口，後躲藏在一個朋友家裏。

不久，秦昭王派使者王稽出訪魏國。王稽到達魏國後，暗中積極訪賢。范雎在朋友的幫助下，與王稽進行了秘密會見。王稽對范雎一見傾心，與范雎稍一會談就知道他是一個難得的賢才，立即用車將他載入秦國，並向秦昭王推薦。范雎向秦昭王內獻鞏固政權之計，外陳爭霸諸侯之術，秦昭王大為欣賞，立即拜他為宰相。

范雎在秦國得志後，一方面幫助秦昭王建功立業，為秦昭王提出了一個「遠交近攻」的重大外交戰略，從而奠定了秦國各個擊破、最終兼併六國的戰略基礎；另一方面也通過秦昭王為自己報了私仇，在秦國的強大實力威逼下，魏齊被迫逃出魏國，最終迫於無奈而自殺，對於須賈，范雎在大肆羞辱一番後，考慮他對自己尚有一點情誼而赦免了他的死罪。

范雎乃一代傑才，生於魏國卻未受重用，相反還受到羞辱，並幾乎冤送了性命。而他一到秦國，秦昭王就待之為上賓，並拜他為宰相。以此觀之，魏國被秦消滅而秦終能統一六國，豈非必然？

用 人 點 撥

　　如果領導者不能做到知人善任，反而對下屬無端猜疑，不能做個能識千里馬的伯樂，那只能眼睜睜地看著人才從自己的身邊溜走。

　　沒有人才盼人才，盼來人才又冷落人才，等到人才要「東南飛」了，又千方百計地阻撓，一點不尊重人才。招賢，是尊重人才；重賢，是尊重人才；送賢，更是尊重人才，而且層次一個比一個高，做起來一個比一個難，求賢不易。從某種意義上來說，對待人才的關鍵是一個「情」字，不同的「情」，就會收到不同的回報。

駕馭好睿智的千里馬

　　二十三歲的秦王嬴政，以敏銳的眼力看中並留住了尉繚，他並不因尉繚對他形象、人品的判斷惡劣而計較，寬厚地優待尉繚，依重尉繚，與他結下了君臣之誼。此後，在他任何一項決策之中，都不同程度地有著尉繚思想的痕跡。

　　譬如尉繚認為「外無下天之難，內無暴亂之事」，認為那種男耕女織、人民安樂的和平社會才是理想的太平盛世。然而，一旦有戰爭打亂了人民安居樂業的生活秩序，就要以戰止戰。這種戰當然是以正義之戰而伐不義之亂，就是在尉繚這種思想的啟示、影響和鼓舞、激勵下，嬴政堅定了統一六國，以戰止戰的信心。

　　以正義之師去攻擊非正義之兵，也不是可以輕易取勝的，尉繚對這一點很有見解。他認為要想取得勝利，必須有天時、地利和人和巧妙而恰到好處的配合，尤其是「人和」在其中佔有很大的比重，「聖人所貴，人事而已」。嬴政對這種「人事」思想也頗為重視。

　　尉繚認為，要達到「人和」的目的，則需要採用藏富於民的方針，要不誤農時，不損民財，要獎勵耕戰，使民眾個個皆勇於戰，勇於赴以戰。再則在戰時也要對軍中將士明法審令，讓將士個個勇於赴死殺敵，更要讓將士知令必行，聽命必尊。只有這樣才能達到「人和」的目的，軍民一條心，才會戰則能勝，攻無不克。尉繚的這種思想對嬴政影響很大，為此，他非常崇尚農戰的治國原則。

　　正因為尉繚把人的因素放在了取得戰爭勝利所必需的第一位，所以嬴政在統一戰爭中也把「人」放在最重要的位置。在具體實施之中，嬴政堅定地繼承了先祖獎勵耕戰的政策，使秦人以富強支持戰爭，以好勝參加戰

鬥，以向上進取的精神力求而戰無不勝。

對於戰爭中將帥的作用，尉繚也給予了充分的重視。他認為將帥自受命之日起，以恩惠而賞士卒，且賞罰既不能過之也不能欠之，只有這樣，才可以稱得上是好將帥。

贏政對尉繚關於將帥的看法和要求也是心領神會。在統一戰爭中，贏政選用了王翦、王賁、李信、楊端和等軍事帥才，保證了秦戰略、戰術、軍事智謀的正確發揮，從而使秦兼併天下成為現實。

又譬如在《尉繚子》「戰威」一章中，尉繚闡述了軍事後勤在戰爭中所發揮的重要作用。他指出：糧草一定要足夠用，否則便「士不行」，武器裝備要精良，否則便「力不壯」。

對尉繚軍事後勤理論的應用，贏政更是心領神會，而且在統一戰爭中發揮得淋漓盡致。在軍隊所用武器的配備上，贏政更是修造戰船，改造兵車，使它們在戰爭中創下奇功。

在實際戰鬥的過程中，尉繚還指出了講求戰略戰術的機動性、靈活性的重要。他主張先料敵而後動，「正兵貴先，奇兵貴後，或先或後，制敵者也」。在《戰威》一篇中，他列舉了五個先料敵而後動的條件，即戰前要研究制訂周密可行的進兵計畫；選任合格的統兵將帥；用兵神速；注意利用地形佈置攻防；軍令如山，違者必究。他認為具備了這五個條件，還要同用敵軍的各種地勢、人事等方面的弱點，以少勝多，以實擊虛，以收到「敵不接刃，而致之」的效果。

對於這樣精闢的靈活運用戰略戰術的理論，贏政更是積極地把它運用到實際戰爭中去。

譬如在攻打趙國時，贏政就先利用了燕趙兩國的矛盾關係，主動而迅速地捕捉住戰機，打了一次大勝仗。當秦又屢敗於趙軍之時，贏政利用趙國內部君臣之間的矛盾，巧施反間計，輕易地除掉了阻礙秦軍攻趙的名將奉牧，最後終於大敗趙軍。

攻打魏國之時，贏政巧妙地利用魏國地勢低的弱點，水灌魏都，獲得了奇效。

　　由此可見，統一戰爭中運用的各種奇計妙策，正是嬴政深入研究領會了尉繚的軍事思想之後得到的克敵法寶。

　　傑出軍事家尉繚的軍事謀略在統一戰爭中發揮了重大作用。以至於在嬴政為自己修建的皇陵之中，也可以見到那些活靈活現的兵馬俑列隊佈陣的形式，與尉繚在他《兵令》一篇中所講述的軍陣形式十分吻合，足見尉繚給予嬴政的影響之深。

　　尉繚這個傑出的軍事人才，自始至終參與了秦統一六國的過程，成為秦王嬴政重要的左膀右臂。

　　而秦王嬴政使一匹千里馬得以馴服，甘受駕馭，使之盡心竭力地效忠於己，為統一大業的成功加上了最重的砝碼，更是體現了他非常機智的一種管人技巧。

用人點撥

　　善待下屬，不恥下求，是領導者必備的基本素質之一，也是領導者正確處理與下屬之間的關係，使下屬保持積極的工作熱情，做好本職工作的重要因素。

　　使用有才能的下屬是古往今來用人者必備素質之一，而能否有效地選拔和使用，特別是駕馭好有才能的人，則是當今領導者領導能力的集中體現。現代領導者要善待下屬，不放走任何一個智者賢人，讓有才能的人成為自己的得力助手。

利用權力製造壓力

　　西元前二〇四年，韓信發兵由代地進攻趙國。

　　趙王歇與陳餘聽說韓信已滅夏悅，奪取代地，忙引兵馬，駐紮在井陘口，號稱二十萬大軍，阻止漢軍前進。

　　陳餘的二十萬趙軍就駐紮在這易守難攻之地專等韓信、張耳來攻，彷彿在守株待兔。韓信當然不會輕舉妄動，把兵馬駐紮在井陘口的另一頭，派出密探，四面打探陳餘軍情。趙軍謀士廣武君李左車給陳餘獻策說：「漢將軍韓信涉西河，擒魏王，奪代郡，虜夏悅，如今張耳為輔，欲攻趙國。這是乘勝利之師離國遠征，其鋒的確難擋。但是千里饋糧，士有饑色；尋柴為炊，師難飽腹。井陘之路，戰車不能併行，騎兵不能成列。韓信如果由此進軍，糧草輜重必在後面。請撥給我精兵三萬，從小路偷襲，截斷漢軍給養。丞相深溝高壘，堅壁固守。漢軍前不能鬥，退不能回，野無所掠，必然糧斷水絕，不過十日，兩人之首，必致麾下。希望相國採納我的建議。否則必為韓信、張耳之人所困。」陳餘本來素以儒者自稱，不聽李左車之計，反而說：「我本十二義之師，不用詐謀奇計。兵法常說，十則圍之，倍則戰之。如今韓信之兵雖然號稱數萬，其實不過數千，千里奔襲趙國，早已疲勞至極。如今遇到如此之輩尚且避而不戰，今後遇到大敵，又該怎樣對付呢？這樣，諸侯都會認為趙國膽小怕事，動不動就會向我趙國用兵！」

　　於是陳餘辭退李左車，不用其謀，只在那裡坐等韓信率兵到來。

　　漢軍密探得到此消息後，飛報韓信。

　　韓信大喜，方敢引兵從井陘口進擊趙軍。夜半時分，韓信召來常山太守張蒼，撥給兩千軍馬，人持一旗，從僻靜小路偷偷逼近陳餘寨棚，潛伏

在草叢之中，以觀動靜。

韓信密告張蒼：「我軍與趙軍對敵，我軍詐敗，趙軍必然空營追趕。你指揮士兵衝進趙營，拔盡趙國旗幟，全部插上漢軍紅旗，堅壁拒守，不必參戰，趙軍自會不戰而亂。」張蒼等人得令而去。

天邊剛露出一絲晨曦，韓信中軍就傳出號令：「今日破趙會食！」每個軍將只分到一份早餐。因此諸將皆不敢相信，但是軍令如山，只聽得整齊而有力的一聲回應：「是！」

韓信自領一萬人馬先行，渡過槐河，在岸邊排下陣勢。趙軍看到韓信背水列陣，盡皆發笑，認為韓信實在不會用兵。漢軍將士心中也疑惑不已。但是韓信用兵神出鬼沒，軍紀甚嚴，只得依令而行。

韓信對張耳說：「趙軍不見我軍大張鼓旗，恐怕不肯出壁交戰，我倆必須親自督戰。」韓信、張耳披掛上馬，率領萬餘精兵，前面盡布大鼓旌旗，殺進井陘口中。

陳餘在趙營之內，看到韓信、張耳如此耀武揚威，大模大樣地闖入井陘口，不禁產生被人輕視之感，特別是見到他的仇人張耳，頓時氣得咬牙切齒，立即下令，開營迎敵。

井陘口中，道路狹窄，雙方都難撂開陣勢。趙軍人多勢眾，拼命向漢軍壓過來；漢軍也不示弱，個個奮勇當先，捨死激戰。

大戰良久，韓信下令諸將盡皆拋棄大鼓旌旗，一時漫山遍野全是漢軍旗鼓。韓信率兵固守河邊陣地。

趙軍看到如此眾多的戰利品，紛紛空壁而出搶奪鼓旗，搶奪漢軍東西，以便邀功請賞。陳餘等人率兵肓追韓信，認為韓信不過如此而已。

這時，只聽得韓信高呼：「前面深水，後有追兵，你死我活，在此一舉。後退半步，立斬不赦！」漢軍素懼韓信法度，誰敢怠慢半分，人人回身自戰，莫不死拼，無不以一當十。

陳餘見漢軍敗退，正在高興，不料漢軍忽從營中殺出，個個突然間都變成了亡命徒。趙軍爭搶旗、鼓，隊伍混亂，雖然人多，但是很難擊退漢軍。

　　兩軍混戰，難解難分！

　　張蒼率領的二千士兵看見趙軍紛紛出營搶奪漢軍旗鼓，飛快潛入趙營，盡拔趙旗，插上漢軍紅旗。趙軍突然看見自己的營寨盡被漢軍佔領，一時間軍無鬥志，紛紛後退。陳餘連誅數人，也不能禁止。漢軍看見趙軍後退，攻勢更加猛烈。趙軍死傷無數，陳餘死於亂軍之中。趙軍只剩下投降一條路可走了。

　　壓力既有有利的一面，也有有弊的一面，問題在於壓力的量和限度，亦即權力作用對象的心理隨能力在達到最佳量之前，權力產生的壓力增強，工作效率——權力效益會提高；超過了這個最佳量，工作效率——權力效益就會下降，甚至可能會導致領導者和被領導者之間的對抗和衝突。

　　領導者要清楚，下級在心理承受能力方面是有一定限度的。超過了一定的度，即壓力過度，就容易產生恐懼、憤怒、焦慮情緒和攻擊、反抗行為。當然，如果領導所給的壓力達不到一定的程度，也不能使下級將其潛力充分地發揮出來。

把別人的權力送給別人

　　正當劉邦與項羽在廣武山相持鬥嘴，受傷而返成皋之時，韓信為了居功，以酈食其之死作為代價奇襲齊國，佔領了齊國首都臨淄，接著又用奇謀詭計大敗前來救援的二十萬楚軍，斬殺楚國名將龍且，全面佔領齊國領土。

　　劉邦聽到這個消息的時候，正在成皋養傷。他十分高興，立即命令韓信移兵西進，會師攻楚。韓信打下齊國後，便移兵進入臨淄，住進了齊王宮殿、韓信出身貧寒，哪裡享受過這種榮華富貴，頓時寸心喜欲狂。

　　蒯徹作為韓信的心腹謀士，十分善於察言觀色，他早已洞悉韓信的心思，便不失時機地獻計說：「齊國位於五嶽之東，依山憑海，東有琅琊，西有濁河，大海泰山之間，自古就是都會之地。齊國四塞堅固，實為東方雄國。將軍如今平定齊國，軍威大振，郡縣威服，可差人上表，請漢王封為代齊王，以便鎮守齊地。這樣可以成為將軍之根本。機會來了，千萬不可失去！」

　　韓信正與蒯徹秘密計議時，衛士傳報「漢王使命至」。韓信急忙率大小將領出城迎接漢使入城，大禮完畢，左右開詔讀曰：「寡人採納將軍之計，目前已取得楚國數十個大郡，軍勢開始振奮。但是如今項羽稽留人公已久，父子相離，方寸日亂。近日項羽準備會師成皋，與我決戰。兩軍相拒日久，士卒疲憊，恐怕不能取勝。如果不借助將軍之力，唯恐難以成就大事。現在特差使者星夜馳騁召喚將軍回來商議軍機大事。將軍以勝齊之師，再加奇謀妙算，大功指日即可告成。將軍速來，以慰眷念之情。」

　　韓信聽完詔書，盛情款待使者，立即整頓兵馬，準備開赴成皋會師戰楚。蒯徹密告韓信說：「將軍正好趁機差人同漢王使者挾討齊王大印，然

後興兵同力伐楚，這正是有所挾而取之的妙計。如果錯過這個機會，恐怕將來就不好辦了。」

韓信已利令智昏，說：「正合我意！」第二天，韓信禮請劉邦使者來到中軍帳，緩緩地說：「齊國地廣民眾，反覆無常，如果不假以齊王之印，先在這裏鎮守，恐怕難以安定。後方不穩，難以出師。我想派人與使者一起去見漢王，不知使者意下如何？」

漢使說：「請元帥速派差人同往。」韓信大喜，拿出金銀珠寶厚贈漢使，寫下表文，差人去見劉邦。

韓信差人見到劉邦，呈上表文，表文曰：「國無其主難以管理，治理百姓沒有權力難以制服。下臣仰仗大王天威，每戰必捷。斬龍且，擒田廣，軍威雖振，民心未定。齊地自古是變化多詐之國，反覆無常，恐怕為亂。臣懇請齊王印，暫為假王以鎮之。待民心安寧，即率師隨大王伐楚，安定海內，世為漢士！臣未敢擅自做主，呈表上請定奪。」

劉邦看完韓信上表，怒罵說：「小子膽敢欺詐如此！我久困於此，日夜盼望你來助我，反而企圖自立為王？」

張良、陳平急忙附耳低聲說：「大王雖然佔有成皋、滎陽等楚國大郡，而今項羽屯兵廣武，目下攻擊漢軍，我軍不利，怎麼能制止韓信自稱齊王呢？不如趁機立他為王，韓信憐愛寶座，必為大王盡力攻楚！否則假使韓信自立，那不是又產生出一大後患嗎？」

劉邦天生機靈，頓時醒悟：「大丈夫安定天下，制服諸侯，為王即為真王，當什麼假王？」劉邦立即召韓信使者近前，詢問韓信取齊、酈食其被烹、斬殺龍且等事，使者一一詳細敘述給劉邦。劉邦聽罷修書一封交付韓信使者，遣回齊地。

不久，劉邦又派張良帶著齊王印綬赴齊，立韓信為齊王。韓信十分高興，願待張良。張良乘機勸韓信伐楚，韓信滿口答應。幾日後，張良辭別韓信回到了劉邦身邊。

用 人 點 撥

　　把權力轉交給下屬，調動下屬的積極性，使他們心甘情願地為你做事，是現代領導者提高工作成效的一個關鍵。

　　領導者要有全局觀念和戰略眼光，任何時候，大事面前不糊塗。「議大事、懂全局、管本行」，這是一切領導幹部在工作中應該遵循的一條原則。能不能分清和正確處理大事與小事、有無勇氣大膽授權，是領導工作有無成效或者成效大小的關鍵所在。

學會恰當的分工

　　陳平年輕時就協助劉邦打天下，可說是劉邦的作戰參謀，對劉邦的成功貢獻頗大。陳平晚年被漢文帝任命為宰相。有一天，文帝召見陳平和另一位宰相周勃。在古代原則上宰相大多是雙數。文帝首先問周勃：「你經手裁決的事件，一年約有多少件？」周勃回答：「臣無能，對這件事不甚清楚。」文帝又問：「那麼，國庫一年的收支大概是多少呢？」周勃仍然回答不出，以至於汗流浹背。

　　接下來文帝又問陳平同樣的話題。陳平回答：「關於這些問題，我必須詢問負責人才知道。」文帝又問：「誰是負責人呢？」陳平回答：「裁判事件的負責人是司法大臣，國庫收支的負責人是財政大臣。」文帝步步緊逼：「倘若所有職務都各有所司，那麼宰相又負責什麼呢？」陳平冷靜地回答：「宰相要使百姓各得其所，對外須鎮撫四方的蠻族與諸侯；對內則要督促所有官吏做好分內工作。」文帝聽完這番話，不由得點頭稱是。

　　不久周勃引咎辭職，此後便由陳平一人獨承宰相大任。而其一貫的作風，正如他自己告訴文帝的，是針對每個人的才能賦予其應做的工作，自己則加以督導，這不也是一件更重要的工作嗎？陳平因指揮得宜，被稱為名相。

用　人　點　撥

　　有的領導者，儘管精力投入了許多，從早轉到晚，什麼都抓，什麼都管，可是結果卻是什麼也沒抓住，什麼也沒管好。

　　其實，領導者大可不必事必躬親，事無鉅細地過問，該放手的就要放手，要運籌帷幄之中，決勝千里之外。充分調動每個下屬的積極性，使其各盡所能，各司其職。

獎勵主動工作的人

　　卜式是西漢時人，他靠牧羊逐漸致富起來的。這時，正值漢王朝連續派兵、反擊匈奴侵擾，戰爭開支龐大，國家財政困難之際，卜式作為一介布衣，致富不忘國難，主動上書政府，願意將家產的一半捐獻給國家。這一舉動引起朝廷注意。漢武帝為此專門派遣使者前去調查他的動機和目的。

　　使者問：「你想做官嗎？」

　　卜式回答：「我從小就放羊，不願做官。」

　　使者又問：「你家裏有冤屈要申訴？」

　　卜式說：「我一生與人無所爭，沒錢的我借他，品行不好的我教育他，在我所居住的地方，大家都以我為榜樣，哪裡會有什麼冤屈啊！」

　　使者感到奇怪，進一步問：「那你為什麼要把自己的錢財捐獻給朝廷？」

　　卜式說：「天子誅匈奴，應該有錢的出錢，有力的出力，這樣一來匈奴一定可以消滅。」

　　當漢武帝把這一情況轉告給丞相公孫弘並徵求他的意見時，包括漢武帝在內都對此懷疑不解，於是置之不理。卜式則仍然從事牧羊生產。

　　過了一年多，匈奴渾邪王降漢，朝廷尤加安置，同時加上山東等地發生水災，百姓生活極端困苦，甚至出現了人吃人的慘劇，而政府由於國庫空虛，連年戰亂，已經沒有能力來賑濟災民。

　　卜式聞知這一情況後，再次捐錢二十萬，救濟災民。漢武帝從河南呈報的當地富人濟助貧民的名單中看到卜式的名字，便想起一年前上書輸財之事，感到卜式確是真心實意為國家，絕非沽名釣譽，於是賞賜給他外徭

四百文，但卜式旋即又將這些錢全部轉給地方，以供財政之需。

　　當時，社會上的商賈們，根本就不顧國家之急，不管貧民之困。只有卜式依靠雙手，勤勞致富，他的家財比起富商大賈們自然極為有限，但難能可貴的是他手中有錢後，能夠把個人致富和國家興亡的前途聯繫起來。為此，武帝破格拜卜式為中郎，賜爵左庶長，田十頃，同時佈告天下百姓。」

　　漢武帝為了招徠天下之財，以補政府財政不足，曾經規定捐錢獻財者可以封官賜爵，按照卜式情況，自然可以封官為郎官。雖然卜式多次不習慣於做官，也無意與做官，但無奈於武帝堅持他要留在朝廷擔任朝廷園林牧羊官，也只好應諾下來。

　　他雖為朝官，但仍然不改布衣本色，親自參加牧羊勞動。結果不出一年時間，上林羊群個個膘肥體壯，遠非昔比。

　　有一天，武帝路過上林，見此情景，十分高興，便問卜式牧羊之道，卜式回答之後，接著說：「不僅僅是放羊，做官也是這樣。」

　　那麼他的牧羊之道是什麼呢？卜式自己概括為兩條：一要按時料理羊的飲食和起居生活，二要把那些劣質羊統統挑出去，不要使它們影響羊群。

　　聽罷這番話，武帝既感驚奇又受啟發，覺得卜式雖然是放羊出身，但懂得治民之道，是個不凡的人才。於是任命他為緱氏縣令。

　　他到任之後，仿照牧羊之道，勤政愛民，取優汰劣，治理地方，政績卓著，深得全縣人民擁護。不久又遷任成皋令。在成皋，他調運軍需民用物資，漕運成績突出。

　　由於這些傑出表現，漢武帝認為他忠厚樸實，是位賢臣，於是拜他為齊王太傅，不久又為國相，協助齊王治理政事。

　　西元前一一二年，南越王呂嘉反叛，不久西羌、匈奴趁機攻入，在大敵當前的緊急關頭，卜式心急如焚，寢食不寧，上書朝廷，請纓出戰，表示願與兒子一起率領齊地子弟奔赴前線，為國效力。武帝再次重賞卜式，希望利用這一典型喚起人們的愛國熱情。

用人點撥

　　那些有功的人，理所當然地應受到獎賞。你可以賜予他們更多的財富，也可以提高他的職位。領導者要獎勵那些積極工作的員工，使其保持旺盛的工作熱情。

　　我們常說，榜樣的力量是無窮的。無論採取物質上的獎賞還是職位的提升，都應該使之成為典範，樹立全員學習的典型，以此來激發其他人的工作熱情。

讓下屬各負其責

　　漢宣帝時有一位宰相名叫丙吉，有一年春天，丙吉乘車經過繁華的都城街市中，碰見有人群鬥，死傷極多，但是他若無其事地通過現場，什麼話都沒說，繼續往前走，不久又看到一頭牛拉車吐出舌頭氣喘吁吁，丙吉馬上派人去問牛的主人到底怎麼一回事，旁邊的隨從看見這一切覺得很奇怪，為什麼宰相對群毆事件不聞不問，卻擔心牛的氣喘，如此豈不是輕重不分、人畜顛倒了嗎？於是有人鼓起勇氣請教丙吉。

　　丙吉回答他：「取締群毆事件是長安令或京兆尹的職責，身為宰相只要每年一次評定他們的勤務，再將其賞罰上奉給皇上就行了。宰相對於所有瑣碎小事不必參與，在路上取締群眾圍鬥更不需要。而我之所以看見牛氣喘吁吁要停車問明原因，是因為現在正值初春時節，而牛卻吐著舌頭氣喘不停，我擔心是不是陰陽不調。宰相的職責之一就是要順調陰陽，因此我才特地停下車詢問原因何在。」眾隨從聽後恍然大悟，紛紛稱讚宰相英明。

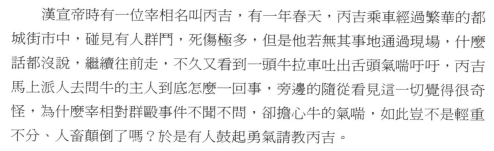

用人點撥

　　在我們身邊，常常看到有的領導者，雖然工作勤勤懇懇，早來晚走，特別認真。無論大事小事，樣樣親力親為，也的確十分辛苦，但所負責的工作即常常雜亂無章，眉毛鬍子亂成一團。

　　應該建立恰當的考核與獎懲制度，並且定期對下屬的工作業績進行測評，做得好的採用一定方式或者按照既定的標準給予獎勵，反之則給以懲罰。將獎懲機制引入管理過程中。

推赤心送到人腹中

　　劉秀率領農民起義，在攻下邯鄲，殺掉王郎，平定河北後，繳獲了吏屬們與王郎一起誹謗劉秀的書信上千封。劉秀既往不咎，當眾將書信全部燒毀。他說：「讓那些有反側之心的人安心吧！」劉秀的部屬們激動地說：「大王推赤心送人腹中，能不誓死效忠嗎？」

　　劉秀稱帝後，為了早日統一中國，命令大將吳漢、岑彭、馮異等數十支人馬猛攻洛陽，但由於洛陽守將朱有的堅守抵抗，遲遲不能攻下。為了減少傷亡，劉秀打算派人前去勸降。岑彭以前在朱有手下當過校尉，就派他前往。岑彭見到朱有後謙辭地說道：「從前有幸執鞭侍從於您，承蒙您的提拔，平時總想有機會一定報答，現在赤眉起義軍已攻下長安，更始（劉玄稱帝的帝號）內部分裂殘殺，光武帝有幽冀之地，百姓歸心，賢俊雲集，現在親統大軍來攻洛陽，您還在為誰守這座城池呢？」朱有言說過去自己曾出面阻止過劉秀率軍北伐，而且也參與了更始殺大司馬伯升的謀劃，恐怕光武帝想起前怨不會放過自己，因此不願投降。

　　岑彭把朱有的話轉告了劉秀。劉秀認為，應該有容人之量，只有這樣才能減少阻力，早日統一天下。便鄭重其事地說道：「建大事者，不計小怨。今若歸降，官爵可保，怎麼會誅罰他呢？我面對黃河發誓，絕不自食其言。」岑彭馬上將劉秀的話回覆給朱有，朱有覺得光武帝果有誠意，便答應投降。劉秀封朱有為扶溝侯。官至九卿，子孫累代襲封。

　　曹操在官渡之戰擊敗袁紹以後，從繳獲的袁紹文件堆中，發現許都守城的人和前線軍中的人都曾私下給袁紹寫信，準備投降袁紹。有人主張一一查明懲治這些叛徒，曹操卻看也不看就下令把這些信件全部燒掉了。他說：「袁紹當初那麼強大，連我自己都幾乎不能保住，何況大家呢？」這

樣，原來想跟袁紹的人轉而感激忠於曹操，部下更加團結一致。曹操終於削平群雄，統一北方。

　　周瑜也是一位折節待士、寬宏大量的年輕統帥。赤壁之戰前夕，他被任命為大都督，程普為副。程普自以為是東吳三朝元老，年長資深，屢次凌辱周瑜。周瑜屈己謙讓，從不與他計較。最終程普受到感動，對周瑜十分敬服。他常對別人說：「與周瑜交朋友，就像飲美酒，不知不覺中已沉醉了。」

用人點撥

　　成大功立大業者，要有容人之量，「宰相肚裏能撐船」、「將軍額頭能跑馬」。不計前嫌，既往不咎，「人善我，我亦善之；人不善我，我亦善之」，這樣才能使敵對方歸順自己，爭取事業的成功。

　　管理者應該善於從大處著眼，不計小怨，並以德報怨以消除前嫌，盡可能把消極因素變成積極因素，並調動一切積極因素，團結屬下一起工作，以實現遠大目標。當然，豁達大度並不等同於好好先生，原則問題必須明辨是非，這是不言而喻的。

處事不公外寬內忌

　　袁紹有四州之地，自己和幼子袁尚統冀州，長子袁譚領青州，次子袁熙禦幽州，外甥高于領並州。而許多確有才能、建有殊勳的文官武將卻被「晾在一邊」，自尊心和積極性受到打擊。不僅如此，由於他在繼承問題上廢長立幼，待袁紹死後，其子互相火拼，爭奪權勢，致使其四世三公的名門望族很快就從內部瓦解了。

　　在做十八路諸侯盟主時，袁紹曾向大家宣佈：「有功必賞，有罪必罰，國有常刑，軍有紀律，各宜遵守，勿得過犯。」但是當他的弟弟袁術出於私心，不給孫堅發糧草、坑害孫堅時，他卻不聞不問，不能做到「有罪必罰」；當華雄搦戰，無人可敵，關羽請命出戰時，他一再考慮，「使一弓手出戰，必被華雄所笑」。等到關羽溫酒斬華雄後，他的弟弟反而要將關羽、張飛這些「縣令手下的小卒」趕出帳去時，他也一言不發，「有功者賞」成了一句空話，這大大地傷害了人心，令其下屬莫不心生不平。

　　顏良、文醜二人跟隨袁紹多年，屢建戰功，是心腹愛將，在與曹操軍馬作戰時，此二人皆為關羽所殺。二人被殺後，這袁紹居然沒有半點悲慟的表示，而當劉備提出要為他招降關羽時，他竟然十分高興地表示：「吾得雲長，勝顏良、文醜十倍也。」更有甚者，劉辟曾經一度歸順他，合力攻曹操。但是當劉備提議要去說服劉表聯合攻曹時，他竟然當眾表態：「若得劉表，勝劉辟多矣。」這樣的話真是讓人聽得心寒。如此鄙視部下、鄙薄將士生命，還有誰願意為其效忠呢？袁紹的這些做法與曹操對韋典的一祭再祭，形成了鮮明的對比，由此也可知，為什麼他的部下要一個接一個地離他而去，而曹操卻能籠絡大批人才了。

　　曹操在袁紹死後平定河北時，曾喟然長歎：「河北義士，何其如此多

也，可惜袁氏不能用！若能用，則安能正眼覷此地哉？」

　　對於領導者來說，即使個人的能力再高，也是微不足道的。事業成功的保證在於集中良謀、使用良才。

　　人才是事業成功的根本，而良好的環境更是人才得以發揮自己才幹的重要舞臺。領導者如果不能深懷惜才愛才之心，真正地愛護人才、尊重人才，必然導致人才外流。

法外有情

三國時魏國剛剛建立的時候，刑罰非常重。

當時魏國的官吏宋金等人從合肥叛逃吳國，按照魏國法制就應治罪斬首。

曹操還嫌處罰太輕，要加重刑罰。於是主審官就奏請將其母親、妻子和兩個做官的弟弟全部斬首。

這時尚書郎高柔上書說：「士卒逃亡，確實可恨；但我也聽說其中頗有後悔之人。我認為現在應寬待逃亡者的妻子。這樣，一可以使敵人對逃亡者不信任，二可以誘其還心。像以前那樣處理，本來就覺得太嚴了，若再加重刑罰，使現在軍中士卒看到，一人逃亡，誅及全家的後果，今後怕都要逃走了。刑罰過重非但不能制止逃亡，反而會促使更多的人逃亡。」

曹操聽後覺得非常有道理，就照著他的話去辦。結果從那以後，逃亡的人數大大減少，而且還真有一些叛逃者又偷偷地跑了回來，重新加入曹軍。

用人點撥

管理者按章辦事、嚴格執法是必要的。但是，罰不失愛，嚴中有情，這是管理者懲戒部下時一條很好的處理原則。

雖然表面上看來嚴肅的法規被破壞了，但是從長久來看，罰不失愛，抓住了下屬的心，這樣更能有效地維護法律規章的嚴肅性，被管理者們也會自覺地遵守規章制度。

賞不逾時

　　曹操每次帶兵出戰，攻破敵方的城池後，都把掠獲來的貴重財物，全部拿出來賞給有功勞的將士，而且秉公無私。對於功勳大而應受重賞的，他不吝千金；而對於沒有功勞而妄想受賞的人，則分毫不給。所以作戰中將士們都爭著建功立業，表現得很英勇。

　　曹操打敗袁紹之後，準備北伐烏桓和遼東。決策之時，有些將領認為孤軍深入，作戰不利，反對這次出兵，但曹操仍然堅持己見。在北伐途中，由於道路有敵軍把守，加之陰雨連綿，泥濘難行，不得不改道，鑿山填谷而行。接著又遭敵軍斷絕水源、糧食，曹軍只好殺掉幾千匹軍馬充饑。一路之上，歷盡艱險。當到了距烏桓軍駐地還有二百餘里的地方時，曹軍與敵人主力又突然遭遇，情況十分危急。於是曹操親自到陣前指揮督戰，化險為夷，一戰成功。

　　在凱旋開慶功大會時，曹操問道：「出發前是哪些人勸我不要北伐的？」當時勸諫過曹操的那些將領都很恐懼，認為將要大禍臨頭，紛紛跪下請罪。曹操哈哈大笑，非但不予治罪，反而每人賜以重賞。曹操說：「這次北伐，差一點全軍覆沒。雖然僥倖取勝了，但這樣的冒險行為只能偶爾為之。其實當初你們的意見是正確的。」曹操行賞見解獨到，受賞者無不感歎，旁觀者也都非常佩服，從此，部下獻計獻策的積極性更高了。

用人點撥

　　設獎行賞，是歷代兵家治軍都十分重視的一種制度。獎賞的目的，在於激勵鬥志、鼓舞士氣。如果運用得當，恰到好處，就能很好地調動將士的積極性，提高部隊的戰鬥力。

　　大凡英雄主義的榮譽感與個人主義的貪慾性，常常埋藏在同一個心底。恰當的獎賞，就在於激發榮譽感，而不是滋潤貪慾的種子發芽。如果能像曹操那樣賞不逾時、論功行賞、見解獨到，獎賞的作用將會更大。

曹操焚書穩軍心

　　東漢末年，出現了封建割據勢力之間的長期混戰。關西勢力失敗後，關東勢力間的最大決戰，是在曹操與袁紹之間進行的。

　　曹操，字孟德，沛國譙人。他在鎮壓黃巾起義和割據勢力相互爭鬥中，以曹氏、夏侯氏豪族及其佃客、部曲為骨幹，又招納其他豪強武裝、收編部分義軍，組成了他的「青州兵」，逐漸成為一個較有實力的軍事集團。曹操是當時地主階級中較有遠見的政治家，他不斷總結經驗，很快就制定了一套完整的順應潮流的政策。他善於用人，先後吸收了一大批名人賢士，並根據他們的建議，將漢獻帝迎到許都，「挾天子以令諸侯」。還在許都一帶屯田，保證了軍需供應。所以他搶先佔據了富有戰略意義的兗、豫二州，成為中原唯一能與袁紹抗衡的力量。

　　袁紹，字本初，汝南汝陽人。他出身於「四世三公，門生故吏遍於天下」的大族，並利用自己的優勢，佔據著冀、青、幽、並四州，號稱「謀士如雲，戰將如雨」，精兵十幾萬，是當時最強大的割據勢力。

　　袁紹和曹操之間，最初實力懸殊極大。曹操手下的不少將佐士卒、文人謀士都與袁紹一方有秘密書信往來，以備萬一曹操被袁紹兼併，能有個退身之地。對此情況，曹操心中明白，只不過迫於時局而不便挑明。不久，爆發了中國歷史上有名的「官渡之戰」。曹操利用奇計，首先突襲白馬袁軍，斬袁紹大將顏良。繼而大敗袁軍於延津，隨後偷襲烏巢，燒毀袁紹軍糧，又一舉在官渡全殲袁軍，取得了徹底勝利。

　　之後，曹軍在清理戰利品時，從袁軍大營繳獲一大筐書信，都是官渡之戰以前曹操的部下寫給袁紹的密件。有的人在信中吹捧袁紹，貶低曹操，說自己身在曹營心在袁軍；有的表示隨時可以叛曹降袁。曹操的心腹

們認為事關重大，即將書信交給了曹操。那些寫了信的人見秘密敗露，一個個膽戰心驚，不知如何是好。

正當人人緊張萬分之際，曹操卻接過信件，看也沒看，就下令把它即刻全部燒掉，並笑著對眾人說：這些信都是過去的東西。那時候袁軍占的地盤比我們大，軍隊比我們強，糧草比我們多。我們和他爭戰，確如以卵擊石，連我自己也曾考慮過敗後的退路。我的屬下們這麼做，也迫於無奈。這本屬常理，不足為怪！那些提心吊膽的人見丞相如此態度，又目睹那一大筐書信在烈火中化為灰燼，如釋重負，感到空前的輕鬆，同時，也都流下了無限感激的熱淚。

此事迅速傳遍了曹軍大營，一度驚恐不安的軍心，頓時穩定下來。在此後的一系列戰役中，爭相衝鋒陷陣，殺敵立功，為曹操的爭雄做出了很大貢獻！

用 人 點 撥

　　管理者應該從大局出發，站在全局利益的角度來思考問題，制定決策和採取措施，不能因為小事情而失去了下屬的支持。

　　人非聖賢孰能無過，要正確看待下屬工作中的失誤或失敗，凡事不能一棍子打死，不妨來個該糊塗時就糊塗。

孫權憶兄遺囑問公瑾

　　建安十三年，曹操取下荊州後，領八十三萬大軍南征。

　　曹操首先向東吳發出了誘降信，孔明深知曹操的這一手，目的在於聯孫破劉。他反其道而行，自告奮勇地與東吳派來的魯肅去江東，勸孫權聯劉破曹。

　　東吳眾臣程普等武官主張聯劉攻曹，張昭等文官主張降曹攻劉。孫權在這舉棋不定的關鍵時刻，忽見吳國太進來說：「你曾記得你哥哥臨終的遺囑嗎？」

　　孫權如夢初醒，記起了其兄孫策在臨終時所說「外事不決問公瑾」的話，便派人去鄱陽湖請正在那裡訓練水師的周公瑾回來，共商對外決策。

　　公瑾，即周瑜，得知孫權召見，速回柴桑郡見孫權。孫權向周瑜說清情況後，徵求周瑜對曹操戰和降的意見。周瑜建議立即召集文武官員商議此一大事，讓他聽聽雙方具體意見後再說。

　　滿朝文武官員為此爭論不休，周瑜在聽取雙方不同意見後，說：「孫將軍以其神武雄才，依仗父兄餘業，又擁有江東寶地，兵精將多，為什麼要向曹投降呢？曹操北土未平，有馬騰、韓遂為後患。現在南征已久，官兵疲勞。他們不熟水戰，不適應江南水土，多生疾病。當前又正是隆冬盛寒，糧草衣被奇缺，官兵饑寒難度。他們雖然兵多將廣，口稱百萬雄兵，其實只有十五、六萬兵，加上所得袁氏之兵，也只有二十多萬。而我們則兵強馬壯，既習水戰，又熟地理，更適應水土，糧草也足，優勢甚多。所以我們必須正確估量雙方利弊，不可長他人的威風，滅自己的志氣。我看對曹操只能戰，不能降。我願帶五萬雄兵，聯合劉備，共同破曹。」

　　猶豫不決的孫權，聽到周瑜這一席堅強有力的話後，疑慮盡去，信心

百倍，決意聯劉破曹。便毅然站起來，拔劍砍了擺在面前的一角奏案，斬釘截鐵地說：「公瑾所言與我的想法一樣，現決定聯劉破曹，諸位不要再議論不休，再有說降曹的人，與此案同處。」

孫權即封周瑜為大都督，程普為副都督，魯肅為贊軍校尉。並賜御劍給周瑜作尚方寶劍，宣佈如有不服者，用此劍誅之。

周瑜隨即率大軍聯劉破曹，奪取了載入史冊的以少勝多的赤壁大捷。

　　管理者應該和下屬建立起和諧融洽的人際關係，最好的辦法就是以朋友的身份與他們打交道，與下級平等相處。遇到不好處理的問題多與他們交流，多聽聽他們的意見和看法，讓他們體會到主人的感覺。

　　此外，管理者應該學會適當的放權，適當地給下屬一定的權力，更能夠取得事半功倍的效果。

孫仲謀數傷敬美酒

　　周泰，字幼平，下蔡人，原是東吳一位部將。有一次，孫權領兵住在宣城，突然數千山賊把他包圍起來。孫權左衝右突無濟於事，連他身邊的幾位大將也驚慌失措起來。這時，周泰卻毫無懼色，他呼喊著衝入敵陣，手起刀落，殺出了一條血路。這時他已身受重傷十二處，血染戰袍，但他不知疼痛，依舊追殺，終於保護著孫權衝出了重圍。而他終因流血過多而昏迷過去，好半天才甦醒過來。

　　此後，周泰也便成為孫權獨當一面的大將，更受孫權信任，連徐盛、朱然這樣的名將都成了他的部下。但徐盛、朱然等對他並不服氣，有時也說些不三不四的話。

　　孫權得知後，思忖半天，就召集文官武將同來參加盛大的宴會。他首先致詞：「今天是慶功宴」，說著，便東張西望尋覓周泰的座位。人們不知主公在找誰，也不知為誰慶功，都三三兩兩地猜測著。這時孫權收回目光，接著說道：「這第一杯酒，大家同飲，然後我們再按功敬酒。」說完，他舉起酒杯一飲而盡。

　　隨後，他捧著酒來到周泰面前說：「他身上的傷痕，就是戰功的標誌，我們按傷為他敬酒吧！」周泰連忙站起來想說些什麼。但沒等周泰開口，孫權就命他解開衣服，露出了滿身傷疤。孫權按傷疤的上下左右順序，逐一盤問是在什麼時候、什麼地方、什麼情況下留下的。周泰每說完一處，孫權就提議為他乾一杯，如此共敬美酒十幾杯。人們見他傷痕累累，又聽他言簡意賅的介紹，不但為其勇猛而折服，還深為他從未顯示過自己而讚歎。尤其是看到孫權如此敬愛功臣，都極受感動，決心以周泰為榜樣，誓死報效賢明仁義的主公。

宴會之後，徐盛、朱然等都一改以往的態度，對周泰由衷地佩服和尊重了。

　　對於下屬的成績一定要認可，並且適時地加以宣傳，這樣做的目的有二：一來可以讓下屬知道你想到了他，對他表示了認可；二來也可以增加個人情感，也是一種情感投資。

　　管理者應該為下屬撐腰，在關鍵時刻應該站在下屬的一邊，替自己的下屬說話，維護下屬的利益，愛護下屬，使下屬感到一種「知遇」的感覺。

治國無能暴虐有餘

孫皓，三國時期孫權的後人，是東吳的第四代皇帝，也是歷史上有名的暴君，他對臣下的暴虐，直接導致了群臣對他的怨恨和東吳政權的顛覆，其教訓極為深刻。

孫皓是繼其叔父孫休之後登臨皇位的。當時，正值東吳國內階級矛盾日益激化，其內部政治不穩，外有強敵威脅。東吳處在內憂外患之中，可謂危機四伏。上臺伊始，這孫皓倒也應了「新官上任三把火」之說，實實在在地「燒」了三把火：優恤士民，開倉廩賑濟災民；釋放宮女，賞給民間無妻者；宮中留著供賞玩的禽獸一概放生。正因為這「三把火」，史籍中曾一度稱之為「明主」，這也算是孫皓留給後人的唯一的「德政」了。

「三把火」燒過之後，孫皓就原形畢露，他變得越來越粗暴驕淫。他先是好忌諱，貪酒色，剛愎自用，後來又變得愛殺人。當初擁戴他即位的丞相濮陽興、左將軍張布這時也深感失望，只恨自己看走了眼、選錯了人。孫皓知道後，將二人「斬立決」，並誅滅其三族。

本來大家盼望能有個撥亂反正、轉危為安的治國之君的出現，現在卻來了個治國無能、殘暴狂虐的亡國之君，許多賢良的大臣失望之餘，紛紛退避以求自保，以致東吳國運日衰。

但可悲的是，孫皓這個昏君為了顯示自己的英明偉大，就重用那些獻媚取寵的奸佞之人，來為自己塗脂抹粉。比如他原來的侍從何定，無才無德，後來被遣出宮擔任地方小吏。孫皓即位後，他自恃是舊人，仍任內侍。由於他擅長拍馬奉迎，趨炎附勢，孫皓便讓他做了都尉。何定為了討好孫皓，要各地官員進貢好狗，一隻狗價值數千匹布。他帶兵狩獵，每個士兵都須預備好一條狗，以捕兔給孫皓食用。國人認為何定罪當該誅，但

孫皓認為何定乃忠臣，非但不加懲治，反而賜其列侯之爵。何定獲寵，壞事做盡。少府李勖有個女兒，長得十分漂亮，何定代他的兒子向李家求婚，李不同意，何定到孫皓處告了一狀，孫皓竟然不問青紅皂白，就把李勖給殺了，而且還焚屍揚灰。手段之殘，令人瞠目。

孫皓生性殘暴，自從濮陽興和張布被斬首之後，他認為朝中文武已經沒有幾個人再敢和他頂撞了。文臣武將們只要稍有不合者，便施以極刑。極刑中最厲害的是剝面皮、挖雙眼。剝面皮是由劊子手執牛耳尖刀沿髮際割開一個小口，然後將面皮和頭皮一起一點一點地剝下來，最後剩下一具血淋淋的頭。這樣的酷刑當然使受刑人痛苦至極，但這個兇殘的孫皓卻特別喜歡看著他「不順眼」的人受此刑。他在一旁看著血淋淋的場面，聽著一聲聲的哀號，連眼睛都不眨，彷彿看戲一般，怡然自得。

侍中韋昭是東吳著名的學者，有人把他比做漢時的司馬遷，著有《國語注》等書。他領修國史，著吳書時，孫皓讓他把其父孫和列入本紀。本紀是專門記載皇帝事蹟的，可孫和並未當過皇帝，因此韋昭據理婉拒，認為孫和之事只能放入列傳中，這下得罪了孫皓。有一次，在宴會上，孫皓強迫韋昭飲酒七升，韋昭乃一介書生，哪能喝下這麼多的酒？孫皓便以「抗旨不遵」的罪名將韋昭逮捕入獄，隨後將其殺害。

會稽太守車浚是個清廉能幹的官吏，有一年當地旱情嚴重，老百姓餓死不少。車浚便上書孫皓，請求開倉賑濟。哪知孫皓不但不發放糧秣，反倒還說車浚是想收買人心，把他斬首，並將人頭懸於長杆之上，遊街示眾。

尚書熊睦見孫皓刻薄寡恩，便轉彎抹角地勸說孫皓適當寬容些，以避免陷於孤立。孫皓一聽勃然大怒，呵斥道：「老賊，竟敢罵朕！」喝令士兵將其拿下。熊睦義憤填膺，直言又將孫皓數落了一番，孫皓讓武士用刀把上的鐵環把熊睦活活砸死。

孫皓如此狂誅濫殺，弄得朝中文武大臣人人自危，個個如驚弓之鳥一般，一有風吹草動，即離開東吳，遠走他鄉。前將軍孫秀督軍於夏口，孫皓一直不放心孫秀統兵在外。西元二七〇年，孫皓率五千人到夏口打獵。

早已聽說孫皓要加害自己的孫秀，認為這次他是要真的動手了，便連夜帶著他的妻兒老小和親兵投奔了西晉。孫楷任武威大將軍，因永安人施旦起義時不立即發兵救援孫皓之弟孫謙，故受孫皓指責。西元二七六年孫皓徵召孫楷為宮下鎮驃騎將軍，要他進京任職。這個徵召引起了孫楷的驚恐，他急忙帶全家和親兵投降晉朝。昭武將軍步闡，也因孫皓貶其為繞帳督，而自疑為失職，孫皓要跟他算帳，而忙不迭地投降了西晉。就這樣，許多文臣武將殺的殺、降的降，東吳的力量受到了極大的削弱。孫皓漸漸成了真正的「孤家寡人」。

　　孫皓還是一個濫用民力的荒淫之輩。他即位不久，就大修宮室。對於他沉湎酒色之誤，中書丞華核曾經勸諫曰：「營建新宮，需徵集勞役，老百姓如果不能如期服役，朝廷官府就得興兵討伐，這種情況如果不斷蔓延，就不可收拾，即便勞力都到齊了，那麼多人聚集在一起也難免不得疾病。人都是這樣，遇安則心善，遇苦則怨而叛亂。我們江南精兵，遠遠勝過北方的敵人，我們一人相當於十人，如果新宮建成，病死或叛亂者五千人，則北軍實際上就增加了五萬；若死叛一萬人則北方就相當於增加了十萬人。當前大家正在爭奪中原，而我們營建新宮，使敵強我弱，這是明智的人應該引為憂慮的。」這些話將修宮的危害說得十分明白，但孫皓就是不聽，他不但大修宮室，而且廣征妃嬪。後來他後宮的人數竟達萬人之眾，創下了三國時期皇帝後宮人數之最。這樣一個整日遊嬉於後宮的荒淫之人，哪裡還有心思理政？因此，東吳朝中上下離心、國內百姓怨憤。

　　西元二七九年冬，晉武帝司馬炎發兵討吳，不久東吳即兵敗如山倒，孫皓見大勢已去，只好備亡國之禮，素車白馬，肉袒面縛，銜璧牽羊，率眾臣到晉國營前投降。

用 人 點 撥

　　親近小人、無所親信，人人憂恐各不自保。這樣的管理者豈能不敗？可以說很大程度上，管理的科學性就在於用人的科學性，管理的藝術性就在於駕馭人的藝術性。

　　管理的最終目的是調動與整合企業內部的一切資源，為企業的發展提供正向推進力，使企業內部各種資源有序流動，而「人才」本身就是企業內部一個相當重要的資源。企業最根本的財富不在於有多少資產。有了人、善用人，企業就會有一切；沒有人、不善用人，企業就會失去一切。

劉備故把阿斗摔馬前

　　一次，曹操領兵追趕劉備。劉備帶領十多萬老百姓、三千軍馬，向江陵進發。趙子龍負責保護老小。

　　夜戰之中，趙子龍與劉備的兩位夫人和兒子阿斗失散，趙雲便闖入曹軍中尋找。他找到了甘夫人，把她送過長阪坡，交給張飛。然後又返回頭去尋找糜夫人和阿斗。

　　在亂軍之中，趙雲單騎闖陣，危險萬分。他殺了曹營中數名戰將，終於在一堵被火燒壞的土牆的枯井邊，找到了糜夫人和阿斗。

　　此時糜夫人已負重傷，不肯佔用趙子龍的戰馬，便將阿斗託付給趙子龍；當她聽見曹操軍馬向這個方向殺過來時，怕連累趙子龍和阿斗，便翻身投井而死。

　　趙子龍不得已，恐曹軍盜屍，便將土牆推倒，掩蓋了枯井。然後將阿斗護在懷裏，在萬軍叢中，左衝右突，奮力殺出，真可謂是虎口脫生。

　　等到趙雲向劉備交付阿斗並領罪時，劉備把阿斗接過來，扔在地上，罵道：「你這小子，差點讓我損失一員大將。」

　　趙雲感動不已。劉備把戰將看得比兒子重要，這使趙雲以後更加以死效忠蜀漢。

用 人 點 撥

　　管理的最高境界不是依靠嚴格的制度約束和獎懲機制，這些都是外在的因素，就被管理者而言，這些都是「被迫」的，是管理方式的低級層面的東西。

　　「收心」，這才是廣大管理者所應重視的，如果管理者都能做到使下屬心甘情願地為自己工作，那樣的話，管理也更為容易，所取得的工作成效也必更為巨大。為了籠絡下屬，在必要的時候放棄自己的個人利益是必要的，也是最有成效的。

無辜笞將終遭殃

　　有一次，劉備奉曹操之命，去淮南討伐袁術。臨行前，他囑咐守徐州的張飛說：「你酒後經常鞭笞士卒，吾實放心不下。我走後，你早晚要少飲酒，不打軍士，別誤了守城大事。」張飛發誓道：「吾從今天起戒酒不飲，凡事與人多商議，聽從勸誡就是了。」劉備還是不放心，留下陳登與他共守徐州。

　　豈知劉備剛走，張飛的老毛病就犯了，他把州內諸事都交給陳登處理，軍機大事則自行定酌。一天，張飛設宴請諸將赴席。大家落座後，張飛說：「我大哥臨走時，怕我因酒誤事，咱們今天痛飲一番，從明天開始，都隨我戒酒，一心守城。」大家聽此言，便都開懷暢飲起來。

　　張飛把盞，輪番與眾將碰杯。當他端起酒杯與曹豹碰杯時，曹豹說：「末將不會飲酒。」張飛說：「廝殺漢怎麼不會飲酒？你喝了這杯即可。」曹豹怕傷了張飛的面子，懼其淫威，只好勉強喝了一杯。張飛與每人會飲了一杯後，已有十幾杯酒落肚，不覺有些醉意，接著又與大家會飲，當再次到曹豹面前，曹豹為難地說：「我實在不能飲了。」張飛說：「你方才分明已經飲了一杯，再飲何妨，我令你再飲一杯。」這個「不知好歹」的曹豹卻「堅辭」不飲。張飛頓時大怒：「你違我將令，該責一百脊杖。」說罷便令軍士將曹豹拉出去施罰。這時一旁的陳登忙出來勸阻，張飛沖他擠了擠眼睛：「你只管你文官的事，休來管我。」陳登見張飛本意並非要真打曹豹，只是想嚇唬嚇唬他而已，因此便不再勸了。可曹豹心中沒底，見陳登勸也沒用，只好跪地求饒，稱：「翼德公，請看在我女婿的面子上，饒了我吧。」張飛問：「你女婿是誰？」曹豹說：「呂布將軍。」誰知張飛本來就恨呂布，聽此言火冒三丈：「我本不想打你，今天

你提到呂布，我偏打你，打你就是打呂布！」說罷手提鞭子親自責打曹豹五十鞭，直到眾人一起苦苦相勸張飛才肯罷手。

曹豹無辜挨了一頓打，心中自然十分憎恨張飛，便暗中連夜派人給呂布送信，細述了張飛如何無禮，並約呂布趁劉備不在城中，張飛及眾將大醉之際奪取徐州。

呂布見信後，便依謀士之言，在曹豹的接應下，順利佔領了徐州。

照理說，經過這麼一次，張飛應該有所收斂了，然而正可謂本性難移，依然時常酒後笞將，直至把自己的性命也搭了進去。

那是後來張飛在聞知義兄關羽被害的消息後，他晝夜號哭不止，滴淚成血，染透衣襟。周圍眾將見張飛如此重義，只好投其所好，用酒來勸解他。誰知酒後他趁著酒興，悲兄怒吳之情更甚，對東吳的滿腔怒火無處宣洩，看見身邊哪個將士不順眼，便扯過來鞭打一頓。在他的鞭下，有很多將士被活活打死。眾下屬「心有惴惴焉而怨怒積於心」。當他接到出師伐吳的命令時，又向軍中下令說：「三日之內，置辦白旗白甲，三軍掛孝伐吳。」

第二天，帳下二將范疆、張達向他稟告：「白旗白甲一時置不齊，能否寬限幾日？」張飛大怒道：「吾為兄弟報仇，恨不能今日便入內賊之境，爾等怎敢延誤？」說罷，令武士把二人捆綁在樹上，各鞭笞五十。然後又手指著二人說：「明日就得給我置辦完備，若違了期限，馬上殺你二人示眾！」

二人被打得遍體鱗傷。回到營中後范疆說：「今日受此苦刑倒也無所謂，只是明天一天怎能把白旗白甲都弄齊了？」張達說：「反正你我二人難逃厄運，別等他殺我，不如我們先殺了他。」於是二人相約，只待張飛晚上醉酒後行事。

連日來，張飛無一天不飲，每飲必醉。他還和往常一樣，醉臥榻上，鼾聲如雷。張范二人見張飛睡死，便壯著膽子摸到床前，用短刀刺入張飛的心臟。張飛大叫一聲而亡，兩位凶手遂連夜逃往東吳。

可憐張飛一世勇猛，最終竟於夢中慘死在部下的手中，自食了「濫施

暴虐」的惡果。

用　人　點　撥

在現代社會，人與人之間是一種平等的關係，任何將個人淩駕於他人之上的做法都是站不住的，也是要不得的。作為領導者，更應該正確認識與下屬之間的關係，擺正自己的位置，不要有絲毫的優越感，並因此而不能正確處理與下屬之間的關係。

善待下屬，將心比心，用自己的愛心來感染他們，加大感情投資力度，一定會取得意想不到的效果。

馭人無方，群賢畢至又奈何

　　劉禪是蜀漢開國皇帝劉備的長子。西元二二三年，劉備去世，他繼承皇位。平心而論，較之商紂、夏桀之類的暴君，劉禪也不盡壞，甚至還算得上是個「老好人」；他老實得可憐、無能得出奇。可以說，他一生的是是非非皆由其無能而生。

　　孔明執政時，劉禪遵其父劉備所囑「事丞相如父」，且實權在孔明，他不聽也得聽。孔明操勞國家大事，整天忙得汗流浹背，食不甘味，寢不安席；劉禪卻是「傻人有憨福」，落得個輕閒自在，整天不動腦筋，飽食終日，無所事事，樂其所樂。當然，他也不是整天昏睡，遇有國家大事，他有時也會用心。比如劉備死後，曹魏趁機兵分五路侵蜀，因為當時孔明閉門不出，他不知道如何是好，急得團團轉，後來他到相府探望孔明，孔明告訴他退兵之策，他才「如夢初醒」，實乃活脫脫一副白癡相。

　　然而這劉禪對於孔明竟然也放心不下，當諸葛亮與司馬懿鬥兵鬥陣邊疆取勝，正欲乘勝直取長安之時，他卻中了司馬懿的反間計，聽信司馬懿故意放出的流言——孔明白倚大功，早晚必將篡國。竟當即派人帶著詔書星夜趕往前線，急召孔明回朝。孔明奉旨趕回成都，問他究竟有什麼急事將他召回？劉禪無言以對，良久，竟「語出驚人」：「我好久沒見到丞相了，心中十分想念，因此特地把您給叫回來見個面，沒有別的事兒。」真是憨人憨語、憨態十足。只是苦了那孔明，偌大年紀，來回奔跑不說，前線戰事也因此而功虧一簣，弄得哭笑不得。

　　儘管如此，總的來說，孔明在世時，劉禪「大樹底下好乘涼」，國家還算太平。可等到諸葛亮故於五丈原，特別是蔣琬等賢相相繼去世之後，情況便逐漸發生了變化，劉禪的無能昏庸和荒唐無知便暴露無遺了。此時

劉禪身邊的宦官黃浩見他無能好欺，感到自己的出頭之日到了，便竭盡其阿諛吹捧、陽奉陰違之能事，不斷取得劉禪的好感，針對劉禪好逸貪色的弱點，將其陷於聲色犬馬之中，使劉禪無心理政，從而最終將大權竊為己有，把朝政、政事、軍事弄得一塌糊塗、烏煙瘴氣。

深得孔明兵法之要旨的姜維是蜀國後期的「頂樑柱」，是個赤膽忠心的忠臣，他繼承孔明之遺志，九伐中原，雖無大勝，但也挫傷敵膽，使之不敢正窺西蜀。可正當姜維在前線浴血奮戰，困魏國名將鄧艾於祁山時，忽然連續接到劉禪的三道詔書，促其回師。原來劉禪是在黃浩指使下作出了「決斷」：「姜維屢戰而無功，命閻宇代之。」

而這個閻宇本來身無寸功，只因跟隨黃浩才得重用，竟官至右將軍。黃浩本想用閻宇代替姜維，可又聽說前線的對手鄧艾善於用兵，恐怕閻宇不是對手，就又停了下來。任用大將，尤其是臨戰換將，如同兒戲，是撤是用，竟然全由一個宦官說了算，可見這劉禪實在是個罕見的庸王。

姜維回來後得知此事，便入奏後主說：「黃浩奸巧專權，乃靈帝時十常侍也，陛下近則鑑於張讓，遠可鑑於趙高，早殺此人，朝廷方可太平，中原方能恢復。」後主聽了卻哈哈大笑：「黃浩乃趨走小人，縱使專權，也無能力。」

姜維見不能殺黃浩，擔心反被其所害，便聽從法正之言，領軍前往遝中屯田，以充軍實，徐圖進取。然而自古以來庸主當政、小人弄權，大將在外難於立功。姜維豈能例外？劉禪昏庸透頂，黃浩專權胡為，西蜀怎能不亡！

時隔不久，鐘會、鄧艾大舉興兵入侵西蜀，姜維當即起兵前往抗拒，並上表請派精兵分守戰略要地陽安關和陰平橋，並指出「若失二處，漢中不保也」。可是在此危急關頭，劉禪竟聽黃浩之言召巫婆入內殿卜問凶吉，此巫自稱「西川土神」附身，胡說什麼「陛下欣樂太平，何為求問他事？數年之後，魏國疆土亦歸陛下也。陛下切勿憂慮。」

自此，劉禪深信巫婆之說，而不聽姜維之言，每日只在宮中飲酒作樂。姜維頻發告急文書，都被黃浩截下並藏匿。因此使得鐘會輕取陽安

關，鄧艾偷渡陰平，姜維雖和諸將奮死守衛劍閣，但此時他縱有回天之力也已無濟於事了。

　　魏軍進攻，勢如破竹，此時劉禪召集緊急御前會議，商討對策。有人認為可以聯合吳國，有人認為南中七郡易守難攻，宜可奔南。只有譙周主張放下武器、立即投降，劉禪這個軟骨頭，聽到前線兵敗，早已嚇得六神無主，譙周的意見正合他意，便拍板定案。派遣特使帶著蜀漢印綬，向鄧艾投降，同時又命令姜維停止抵抗，就地待命。蜀軍將士個個「拔刀砍石」，怒不可遏，但劉禪卻命人將自己捆起來，抬著棺材到鄧艾營中乞降。「兵熊熊一個，將熊熊一窩」，皇帝熊則熊一國，蜀漢自此徹底完蛋。他投降後，被安排到魏國的京城許昌居住，並且封為安樂公。有一次，魏國的大將軍司馬昭請他喝酒，當筵席進行得酒酣耳熱時，司馬昭說：「安樂公，您離開蜀地已經很久了，因此我今天特別安排了一場富有蜀國地方特色的舞蹈，讓你回味回味啊！」

　　這場舞蹈跳得劉禪身旁的部屬們非常難過，更加想念他們的家鄉。然而唯獨安樂公劉禪依然談笑自若，絲毫沒有難過的表情。司馬昭問道：「你還想不想回西蜀的家鄉呢？」劉禪答道：「這裡有歌有舞，又有美酒好喝，我怎麼捨得回西蜀國呢！」

用人點撥

　　「領」、「導」，二者都可以理解為駕馭、御使。作為領導者不具備領導才能，如何能起到領導的作用於手下？

　　換句話說，即使手下擁有一大批有才能的人，但是又有什麼用途呢？下屬的聰明才智根本無從發揮，實現不了自身的真正價值，不能創造絲毫的業績。御人的重要性由此可見一斑。

與下屬建立朋友式的關係

　　隋王朝的建立，結束了中國自東漢以來百餘年的分裂局面，但是這個王朝到第二位皇帝，即隋煬帝統治時，就天下大亂，反抗鬥爭此起彼伏。在隋末動盪不安的環境下，以李淵、李世民父子為首的李氏集團也在太原積極謀劃。

　　李世民在太原時就開始注意結交英雄豪傑。如李世民岳父長孫晟的族弟長孫順德，因為逃避隋煬帝的遼東之役，躲藏到太原，李世民與他建立了密切的關係。劉弘基原先是個流浪之徒，與遊俠任氣之人相往來，不事產業。他亡命到太原後，李世民也和他結為好友，出門時與他坐騎前後相連，進門時則同臥並起，關係非常密切。還有一個名叫竇琮的男子，因殺人而逃避仇人，躲到太原，一次因故與李世民發生糾紛，二人結下嫌隙。但當李世民得知竇琮是個豪俠之士時，他又不計前嫌，並且親自邀請竇琮一同飲酒。竇琮心懷疑懼，以為李世民要趁機報復自己，但李世民始終以禮相待，終於使竇琮釋疑，二人遂成為好友。竇琮後來為李世民的大業立下了汗馬功勞。

　　李世民在太原的活動引起了一個人的注意，他就是擔任晉陽令的劉文靜。劉文靜身材高大、儀表堂堂，有才幹謀略，善於分析天下大勢。李淵到太原出任留守後，劉文靜通過一段時間的觀察，認為李淵心懷「四方之志」，將來一定會有所作為，於是和李淵進行交往，逐漸建立了深厚的關係。

　　劉文靜在與李淵的交往中，又發現李世民雖然年僅二十，但其見識和才能卻非同齡人可比。他經過仔細觀察，認為李世民必定能成就大事，因而對晉陽宮副監裴寂說：「李世民非常人也。其寬容大度類似於漢高祖，

英明神武同於魏武帝，他年紀雖然輕輕，卻有天縱之才。」

不久，劉文靜因為與瓦崗寨農民起義軍首領李密結為兒女親家，被隋煬帝以勾通亂黨的罪名禁囚在太原監獄裏。李世民也深知劉文靜是一位可以圖謀大事的奇才，便私下到獄中去探望他。劉文靜見李世民親自來看望自己，心中明白他為何而來，便對李世民說：「當今天下大亂，非有（商）湯、（周）武王、（漢）高祖、（漢）光武帝這樣的才能，不能平定天下！」

李世民回答說：「您怎麼知道沒這種人呢？我只是擔心常人不能識別啊！我現在到獄中來看您，並不是為了兒女之情來打擾您。現在天下形勢已是如此，所以特來與您相商舉義大計。還望先生妥善籌畫其事，劉文靜見李世民毫無保留地向自己說明來意，便將自己的想法全盤托出：「今李密長期圍困洛陽，主上流播淮南，大賊連州郡，小盜遍山澤，多達數萬，的確需要真命之主來駕馭天下。如果真能應天順民，舉義旗登高大呼，那麼四海也就不愁不能平定了。現在太原百姓躲避盜賊的都來到晉陽，我擔任晉陽令已有多年。與其中的豪傑之士經常往來，一旦舉義旗，只需打一聲招呼，聚集者可達十萬人。你的父親又有數萬軍隊，只要他一開口提出此事，誰不會隨從？那時再乘虛入關，號令天下，不過半年，就帝業可成。」

通過這次獄中傾心交談，李世民與劉文靜結為密友。在李淵稱帝後，劉文靜擔任司馬，地位僅次於裴寂。當裴寂在朝中成為太子建成的強有力支持者時，劉文靜則與蕭、陳叔達等共同支持李世民，使李世民在與太子建成的奪權鬥爭中找到了堅定的擁護者。

可以說從晉陽起兵之前起，李世民就開始在政治上逐漸成熟。他見隋室大亂，暗中立下大志，於是傾心交結賢能之士，得到他們的支持，為建立自己的基業奠定了最初的基礎。

用人點撥

　　「人之相識，貴在相知；人之相知，貴在知心」，作為領導者，如果總是把自己的內心世界封閉起來，下屬永遠不知你在想些什麼，聽不到一句心裏話，那和誰也交不上朋友。

　　只有向下屬敞開心扉，把心交給下屬，和下屬心心相印，無話不說，下屬才能親近你，與你交心。領導者應當把本單位面臨的形勢、工作上的打算、遇到的困難和自己的苦衷，誠懇、坦率地告訴下屬，讓大家幫助出主意、想辦法，工作就會做得更好。

放寬政策收買人心

　　唐高祖武德九年六月四日，秦王李世民與臣屬房玄齡、杜如晦、長孫無忌等經過密謀後，發動玄武門之變，殺死太子建成和齊王元吉。當天，高祖下詔書大赦天下，並下令「國家軍國庶事，皆由秦王處分。」

　　三天後，高祖又下詔立秦王為太子，詔書稱：「自今軍國庶事，事無大小，悉委皇太子斷決，然後聞奏。」八月，高祖又下詔，正式傳位給太子世民，自己退居太上皇。從此李世民當上了大唐帝國的第二位皇帝，是為唐太宗，次年正月改元「貞觀」，開始迎來「貞觀之治」的新時期。

　　李世民執政之初，局勢並不容樂觀。建成、元吉在玄武門之變中一朝被殺，但是他們以太子、齊王身分為自己經營籌畫多年，在朝廷內外和地方都有相當強大的勢力。因此他們死後，原東宮、齊王的勢力仍然存在，他們處於與新皇帝敵對的位置。如何採取措施來應對這些不安定因素，成為玄武門之變後擺在李世民面前的首要問題。

　　對於東宮和齊王府的敵對勢力，李世民的態度有一個前後變化的過程。起初，李世民對這兩大敵對勢力實行高壓政策，在玄武門之變的當天，就令部將把建成的四個兒子、元吉的五個兒子全部殺死，斬草除根，消除後患；又下令絕其屬籍，家產全部抄沒。為了迎合李世民仇恨建成、元吉的心理，一些部將甚至打算將建成、元吉左右百餘人全部斬殺，李世民沒有反對，而是以默許來表示贊同。

　　對李世民這種株連政策，大將尉遲敬德堅決反對，他力排眾議，大聲對李世民說：「罪在二凶（即建成、元吉二人），他們既伏其誅，如果再連及支黨，不是求得安定的良策！大王如果想得到人心，千萬不可株連過多、過廣！」

　　尉遲敬德主張不擴大打擊面，這對當時安定局面來說，確實是一條良策，因此李世民很快就醒悟過來，立即制止了部將濫殺無辜的建議，同時向高祖請求下詔天下，稱「凶逆之罪，只止於建成、元吉二人，其餘黨徒，一概不問其罪。」

　　可見李世民很快就改變了策略，對原東宮、齊王府的勢力轉而採取寬大政策。這一政策的改變，果然立即收到成效。就在六月五日，也就是玄武門之變的第二天，曾率領東宮、府衛兵進攻玄武門秦王勢力的建成心腹將領馮立和謝叔方，就來向李世民自首請罪。

　　在招降東宮、齊王府餘黨的同時，李世民對其中的一些才幹出眾者更是另眼相看，將他們和秦王府臣僚同樣重用，有的甚至引以為心腹。如被流放到崔州的原東宮屬官韋挺，在召回之後，李世民授以諫議大夫之職，留在身邊當自己的顧問，而對原太子洗馬魏徵，李世民更是傾心相交，在對待原東宮屬官中尤為突出。

　　在對原東宮、齊王府黨徒實行寬容政策的基礎上，李世民終於化解了敵對勢力，還為自己網羅了一批文臣武將，為「貞觀之治」的繁榮強盛奠定了人才基礎。

　　李世民禮葬太子建成，又從另一個方面體現了他的「寬心」謀略。李世民殺建成，畢竟有違封建倫理道德。為了消除這方面的不良影響，李世民於武德九年冬十月剛即位不久，就下旨追封建成為息王，諡曰「隱」；元吉為海陵王，諡曰「刺」，藉此表明玄武門之變的正義性和李世民的仁愛之心。然後李世民又下令以禮安葬隱太子建成，以皇子、趙王李福為建成的後嗣，親自送建成棺柩到千秋殿西門，痛哭致哀。

　　與此同時，李世民又接受魏徵等東宮舊屬的上表，允許原東宮和齊王府的屬官前往送葬。李世民這一招運用得非常巧妙，因為魏徵等人的上表，一方面肯定了建成的被殺是罪有應得，玄武門之變是正義之舉；另一方面又從封建禮儀上論述了送葬的道理，認為這樣做既不違人臣之禮，又有利於消除原東宮、齊王府臣屬的仇恨情緒。

　　對此李世民當然樂意接受，於是原來十分激烈的秦王府與原東宮、齊

王府之間的矛盾，也藉此機會得以消除，李世民也進一步取得了各位臣僚的忠心支持和擁護。

　　正是依靠這種寬心策略，李世民在玄武門之變後不到一年的短短時間之內，就迅速緩解了原東宮、齊王府臣屬對自己的仇視情緒，並對他們委以重任，使他們成為自己的得力助手，和原秦王府臣屬共同輔佐自己，為「貞觀之治」的形成做出了應有的貢獻。

用 人 點 撥

　　心胸寬廣是一種美德，更是一種良好的個人魅力。對於領導者來說，盡棄前嫌、心胸博大、目光遠大，既是給別人以機會，也是給了自己以進步的機會。

　　一個領導者是否具有不計前嫌的胸襟，直接關係到他能否納才、聚才和用才，而且也關係著企業的發展前途。一個優秀的領導者對於有才華的反對者，就應以寬廣的胸懷和大度的氣量主動去接近、團結並啟用他們，讓他們感受到你的愛才之心和容才之量，從而使他們改變對你的態度，並願意為你所用；同時也讓你更富有吸引別的優秀人才加盟的個人魅力。

盡可能多地發動下屬的力量

　　李世民認為，即使君主自己賢明，但是臣下如果不進直言，同樣會使國家陷於危險的境地，所以他得出結論說：「唯君臣相遇，有同魚水，則海內可安。朕雖不明，幸諸公數相匡救，冀憑直言鯁義，致天下太平！」

　　不過，李世民所主張的「君臣事同魚水」，並不等同於君臣之間的絕對平等關係，而是將其置於君主的專制統治之下，即他所說的「君臣本同治亂，共安危」，如果君失其國，「臣亦不能獨全其家」，將君臣合力治國的關係提到國家興亡、社稷安危的高度來認識。

　　為了實現君臣共同治理天下，李世民非常注重選用人才。為了廣開才路，李世民推出了士庶並舉、官民同申、新故同進、漢夷並用等政策，網羅了一大批人才，魏徵、王珪、馬周等由此進入李世民部屬的隊伍，形成了唐初「賢人在位眾多」的局面。同時，李世民對自己也有一定的自知之明。他不僅從歷史人物身上，而且從平常生活中發現個人的不足，並由此得出「自知者明，信為難矣」的結論，指出：「帝王一日萬機，一人聽斷，雖復憂勞，安能盡善？」

　　正由於帝王不是「盡善」之人，所以李世民主張依靠臣下，集思廣益。他曾對大臣魏徵說：「美玉通常隱藏在石頭中，不經良工琢磨，與瓦礫一樣沒有什麼區別。如經過良工的精心琢磨，去掉石、瑕，就可以成為傳世之寶。朕雖然算不上美玉，但還是希望你們這些良工來費心琢磨。」

　　李世民將自己比喻成在石之玉，而把輔佐自己的大臣比作良工，實際上是公開承認自己還有不少缺點，希望臣下幫助自己去除，使自己成為美玉。這樣，李世民通過比喻，表達出了自己內心的期望，即通過君臣合力將大唐王朝治理好。

李世民深知要實現君臣之間的合力，就需要自己善於容人納諫，改正自己的缺點，事實上他也做到了這一點。如貞觀八年，宰相房玄齡、高士廉在路上遇到少府監竇德素，就問他宮中正在營建什麼工程。竇將此事告訴了李世民，太宗大怒，認為房、高管得太多，就叫來二人斥責說：「朕只要你們管好朝廷大事，至於宮中事情，何苦你們關心？」

房玄齡、高士廉見太宗臉有怒色，不敢作答，只能謝罪辭退？這件事馬上被魏徵知道，魏徵隨即上奏說：「臣不理解陛下為何斥責房、高二人。也不知二人為何謝罪？他們二人既然是宰輔大臣，也就是陛下的左膀右臂和耳朵，有什麼事情他們不應知道的？陛下斥責他們是何道理，臣實在難以想通。且營建工程需要多少費用，這些工程有無必要，宰相都應有所瞭解。如果有必要，他們應該幫助陛下完成；否則就應該上奏請求撤除。這是君主任用臣下，臣下侍奉君主的常理。如果房、高二人過問得對，陛下就不應該責備他們，他們為什麼還要謝罪呢？恐怕是陛下不識大臣之職吧？」

魏徵這番話將李世民說得啞口無言。因為李世民口口聲聲強調要君臣合力，共治天下，那麼宰相就應該擔負起重要責任，而李世民現在責備兩人，顯然有悖於君臣合力共治的原則。因此魏徵的話說完之後，李世民也覺得自己做得不對，不久便向房玄齡、高士廉二人表達了自己的愧疚之意。

到貞觀五年，唐朝就出現「遠夷率服，百穀豐稔，盜賊不作，內外安靜」的景象，而李世民將這一切歸功於眾臣，說道：「此非朕一人之力，實由公等共相匡輔。」

李世民這種重視君臣合力共治、推功及人的謙讓精神，在歷代帝王中實屬罕見。

用人點撥

　　領導者再有本事，充其量也是一個人。無論辦什麼事情，都應當盡可能多地發動下屬的力量，才有成功的希望。靠的絕不是自己一個人，而是整個領導集團。

　　對於現代企業來說，領導者進行決策是嚴肅、科學而又極其複雜的事情。因此領導者在決策時必須善於發揚民主，堅持走從群眾中來，到群眾中去的路線。在決策過程中，要廣泛而深入地搜集群眾的意見，提倡「百家爭鳴」，集思廣益，然後在此基礎上進行決策，開「諸葛亮會」的辦法就是一種好形式，它能夠使領導者聽到各種不同的意見，使「三個臭皮匠」起到「一個諸葛亮」的作用。

滿足下屬不同的心理需求

做了皇后的武則天，一點也不甘於平淡，為了實現政治野心，急需培植自己的一幫勢力。她的手段是發展科舉，讓大量的平民百姓加入到官僚隊伍中來。在其執政的五十多年中，取進士達一千多人，平均每年錄取人數要比李世民時增加一倍以上。過去考試貢生的考卷都要用紙把考生的名字糊起來，以防考官作弊。武則天廢除糊名制，這實際上是要從寬取士。

由於武則天放開手腳，廣開仕途，使大量的普通地主和下層貧民，湧進了武氏王朝的官僚隊伍，甚至出現了官職貶值現象。

當時最極端的一個例子是李義府賣官。李義府是外廷中最早投入武氏集團核心的人之一，被貴族們視為小人，但久居相位，是唐代歷史上第一個大貪官。不僅他本人賣官，他三子一婿，全都參加賣官活動。他賣官的目的自然有撈錢的意圖在內，但政治方面的意圖卻是主要的。這種意圖就是「多引腹心，廣樹朋黨」。李義府的這種活動，如果沒有得到武皇后的支持是說不過去的。李義府的朋黨，自然也就是武皇后的朋黨；將「雜色人流，不加銓簡」與賣官二事合而觀之，我們就可以看到武皇后意圖所在，這就是廣樹腹心，以摧毀長孫無忌這一派的勢力。

武則天是如何控制軍隊的呢？一個重要措施是建立《姓氏錄》的新門第體系，取代舊《氏族志》體系。《氏族志》是李世民欽定門閥的士族譜，它雖然對魏晉以來傳統的門閥觀念有所突破，但重點維護的是打天下時的基礎班底關隴貴族的利益。武則天在奪宮勝利後需要解決兩個問題：第一，她要粉碎來自長孫無忌等人的復辟挑戰；第二，她要長久地鞏固奪宮成果。完成於永徽奪宮之前的《氏族志》，既沒有記錄下奪宮的成果，更不可能對這個成果起任何鞏固作用。於是《姓氏錄》便應運而生了。

　　《姓氏錄》和《氏族志》的最大區別在於：五品官以上都可入譜。有了這個規定，一個普通士兵就可以通過積累軍功上升為氏族。現代人可能難以理解門戶對對當時人的重要性。有的人奮鬥一生就是為了立門戶，在等級森嚴的門閥社會裏，一個家族從庶族升為士族，是家雞到鳳凰的飛躍，可以傲對當世，可以蔭庇子孫。而士族憑藉血統和禮法，拼命提高進入的門檻，讓寒門既羨慕又痛恨。而《姓氏錄》的出現，實現了那些寒門官吏的夢想。傑出的戰爭英雄、皇后的親信、科舉的文士，隨著皇后一起進入《姓氏錄》。特別是軍人，李世民死後，唐王朝又進行了大量的對外戰爭，又湧現出了許多英雄人物。然而這些新功臣都不可能在《氏族志》中得到應有的利益。而這時，像蘇定方這樣征服朝鮮半島的大將，薛仁貴這樣大敗契丹的英雄都能成為欽定士族。武則天在中層以上的官員中，特別是在武官中，又收買到了一批擁護者。至少他們在武氏與長孫無忌的鬥爭中，不會採取支持無忌的態度。軍隊一旦歸心於武氏，稱帝就是早晚的事了。

用人點撥

　　俗話說：「澆樹要澆根，待人要帶心。」但是摸清了下屬的心是成功用人的第一步，接下來就是要根據下屬的心理狀態、心理追求而採取行動，以收攬其心，讓他們心甘情願地為你工作。

　　領導者必須摸清下屬的內心的願望和需求，針對下屬的不同心理追求，領導者要儘量投其所好，並予以適當的滿足，通過各種不同的攻心謀略和手段，使下屬由衷地信任自己、敬佩自己、擁戴自己。

不癡不聾，不為家翁

　　唐代宗時，郭子儀在掃平「安史之亂」中戰功顯赫，成為復興唐室的元勳。因此唐代宗十分敬重他，並且將女兒昇平公主嫁給郭子儀的兒子郭曖為妻。這小倆口都自恃有老子作後臺，互相不服軟，因此免不了口角。

　　有一天，小倆口因為一點小事拌起嘴來，郭曖看見妻子擺出一副臭架子，根本不把他這個丈夫放在眼裏，便打了她一掌，還憤憤不平地說：「你有什麼了不起的，就仗著你父親是皇上！實話告訴你吧，你父親的江山是我父親打敗了安祿山才保全的，我父親因為瞧不起皇帝的寶座，所以才沒當這個皇帝。」在封建社會，皇帝唯我獨尊，任何人想當皇帝，就可能遭滿門抄斬的大禍。昇平公主聽到郭曖敢出此狂言，感到一下子找到了出氣的機會和把柄，立刻奔回宮中，向唐代宗彙報了丈夫剛才這番圖謀造反的話。她滿以為，父皇會因此重懲郭曖，替她出口氣。

　　唐代宗聽完女兒的彙報，不動聲色地說：「你是個孩子，有許多事你還不懂得。我告訴你吧。你丈夫說的都是實情。天下是你公公郭子儀保全下來的，如果你公公想當皇帝，早就當上了，天下也早就不是咱李家所有了。」說完對女兒勸慰一番，叫女兒不要抓住丈夫的一句話，亂扣「謀反」的大帽子，小倆口要和和氣氣地過日子。在父皇的耐心勸解下，公主消了氣，自動回到了郭家。

　　這件事很快被郭子儀知道了，可把他嚇壞了。他覺得小倆口打架不要緊，兒子口出狂言，幾近謀反，這著實叫他惱火萬分。郭子儀即刻令人把郭曖捆綁起來，並迅速到宮中面見皇上，要求皇上嚴厲治罪。可是唐代宗卻和顏悅色，一點也沒有怪罪的意思，還勸慰說：「小倆口吵嘴，話說得過分點，咱們當老人的不要認真了。不是有句俗話嗎：『不癡不聾，不為

家翁』。兒女們在閨房裏講的話，怎好當起真來？」聽到老親家這番合情入理的話，郭子儀的心裏就像一塊石頭落了地，頓時感到輕鬆，眼見得一場大禍化作小事。

雖然如此，為了教訓郭曖的胡說八道，回到家後，郭子儀將兒子重打了幾十杖。

用 人 點 撥

下屬之間發生矛盾吵嘴是個常見的問題，有時候他們在氣頭上，可能什麼激烈的言辭都會冒出來，領導如果句句較真，就將永無寧日。

作為一個上司，在所屬的範圍內，要人人滿意似乎是不可能的。有的人可能因某一瑣事而節外生枝，怨天尤人，甚至「罵大街」，講領導的壞話。在這種情況下，如果硬要去較真，就會愈加麻煩。相反，有經驗的上司會避其鋒芒，不聽信他人的閒言，裝癡作聾，來他個「難得糊塗」、「無為而治」，在事後心平氣靜時做思想工作，效果會好得多。因此裝聾作啞是謀略修養的不可忽視的一個方面。

不妨來些「小恩小惠」

李大亮在唐太宗時代，一度曾出任涼州督，他雖然遠離京師，對朝廷的事還是十分關心，經常上書皇帝，或對國事提出建議，或對皇帝有所規勸。

有一次，朝廷派了使臣來到涼州，看到涼州出產一種名貴的獵鷹，便勸李大亮獻給皇帝。李大亮因此上書唐太宗說：「陛下為了集中精力處理國事，早已宣佈不再打獵了，可是朝廷派來的使臣卻索求獵鷹。這若是陛下的意志，表明陛下自食前言；如果是使臣自作主張，則又表明朝廷派遣的使臣不稱職。」

虛心納諫的唐太宗讀後，感動李大亮忠直可信，除回信對他大加表彰外，還賜給他一隻少數民族地區出產的胡瓶和一部史書《漢紀》，並在信中說：「胡瓶雖不是什麼珍寶，卻是我自己使用的物件；《漢紀》這部書，敘事條理分明，議論深刻博大，對如何治理國家，如何盡為臣之道，都有詳盡的闡述，我賜給你，希望你在公事之餘，認真閱讀。」

所賜之物，真是微不足道，卻別具一種親切感，李大亮怎麼能不備受感動呢？自然會更加效忠於皇帝了。他在戍邊期間，處理少數民族關係時多有建樹。後來唐太宗將他調到長安，負責皇宮和東宮這兩大宮廷禁地的保衛工作，他恪盡職守，每當他值夜班時，總是通宵不睡，以致唐太宗感動地誇讚說：「你一值班，我便能整夜放心地睡覺。」

這其實是一種小恩小惠的手法，但卻不可低估了它的作用，在臣下的心目中，這種「御用之物」的價值比千金之賞還要珍貴，因為它表示了君上對受賜者一種特殊的寵信、恩惠，千金易得，而這種特殊的寵信卻並不是任何人都能得到的。有這種幸運的人，很少不受寵若驚的。

用 人 點 撥

　　要得到真正的傑出之士，只憑錢是不夠的，關鍵在於情、義二字，要用情來打動他們，現代領導者也不妨給你的下屬一些「小恩小惠」，利用感情投資來籠絡下屬的心，你的下屬很可能因為你特殊的恩惠而感動，而恪盡職守。

　　領導對下屬的感情投資，會使他們產生「歸屬感」，而這種「歸屬感」正是他們願意充分發揮自己能力的重要源泉之一。人人都不希望被排斥在領導的視線之外，更不希望自己有朝一日會成為被炒的對象，如果得到了來自領導的感情投資，無疑會更願意付出自己的力量與智慧。

唐莊宗出爾反爾失信用

　　九二三年，唐莊宗的部下李嗣源率養子李從珂任先鋒，攻入開封，唐莊宗大喜，重賞李嗣源。唐莊宗對李嗣源說：「我得天下，是你父子的功勞，我要和你共有天下。」可是等到滅梁以後，他舉手對功臣們說，我從這十個指頭上得天下，意思是說你們都沒有功勞。

　　他非但背信棄義、不賞功臣，反而用並無寸功的伶人做州刺史和武將。他任用孔謙管理財政，孔謙重斂急徵，民不聊生，唐莊宗卻授予孔謙「來財瞻國功臣」的「榮譽稱號」。而對於李嗣源之類的功臣元勳，他卻非但不兌現「與你共有天下」的承諾，相反，怕他們功高蓋主，處處加以壓制。這令功臣宿將及軍中將士十分不滿，開始與他離心離德。不久，部下李嗣源憤然率部攻入開封自立，嚴重動搖了唐莊宗的統治。

用人點撥

　　古人云：「創業維艱，守成更難」。天下萬事莫不成於敬慎，敗於驕忽。看似不甚重要的事情，可能最終事關工作的興衰成敗，小事決定最終的命運。

　　作為領導者、管理者，更應該講信用，不能夠出爾反爾，一日三變，這樣勢必影響到在下屬心目中的形象。設想一下，一個在下屬的心目中沒有良好形象的領導，又如何能夠管理好下屬，贏得大家的支援，以開展好工作呢？

李從珂驕兵不治失天下

　　自唐朝中後期起，形成了藩鎮割據的局面，它造成的直接後果之一，就是驕兵悍將不服管束。這種情況一直延續到五代而不改，五代時期有許多國君、將帥，就是因為驕兵不治而身死國滅的。後唐李從珂的遭遇就是一例。

　　李從珂，是後唐明宗李嗣源的養子，又稱廢帝。年輕時隨從莊宗李存勗及明宗征戰後梁，驍勇善戰，軍功卓著。

　　西元九三三年，李嗣源病故，兒子宋王李從厚繼位，史稱閔帝。閔帝優柔寡斷，權臣朱弘昭、馮贇等趁機把持了朝政。朱、馮二人為了利於專權，便致力於排除異己，安插親信。當時李從珂任鳳翔節度使兼侍中，被封為潞王，地位很高，且享有較高的威望，自然成為朱泓昭等人的眼中釘，必欲除之而後快。於是他們就以李從珂不服從調任河東節度使的命令為由，派遣西都留守王思同率大軍前去征討。

　　征討大軍抵達鳳翔城下後，王思同即下令攻城，志在必得。鳳翔城城垣低矮，壕塹不深。在王思同督眾猛攻之下，李從珂部死傷累累，形勢十分危急。

　　李從珂眼見城將不保，便登上城樓，高聲對城外軍士喊道：「我年未二十歲就跟先帝出征，出生入死，金瘡滿身，軍士從我登陣者多矣。今朝廷信任賊臣，殘害骨肉，且我有何罪。」說罷放聲大哭，聲傳數里，聞者莫不為之哀痛。羽林指揮使楊思權原就與朝廷權臣有隙，這時便趁機大喊：「大相公，君主也。」當即率領所部人馬脫下甲冑，丟掉兵器，進入鳳翔城西門向李從珂投降，並獻上一張白紙，要求李從珂攻克京師登上帝位後，封他為節度使。李從珂便依言寫上：「思權可任頒寧節度使。」與

此同時，嚴衛都指揮使尹暉「亦引軍自東門而入」，投降依附了李從珂。這樣一來，王思同等見大勢已去，只好落荒逃走。

降兵認為有功於李從珂，便紛紛向他討功要賞。李從珂不敢怠慢，便傾盡城中財物犒賞將士，「率居民家財以賞軍士」，甚至將釜鼎之類的器具也作價論賞。軍營內酗酒賭錢，喧鬧不已。李從珂傳令發軍東進，並遍告軍士，凡攻入京都洛陽者，賞錢百緡。這些驕兵見有重賞，便隨從他向洛陽殺去。一路勢如破竹，連下重鎮。

李從珂率軍東進的消息傳來，閔帝及左右個個心驚肉跳，手足無措。大將康義誠見風使舵，企圖率領侍衛軍投降李從珂以擢大功，於是假意請求領兵往拒李從珂。閔帝不察虛實，欣然同意，並拿出府庫錢物進行犒賞。

這些人驕橫不可一世，身背朝廷賞賜出征「討伐」李從珂，卻一路揚言：「到了鳳翔後，再向潞王取一份賞。」結果他們剛到新安，便紛紛丟盔棄甲，成群結隊爭先趕往李從珂軍駐地請降。這樣李從珂就暢通無阻地進入洛陽城，在馮道等人上表勸進下，登上皇帝寶座。

李從珂即位後，立即下詔開府庫犒賞軍士，豈知洛陽府早已空虛，而犒賞軍費卻需五十萬緡之多。百官竭盡所能搜刮財物，然而即便如此，也只搞到二十萬緡，尚不及半數。這些賞錢頒賜下去後，這些驕兵悍將慾壑難填，大為不滿。在底下製造謠言，李從珂害怕軍中有變，於是更加一味地遷就這些驕兵悍將。

正是由於李從珂平素治軍不嚴、綱紀不明，所以後來河東節度使石敬瑭勾結契丹攻打後唐時，手下部眾立刻分崩離析，不戰迎降。走投無路的李從珂本人也在石敬瑭兵臨城下時，登樓自焚，喝下了自己驕兵不治、葬送天下的這杯苦酒。

用人點撥

　　管理者需要樹立自己的威信，對下屬進行有效地管理和約束，要嚴格要求部下，不能放縱，恩威並施是必要的。工作中，要用「威」來體現制度與法規的威嚴，私下裡，再用「恩」來體現個人的關懷。

　　如果懷著做好人和下屬交朋友，制度與法規體現在哪裡？如果下屬犯了錯誤，你怎麼懲罰他？如果你不懲罰，你的威嚴又何在？如果你懲罰，下屬會和你日常的行為對比，於是你就成了「陰險小人」、「笑面虎」，就會唱「當太陽升起的時候，我們的兄弟成為了對手」，以後你的工作如何能開展下去？

趙匡胤的禦人之術

　　宋朝初年，滄州有一個叫張美的節度使，是一個大能人，把滄州治理得井井有條。

　　有一日，趙匡胤收到了一位滄州老大爺衝破重重關卡遞上來的御狀。老大爺講張美不但逼迫他最小的女兒做自己的小老婆，而且還索取百姓銀兩一批，這可是「逼婚」和「受賄」雙重罪名。

　　趙匡胤略一沉吟，然後便運用起了他慣有的政治手法。

　　他問老大爺：張美沒到滄州時，百姓生活如何？答：不行，日子苦啊！又問：張美到任後情況怎樣？老大爺想了想，答：很不錯，他來後，不僅天下太平，而且五穀豐登。

　　趙匡胤笑著說：這就對了。張美的貢獻非比尋常，我要依法殺了他當然簡單不過，但你們滄州百姓以後的日子怎麼辦？他搶去了你的女兒，不是什麼大事情，他索取的銀兩我讓他如數奉還，你看怎樣？我們不能因小失大啊！皇帝發話，老大爺哪敢不聽，於是乖乖地撤了訴。

　　之後，趙匡胤又把張美的媽媽召進宮，對她講了張美的事。張母趕緊叩頭謝罪。趙匡胤又說：我給你兒子一筆銀兩，夠他花的，告訴他，想要錢，找我，至於良家女兒，要好生相待才是。

　　張美知道這件事後，又是恐懼又是羞恥又是感激，立即改了毛病。說來有趣，從此後，張美更加用心治理滄州，滄州也是一年比一年好，十年之後，百姓親切地稱之為「滄州張氏」。

用人點撥

作為領導者和管理者，首先要對人才有敏銳的、全面的識別力。人不可貌相，海水不可斗量。秀外而慧中，當然最好。但金玉其外、敗絮其中的也不在少數；相反，面目醜陋、笨嘴拙舌，卻忠心耿耿、非常能幹的也大有人在。

識別人才要憑感覺，憑直覺。但僅憑直覺往往是靠不住的。靠得住的還是理智的分析，辯證的綜合。僅憑直覺識人，只能說明這種領導者心中對什麼是人才沒有主見，只好跟著感覺走。這樣的判斷，必定帶有很大的偶然性。

學會容短護短

　　趙匡胤起於草莽，興於行伍，周圍武人居多，身邊缺少能規劃天下、崇文興禮的人才。加之五代時期世風墮落，缺乏有品德、有才能、有學識的治世之才，所以趙匡胤初得天下後十分愛才護才，對臣下優厚，絕少濫殺。

　　愛才護才有時要面臨一個矛盾的選擇。那些人犯了錯誤，是嚴格按照法制加以懲處，還是曲意維護？這是個複雜的問題，難以一概而論，需視性質、情節、環境而定。但有一點，統治術不是鐵板一塊，有時為了長遠利益，可以對一些原則進行妥協。

　　趙普是宋初第一文臣，在草創國家方面是趙匡胤的臂膀。但他在金錢方面不夠嚴謹，常有貪小財的行為。為了留下這個難得的人才，趙匡胤對他睜一隻眼閉一隻眼，認為他貪小財不礙大德。

　　開寶六年，一天宋太祖到趙普家中慰問。當時吳越國王錢淑派遣使者送書信給趙普，還送了十瓶海產品。那些海產品全都放在走廊裡，正好宋太祖來探望，趙普倉促之間來不及掩飾。宋太祖看見後問趙普那是什麼東西，趙普如實把事情講了。宋太祖說「海產品一定很好」，就讓人立即把瓶子打開，結果瓶中裝的全部是金子。趙普很害怕，連忙跪下來叩頭說：「我還沒有打開書信來讀，實在不知瓶中裝的是什麼。」宋太祖說：「你接受這些金子沒有什麼不可，這說明送禮的人認為國家大事都是由你來謀劃的！」

　　對於有才能的武將，趙匡胤也是著意維護。

　　李漢超任關南巡檢使時，平時多有犯法犯禁之事。有一回，一位百姓到京師控告李漢超借貸錢財不還，還搶掠他的女兒做妾。趙匡胤深知「千

軍易得，一將難求」的道理，但對李漢超的不法行為，也不能不問。

　　於是趙匡胤將這個百姓召入便殿，問道：「自從李漢超到關南後，遼軍入寇一共有幾次？」百姓據實以報：「一次也沒有。」

　　趙匡胤又說：「過去遼軍入寇，邊將不能率軍抵禦，河北地區的民眾，每年都遭到搶劫，家破人亡的數不勝數。如果是在那時候，你能保住你的家財子女嗎？如今李漢超借貸你們的錢財，和遼軍搶劫的比起來誰多些呢？」趙匡胤接著再問道：「你一共有幾個女兒，嫁給的又都是些什麼人？」百姓又一五一十地回答了。趙匡胤說：「她們所嫁的都是些村野莽夫，而李漢超則是我的貴臣，哪樣更加富貴呢？」百姓無話可說。

　　事後，對於李漢超趙匡胤也沒有放任自由，他派人前去警告：「你需要錢，為什麼不告訴我而向平民百姓借呢？把錢如數歸還給百姓。」他另賜給李漢超幾百兩銀子。李漢超對此感恩戴德，發誓以死相報。

用　人　點　撥

　　人無完人，用其所長，避其所短，最大限度地發揮一個人的才能，再用適當約束限制其短處。

　　領導者對員工的短處，應該熱情幫助、耐心教育，甚至輔以必要的批評。使每個人的短處，都能改正和克服，從而也就能更好地發揮和利用員工的長處，另一方面，同時也極大地提高自己在群眾中的聲譽，有意將自己塑造成寬厚、豁達的領導者的形象。

寬嚴相濟

　　宋朝大將曹彬在駐守徐州時，手下有個官吏違反了紀律，按軍法應打軍棍。但曹彬卻沒有馬上執行處罰，過了一年後才舊事重提，如數打了他。

　　有人問曹彬為什麼這樣做，曹彬說：「我當時聽說他剛娶了媳婦，如果在那時打他，媳婦的公婆可能會認為兒子被打是由於媳婦帶來的不吉利，因而整天打罵她，使她難以生活下去，這樣也會影響這個官吏的情緒。所以我才推遲執行。這樣軍法也沒有因此受到損害。」

　　在場的人聽了無不心服。後來這件事傳到那個官吏那裡，他也深受感動，不但不對受罰一事耿耿於懷，而且以後更加賣力，再也沒有犯過軍紀。

用人點撥

　　寬和嚴、德和刑之間是一種對立統一的關係。它們既相互矛盾，又相互依賴；相互對立，又相互包含。從它們之間的這種關係出發，在處理兩難問題時，就可以找到一條合適的度——嚴中有情，寬中有猛；柔中有剛，剛中有柔。兼顧二者，既維持原則，又不失靈活。

恩惠應該一點兒一點兒地賜予

　　南宋初年，面對著金朝人的大舉入侵，當時號稱名將的劉光世、張俊等人，只會一味地避敵逃跑，不敢奮起反擊。這一方面因為他們天生患有軟骨病；另一方面，也因為他們官已高、位已尊，以為即使立了大功，也沒有更大的升遷，便安於現狀，什麼國家利益、民族利益，在他們的心目中根本不占什麼地位。

　　當時岳飛入伍不久，雖然已嶄露頭角，畢竟還沒有太大的名望，只有他在和金人進行著殊死的戰鬥。當時有個郡緝的人，上書朝廷，推薦岳飛。

　　那封推薦書寫得很有意思：「如今這些大將，都是手握強兵，威脅控制朝廷，專橫跋扈，這樣的人怎麼能夠再重用呢？駕馭這些人，就好像飼養獵鷹一樣，餓著它，它便為你博取獵物；餵飽了，它就飛掉了。如今的這些大將，還未出獵都早已被鮮肥美肉餵得飽飽的。因此派他們去迎敵，他們都會掉頭不顧。」

　　「至於岳飛卻不是這樣，他雖然擁有數萬兵眾，但他的官爵低下，朝廷對他也沒有什麼特別的恩寵。這正像饑餓的雄鷹準備振翅高飛，如果讓他去立某一功，然後賞他某一級官爵；完成某一件事，給他某一等榮譽。用手段去駕馭他，使他不會滿足，這樣他必然會為國家一再立功。」

用人點撥

　　人的慾望是無止境的，追求職務的升遷是人之常情，領導者應該充分利用下屬的這一「弱點」，不斷地滿足臣屬加官晉爵的慾望，換取他們對工作持續的熱情。

　　只有讓下屬在眾多的職位升遷臺階上一步一步地逐級登攀，才會增添他們不斷升遷的希望和心理滿足的次數，以此作為他們工作的動力。

宗澤救英雄

　　北宋滅亡後，南宋宰相李綱向宋高宗趙構進諫，把抗金派的著名將領宗澤調到開封任知府。宋高宗納諫，宗澤很快來開封上任。

　　年近古稀的宗澤，非常重視對智勇雙全的愛國青年將領的選拔，但岳飛已經是開封駐軍裏的秉義郎，還沒有引起他的注意。

　　有一次，岳飛犯禁，按軍法要處斬，當刀斧手快要動刀時，他連連發出「壯志未酬，死不瞑目」的喊聲。宗澤為他目光炯炯、神態自若、臨危不懼的神態而驚奇。便急忙走上前去，用手捧住他的臉問：「你是哪裡人？有什麼壯志？」

　　岳飛沉著鎮定地說：「我是揚州湯陰人，出生時家裏遭洪水，母親抱著我坐在大甕裏，順水漂到黃縣，被王明恩公收養成人。以後喜讀兵法，十二歲時就能拉三百斤的大弓，又拜陝西周同為師，學得一手好箭。眼見金兵侵犯，早就立下了抗金保宋的壯志。不料今日違了禁令，死在法場，不是壯志未酬，愧對河山，死不瞑目嗎？」

　　宗澤聽後，為其壯志大驚，又聽他說跟周同學了好武藝，便叫眾軍校給他鬆綁，抬出很多弓架，要岳飛試箭。

　　岳飛一連試拉了幾張弓架，都嫌軟了，向宗澤說：「我已講了我用的是三百斤大弓，這些弓都輕了。」

　　宗澤忙令眾軍校抬出那張三百多斤的神臂弓給岳飛用。岳飛抓起神臂弓一拉，連說：「好弓！好弓。」隨手搭上雕翎箭，連發九枝，枝枝射中。

　　在場的人響起了熱烈的喝彩聲，宗澤早就暗暗稱好，接著問他還能用什麼兵器。岳飛說，各種兵器都能使用，經常用的是槍。宗澤令軍校抬上

鋼槍給岳飛用。

只見岳飛手握鋼槍，接連使出三十六翻身，七十二變化。又贏得在場人的一片叫好聲。

宗澤為得到豪志滿懷、武藝高強的岳飛喜出望外，隨即當場宣佈，岳飛抗金愛國志氣高，弓箭槍法武藝強，其死罪赦免，准他抗金贖罪。

岳飛立即跪下謝救命之恩，表示今後奮勇抗金，誓死報國，以忠報恩！

不久，金兵進犯汜水關，守關將領前來告急，請求增援。宗澤正想考驗一下岳飛指揮作戰的能力，便封岳飛為「踏白使」，命他帶五百騎兵前往汜水關救援。岳飛受命後，立即開往前線。他一馬當先，帶領眾騎向包圍汜水關的金兵英勇衝殺，一個回合就把金兵打敗，大勝而回。

宗澤見他首戰告捷，將他提為統領，還授他一份行兵佈陣圖。對他說：「你武藝出眾，英勇異常，但這只能適應野戰。今後還要學點佈陣作戰法，以適應千變萬化的戰況。」

岳飛仔細看了佈陣圖後說：「佈陣作戰，是兵家常用之法，大人賜圖，萬分感謝，我當不負厚望，認真學習。大人說得對，帶兵者要能適應各種情況。就講佈陣，也有戰地寬窄和地形險易之別，要靈活運用，才能出奇致勝。」

宗澤對岳飛的獨特見解連連點頭，說：「後生可畏，你說得對，今後再接再厲，國家必降大任於你了。」

有一次，岳飛帶領百多騎兵在黃河邊練兵，發現大股金兵前來騷擾，士兵們都驚呆了。岳飛記起宗澤說的要適應千變萬化情況的話，便說：「敵人雖多，但他也不知我們有多少人。現在大敵當前，束手被擒不如奮勇衝殺。大家跟我衝，保能取勝。」只見岳飛打馬飛前，首先斬了走在前面的將領。原想騷擾百姓的敵兵想不到遇到如此強兵，他們見群龍無首，早已自亂。騎兵們都跟著岳飛亂衝亂殺，金兵東逃西散，大敗而逃。

宗澤得知後，對岳飛能在練兵中靈活應戰，英勇殺敵讚賞不已，又將他提為統制官。

宋高宗拒納宗澤、李綱抗金良諫，聽信黃潛善、汪伯彥的讒言，準備逃往東南。岳飛上書反對，黃、汪大怒，將岳飛以「小臣越職」為由革職。他隨即被推薦到河北招撫使張所帳前聽用。當他跟著王彥渡河到新鄉抗金時，見王彥不敢接近來勢兇猛的金兵，岳飛主動請求帶兵抗金。只見他帶領騎兵衝入敵陣，把金兵刺得東倒西歪，屍橫滿地。金兵爭先敗退，岳飛很快收復了新鄉。第二天，岳飛又在侯兆川再一次打敗金兵。接著又在太行山擒獲了金軍將領拓拔耶烏，挑死了金將黑風大王，金兵大敗而逃。從此岳飛威名大震，金兵聽到岳飛的名字，不戰自懼。

宗澤死後，岳飛歸開封留守杜充領導。杜充由於怕與金兵作戰，逃到建康。以後建康又因他臨敵退縮而失陷，杜充叛變降金。這時壯志凌雲的岳飛挺身而出，統領宋軍，轉戰南北，浴血奮戰，多次打退金兵，屢立戰功。

宋高宗見岳飛連戰連捷，將他提為節度使。岳飛聯合各路義軍，奪取了郾城和朱仙鎮大捷，收復了潁昌、鄭州、洛陽等地，成為名垂千古的抗金英雄。

用 人 點 撥

領導者再有本事，充其量也只是一個人。無論辦什麼事情，都應當盡可能多地發動下屬的力量，才有成功的希望。特別是對於有才能的人，領導者應該愛護人才，鼓勵其發揮自己的聰明才智為你服務。

愛護人才的表現可以有多種方式，瞭解和關心他們的生活、為他們解決工作中遇到的難題，在他們最需要幫助的時候站出來等。這樣做的後果，換來的必將是下屬更加努力地工作。

區別對待不同的人才

　　成吉思汗對於工匠有著令人奇怪的興趣，每次戰爭勝利之後，工匠一個不殺，都帶到大漠，讓他們從事生產。這是因為蒙古生產技術落後，尤其缺少工匠。

　　有一個俘虜想活命，但他又不是工匠。當蒙軍過來檢查時，他用右手食指在左手食指上來回拉兩下，表示他會鋸木頭，蒙古人居然也留了他一條命。有一個西夏的降人，工技嫻熟，因而深得成吉思汗的寵愛，當耶律楚材到成吉思汗身邊時，這個工匠對他譏諷說，現在是需要工匠的時候，你這個酸秀才來幹什麼。

　　成吉思汗把被俘的工匠組成了獨特的軍種——工匠隊。有人說，這是古代軍事史上最龐大的獨立兵種。成吉思汗充分利用工匠，保證了蒙古軍武器始終處於世界先進水準。他們不僅有拋石機、連發弩、火焰噴射器，還從漢人那兒學來了火藥技術，改進了火器，建造了當時世界上威力最大的火炮。在後來的攻城戰中，炮兵的作用越來越重要。讓這個當時幾乎是最落後的民族，掌握時代最先進的技術，成吉思汗用一個「借」字，解決了幾百年都不一定能解決的問題。

用 人 點 撥

　　百人百樣，各具所長，對不同的下屬、不同的條件，要區別對待，充分發揮他們的優勢。對有特殊才能的人，一定要盡可能給他們最好的條件和待遇。特殊人才、特殊待遇，這是我們應該遵守的原則。

　　即便他們之中有的人並不是安分者，可能有這樣那樣的毛病和問題，以致很不好管理。對此我們不只是要容忍，而且應該做好周圍人們的工作，以便使人才能夠集中精力發揮長處和優勢。在特殊的情況下，還應該放寬對他們的紀律約束和制度管理，甚至採取明顯掩蓋、暗中支持的辦法。

不忽木讓相護相

　　元世祖親自率軍平定叛亂的期間，朝中受命主持工作的宰相桑哥，以籌餉資助平叛為名，橫徵暴斂，大飽私囊。同時還賣官封爵。

　　世祖平叛回朝後，尚書不忽木向他告發了桑哥的這些罪行。世祖立即派人查抄了桑哥的家，發現他的庫存家財，差不多有國庫那麼多。世祖大吃一驚，便怒火衝天地把桑哥斬首示眾。

　　世祖物色宰相的接替人選，考慮很久，覺得還是不忽木合適。

　　世祖對不忽木說：「你小時與我同窗讀書，就很喜歡鑽研治國利民之道。你現在當尚書，成績又是出色的。我早就想任你為相，你總是三番五次地推讓。這一次，桑哥這個貪官已除，你立了大功，我決意請你為宰相，你不能再推辭了。」

　　不忽木說：「桑哥十惡不仁，對我一貫排擠。現在陛下已為民除害，我的性命無憂了，這就已經足了。關於我的官位，現職就已力不從心，擔任宰相，更難勝任。朝臣中德高望重比我強的人多的是，請陛下另選高賢，臣實在不能擔任。」

　　世祖問他誰可擔任此職。

　　不忽木說，太子詹事完澤一貫廉正自潔，料事如神。他曾在阿合馬家住過。以後阿合馬犯罪被查抄時，發現一本記錄給阿合馬送禮的名單。送禮的名單中其他官員的名字都有，只有完澤的名字沒有，這就說明完澤剛正不阿，從不對人行賄的。桑哥當了宰相以後，完澤曾多次給人講過「此人掌權，國事必敗」的話。現在桑哥的罪行被揭露了，證明他有識別人的能力。所以，完澤當宰相最好不過。

　　元世祖早知完澤有德有才，聽不忽木講了這些具體情況後，更加深了

對完澤的認識，隨即採納了不忽木的意見，命完澤為右丞相。為鼓勵無私讓賢的精神，提不忽木為平章政事。

後來有人告發完澤利用職權，徇私舞弊。元世祖把控告書給不忽木看，要他核實。不忽木看了控告書後說：「這些事不用核實。我與完澤在中書省任事，朝夕相處，從沒有發現他有這種行為的疑跡。在控告書上指的他所用的『親信』，與完澤根本沒什麼私人關係，這個人正直能幹。即算是他的親人，也應用賢不避親。控告書指的那筆費用，是我們親手經辦的，完澤個人並沒有拿一點。這完全是誣告。陛下可以親自去查一查，若是我講的不實，臣甘願受處罰。」

元世祖經過親自查對，發現不忽木講的完全屬實，告發人對完澤的揭發全屬誣告。元世祖火冒三丈地叫人打了誣告人幾記耳光，將他辭退回家。

一場無中生有的風波就這樣過去了。完澤為元世祖和不忽木的護賢行為大受感動，更加無私無畏地工作。

用人點撥

作為領導者，應當知人善任，關心愛護下屬並維護他們的正當利益。尊重下屬的人格，這是領導最基本的修養和對下屬最基本的禮儀；善於聽取下屬的意見和建議；培養領導的人格魅力，作為領導著，除權力外，還應有自己的人格魅力，如良好的形象、豐富的知識、優秀的口才、平易近人的作風等；尊重有才幹的下屬，作為領導著，對下屬的長處應即時地給以肯定和讚揚。

同時，領導與下屬溝通的技巧十分重要。溝通好，二者可以和睦共事，同心同德，形成強大的合力，推動事業走向成功。反之，則會造成人際關係緊張，甚至產生對立情緒，導致人心渙散，一盤散沙，一事無成。

忽必烈開責貪臣

　　元朝開國皇帝忽必烈在位期間，先後重用回族人阿合馬、漢人盧世榮、畏兀人桑哥。這三人都以搜刮有方得到賞識，得志後一心專用在聚斂財物上。雖然萬貫家私，但他們仍然慾壑難填，一時間舉國上下對此議論紛紛。

　　面對如潮的責議之聲，忽必烈充耳不聞，依然放手使用他們，並公開褒獎他們：「作為一個宰相，必須明天道，察地理，盡人事。回族人中，唯有阿合馬兼備三長，有宰相之才。」

　　盧世榮自知自己行事不軌，激起眾怒，表露出膽戰心驚之態，對此，忽必烈就為他打氣，說道：「要想不讓人在背後罵幾句，這是不可能的事。你只要對飲食起居多加注意就行了，其他都用不著擔心。你看，擅長奔跑的狗，對狐狸而言，它們當然不會喜歡，但對主人來說，怎麼會不滿意呢？你做的事，我都喜歡，只有壞人才不滿意。」為防萬一，忽必烈特命丞相安童為盧世榮多增派隨從，以確保他的安全。

　　桑哥是膽巴國師的弟子，權勢熏天，一些奸佞之徒，甚至提出為他立碑頌德，忽必烈居然也毫不在乎，還說：「如果老百姓想立碑就讓他們立。可把這件事告訴桑哥，好讓他高興高興。」由於忽必烈這把大傘的庇護，阿合馬等三人更加有恃無恐，專權自恣，飛揚跋扈，危政害民。

用 人 點 撥

　　凡是存在的就是合理的，或者說有其合理的一面，有用的也才有價值可言。可能有時候自己的員工在別人看來未必就是有用的，或者是十惡不赦的壞人，但只要自己認為對自己有用，就要關心、愛護他們，使他們能夠感覺到你對他的好，並進而激發他們的工作熱情和動力。

俞大猷攬過自責

　　明代嘉靖年間的傑出軍事家、民族英雄俞大猷對部屬既教習武藝，又教讀兵書，以誠團結人，以義教育人。當部屬發生過失時，他既能嚴肅批評教育，又能主動承擔領導責任。因而他的部屬對他倍加尊重和信賴，作戰時均拼死效力。

　　西元一五六五年，時任廣東總兵的俞大猷率軍在廣東沿海掃蕩倭寇，屢獲勝利。但有一次部將湯克寬追擊賊首吳平不力，致使吳平乘漁船逃走。

　　朝廷因此要追究湯克寬的責任。俞大猷勇於攬過，上奏說：「克寬忠勇慣戰，請保住，不效甘同罪。」在湯克寬被撤職後，他還以自己的財物接濟湯克寬的妻室，而他自己卻因此被免職。

　　湯克寬經俞大猷的保護，不僅免於一死，而且後來成為名將，當上了廣東總兵。

　　明朝名將盧象升領兵作戰十多年，一向以寬容態度對待有過失的部下，史書稱他一生「未殺過一偏將」，甚得全軍的敬佩和朝野的讚賞。

　　西元一六三六年，盧象升率部在湖北南漳、穀城一帶作戰。由於擔任兩路進攻的總兵祖寬部厭戰情緒濃，大批士兵嘩變，致使作戰失利。

　　兵部尚書楊嗣昌為此大發雷霆，除指責盧象升指揮不力外，還責令其將祖寬罷官投獄。

　　盧象升深知祖寬有勇有謀，曾為明王朝屢建戰功，不能因一次作戰未勝，就置人於死地。如果這次嚴懲祖寬，勢必引起其他將領的惶恐不安，對今後帶兵打仗十分不利。

　　盧象升因此上書朝廷，據理力爭，為祖寬說情求免，他說：「不問難

易，不顧死生，專以求全責備。雖有長才，保以展布。」據此，朝廷最後收回成命，同意調祖寬率部去陝西鎮守。

祖寬得悉後，感激涕零地說：「主將之恩，吾畢生難忘。今生隨他征戰，萬死不辭！」

用人點撥

作為領導者不僅應該對下屬嚴格要求，一絲不苟，按照規章制度來辦事。而且對自己更是應該嚴格要求，有了過失要勇於攬過自責，而放下屬一條生路。

領導者要勇於負責，不諉過於下屬。古語說：「事敗歸咎於謀主者，乃庸人。」上司為部下攬過，意在保護部下，令其改過，反省思過，領導關心下屬，不但表現在一般生活方面，更重要的是在部屬有過失時寬厚待人。

皇太極重獎薩木哈圖激勵將士

　　皇太極是後金大汗努爾哈赤的第八個兒子。西元一五九二年皇太極降生時，其父已於十年前以十三副鎧甲起兵，東征西戰，艱苦創業，逐漸使女真各部置於自己的統治之下，並開始向明朝挑戰。

　　生活在征戰不止而又十分尚武的民族，皇太極從小跟隨父兄，佩戴弓矢，騎馬射箭，不僅練就了高超的武藝，而且培養了勇敢善戰的精神。他力大無窮，臂力過人。瀋陽實勝寺藏有他用過的一張弓，矢長四尺餘，就是一個大力士也拉不開，而皇太極運用自如。據說，有一次在征林丹汗時，途中缺糧，他和全軍將士一起行獵為生，他發一矢竟貫穿兩隻黃羊，沒有多大工夫，他一人共射死黃羊五十八隻，可見他力氣之大。皇太極自己英勇超群，對別的勇士也特別喜歡。他繼承父位後，非常重視擢拔勇士。

　　西元一六二八年十一月中旬，皇太極率領十萬大軍，繞道內蒙古，從今河北遵化縣東北的長城龍井關入口，於十二月十七日包圍了明朝的遵化城。天剛濛濛亮，他下令攻城。這是一場非常激烈的攻堅戰。明軍壁壘森嚴，八旗兵冒著炮火與箭矢、滾石，奮勇攻堅。很多兵士抬著雲梯衝到城下，攀梯而上。其中有個叫薩木哈圖的士兵，不顧亂石飛箭，第一個登上城頭，揮舞大刀，一連砍倒許多明朝士兵，後邊的清軍趁機一躍而上，迅速打破了明軍的防守，很快占領了全城。

　　戰鬥結束後，皇太極到前線慰勞八旗軍將士，他聽到薩木哈圖勇猛奮戰，第一個登城而入的事蹟，十分高興，立即召見了薩木哈圖，與他促膝長談。過了幾天，皇太極去遵化城舉行慶功大會，獎勵有功將士。凡立功的都被召到跟前，由皇太極親自授獎。當薩木哈圖走到皇太極跟前時，皇

太極親自把酒倒在最名貴的金杯裡，為薩木哈圖把盞，看著他把酒喝下去，然後當眾宣佈拜薩木哈圖為「備禦」（將領中最低一級），授予「巴圖魯」（滿語，勇士的意思）的榮譽稱號。薩木哈圖由原來的一個無名小卒，驟然提升為將領，整個會場頓時爆發出一陣陣熱烈的歡呼聲，人們無不為之歡欣鼓舞。接著皇太極又賜給薩木哈圖一批貴重獎品：一峰駱駝，一匹蟒緞，二百匹布，十匹馬，十頭牛；還規定薩木哈圖的子孫世代襲備禦爵位，他本人今後如有過失可以一律赦免。

以後，薩木哈圖經常跟隨皇太極出戰，凡是生死危機關頭，皇太極再也不讓薩木哈圖身先士卒，他說薩木哈圖是個寶貴的人才，再讓他冒險衝殺，如果發生意外，就是一個很大的損失，可以讓其他沒有立功的人爭先立功。

此後，皇太極把立功授獎、量功拔將作為一種定制，以此來鼓勵將士的衝鋒陷陣，爭當勇士。

用　人　點　撥

在當代社會，衡量人才的標準主要應該看人才的實際貢獻，立功授獎、量功提拔是現代人才管理制度中非常重要的機制。人才的身分、地位、民族、籍貫、學歷、性別都不是起決定性作用的因素，關鍵要看人才能夠創造的效益大小。

此外，隨著人才市場化，人才的流動日趨頻繁，保護人才也顯得越來越重要了。上司經過權衡以後要給出適當的條件留住人才，珍惜人才資源，防止人才資源的流失。

用威不如用恩

　　王輔臣，山西大同人，早年參加明末農民起義，是一員出色的猛將。後來他投降了明朝大同總後姜壤，升為副將。順治六年，王輔臣降於清兵，隸屬於漢軍正白旗。後來他被調入京師，順治非常賞識他的才幹，授予他御前一等侍衛之職。

　　雲南平定後，王輔臣留鎮雲南，隸屬於吳三桂。吳三桂很賞識他，將他調任援剿右鎮總兵，待他如同子侄，有美食美衣，他人不得，也要賜給王輔臣。

　　康熙九年，王輔臣升為陝西提督，出鎮平涼。臨行前，吳三桂拉著他的手，涕泣說：「你到了平涼，不要忘了老夫。你家裏窮，人口多，萬里迢迢，怎麼受得了。」當即贈給他二萬兩白銀作為路費。

　　吳三桂以為憑往日對王輔臣的特殊禮遇，他一定會聽命於自己，只需一紙號令，王輔臣就會積極回應。但吳三桂萬萬沒想到，王輔臣不但沒有從叛，而且堅決拒絕了他。

　　關鍵在於，儘管吳三桂待王輔臣不薄，但康熙對他更是恩重如山。

　　康熙愛才如子，他知道王輔臣智勇雙全，是個難得的人才，於是將他從吳三桂那裏調出，一方面削弱吳三桂的實力，同時也以此表示對他的信任。陝西是戰略要地，關係到首都的安全，戰略位置極為重要。王輔臣去平涼上任前，進謁康熙，康熙語重心長地對他說：「朕真想把卿留於朝中，朝夕得見。但平涼邊庭重地，又非卿去不可。」又特地讓他過完元宵節，親自讓他一道看。臨行前，康熙再次接見他，賜給他一對蟠龍豹尾槍，說道：「此槍乃先帝留給朕的。朕每次外出，都把此槍列於馬前，為的是不忘先帝。卿乃先帝之臣，朕為先帝之子。別的東西不足珍貴，只有

把此槍賜給卿，卿持此槍往鎮平涼，見此槍就如見到朕，朕想到此槍就如同想到了卿。」

王輔臣感動得說不出話來，拜伏於地，痛哭流涕，發誓說：「聖恩深重，臣就是肝腦塗地也不能報答，怎麼敢不竭盡全力，報效皇上呢？」

後來，吳三桂特派汪士榮帶信給王輔臣，約他起兵，王輔臣絲毫沒有猶豫，當即命令拿下汪士榮，連同吳三桂給他的信，派他兒子王繼貞一同解往北京。

為了加強對西北地方的控制，康熙派刑部尚書莫洛率兵前往陝西，讓王輔臣堅守平涼，與莫洛同攻四川。

王輔臣對莫洛經略陝西，淩駕於其上，有些不滿。他從平涼前往西安，向莫洛陳述征戰方略，但莫洛不以為意，還顯示出輕蔑之意，王輔臣懷恨在心。康熙十三年八月，王輔臣一再要求莫洛給他添兵馬，但莫洛先將王輔臣所屬固原官兵的好馬盡行調走，大大影響了王輔臣所部將士的心情。莫洛的歧視和壓制，終於引發內訌。在莫洛進軍不利、屯兵修整時，王輔臣殺死了莫洛，舉起叛旗，回應吳三桂。

得知王輔臣叛亂，康熙頗為震驚，當即召見王繼貞。王繼貞一進殿，康熙就說：「你父親反了！」王繼貞嚇得魂飛天外，哆哆嗦嗦地說：「我不知道，一點兒也不知道。」康熙知道王輔臣叛變，京師隨時都有危險，此時再追究莫洛之死，已毫無意義了，只期望王輔臣能回心轉意，這樣就必須採取施恩收服的策略。於是康熙對王繼貞說：「你不要害怕，朕知你父忠貞，絕不至於謀反，一定是莫洛不善於調解，才有平涼士卒嘩變，你父不得不從叛。你速回去，宣佈朕的命令，赦你父無罪。莫洛之死，罪在士卒。」同時又派蘇拜攜招撫諭旨前往陝西，會同總督哈占商酌，招撫王輔臣。

康熙深知攻敵必先攻心的道理。不久，他又給王輔臣發去一封親筆信，深情地陳述了他與王輔臣交往的一樁樁往事，絲毫沒有責備他忘恩負義，反而處處顯示著體諒與寬容。

王輔臣接到康熙的詔書後，內心頗不平靜，想到康熙對自己恩重如

山，不能自已，率領人馬向北跪下，痛哭流涕。後來王輔臣擔心自己殺死了莫洛，康熙遲早要和自己算帳，再次反叛。但是他記著康熙的恩情，一直駐於平涼，既不南下湖南與吳三桂部會合，也不與四川王屏藩聯手。

　　後來清軍節節勝利，康熙仍然想招降王輔臣。康熙十四年七月，他又給王輔臣發去一道招降敕諭說：「平逆將軍又取延安，蘭州、鞏昌依次平定。大兵雲集，平涼滅在旦夕。」大兵交戰之時，百姓多遭殺戮，「以爾之故，而驅百姓於鋒鏑，朕甚不忍。今複敕爾自新。若果輸誠而來，豈唯踴滌前非，兼可勉圖後效。」將其罪行概加赦免。王輔臣回奏康熙說：「皇上念及兵民，概從赦宥，但如柯安撫，天語未及。在事兵將，未免瞻顧。」表明很想回心轉意，但又擔心朝廷將來變卦，心存疑懼，不敢貿然歸降。

　　康熙十五年二月，康熙派圖海負責西北戰局，他堅持執行康熙用恩招撫的策略，圍而不攻，圍而不戰，攻心為上，勸誘其降。

　　六月六日，圖海命周培公攜帶康熙的赦詔，再進城撫慰。在康熙真心的感召下，次日，王輔臣終於宣佈投降。

　　康熙用恩收服王輔臣，不僅解除了對京師的巨大威脅，而且翦除了吳三桂在西北的羽翼，使吳三桂失去了一個有力的臂膀，頓時扭轉了整個西北戰局。

用人點撥

　　嚴格的管理在現代管理中是必要的，也是現代管理學發展的必然趨勢。嚴格的規章制度、健全的選拔和考核機制，確實能夠調動廣大下屬的工作積極性，提高工作效率。

　　但是領導者若想培養下屬的忠誠之心，讓下屬努力為部門效力，光用嚴格的管理是遠遠不夠的，很多時候用嚴格的管理，倒不如對下屬施以恩情。

拾還狀元一張牌

　　胤禎雖然當了皇帝，但他的皇兄、皇弟始終不服氣，連民間也有不少風言風語，說他這個皇帝當得不清不白。為了鎮壓反對派，防備意外之患，胤禎建立了一個龐大的特務組織，到處刺探偵查，甚至連民間發生的一些瑣事，也都要一一彙報。

　　胤禎即位之初，曾連下十一道諭旨，文武百官絕不可胡作非為，「若有不法行為，必難逃朕之明察」。狀元王錦元在家中和親友玩牌，丟了一張。第二天上朝，胤禎忽然問他昨晚玩些什麼？皇上如此關心，王錦元能不如實相告？胤禎聽了，笑道：「不欺暗室，真是一個狀元郎？朕賞你一物。」說著，從袖中取出一張牌。王錦元接過一看，正是昨晚丟失的那張。

　　還有一例，王士俊離京出任總管時，張廷玉向他推薦了一個僕人。此人身體健壯，辦事勤快，十分能幹。後來王士俊奉命入朝，那僕人提前辭行。王士俊感到十分奇怪，僕人解釋道：「你這幾年沒什麼大錯，我要入京向皇上彙報，替你先打個招呼。」王士俊恍然大悟，原來這個僕人竟是皇上特地派來監視他的心腹侍衛。面對這樣一個如日中天、無幽不照、明察秋毫的皇上，臣下豈敢再自作聰明。

用　人　點　撥

　　安置耳目，派遣特務，打探下屬的舉止言行，瞭解部下的所作所為，已為今天的法律所不允許，當然不是當今領導者所大力提倡和效仿的。

　　但是作為管理者，應該時刻瞭解下屬的意圖與想法，知曉他們的需求與願望，並適時地予以滿足與照顧，則是必要的。

人才要重用，但更要駕馭

　　乾隆在剷除鄂爾泰、張廷玉兩大政治集團的同時，擢用新進，以取代雍正朝遺留下來的老臣。最先受乾隆重用的是訥親。訥親早在雍正時就進入軍機處，但年輕職微。乾隆對他頗為賞識，稱「訥親向蒙皇考嘉獎，以為少年大臣中可以望其有成者。」乾隆二年恢復軍機處時，就特意提拔訥親，使其位居鄂爾泰、張廷玉之後到第三，並將鄂、張二人的職權逐漸削減，交由訥親負責。

　　而訥親對乾隆這種知遇之恩也湧泉相報，不僅勤理政務，還廉潔自持，不授他人以把柄，因而十多年來一直都能得到乾隆的信任。

　　然而訥親的權勢逐漸增加之後，乾隆又心生戒備，加上其他大臣的彈劾，於是在乾隆十三年，利用訥親督師金川失敗為藉口，將訥親處死於軍營。

　　訥親先受重用，又逐漸遭到懷疑，乃至最後被殺死在軍中，這種死非其罪的下場，是乾隆玩弄馭臣之術的結果，它也從側面向其他大臣暗示了一個道理。即使如訥親這樣深受皇恩的權臣，只要辦事不力，皇帝也可以隨時置其於死地。

　　在訥親之後，得到乾隆信任和重用的是傅恒，傅恒是乾隆第一位皇后富察氏的弟弟，於乾隆五年入宮任藍翎侍衛，七年擢為內務府大臣，十年在軍機處行走。當訥親於乾隆十三年被殺之後，傅恒就被乾隆提升為首席軍機大臣，一躍而至萬人之上，一人之下，而傅恒此時年僅二十六歲。

　　傅恒本人也的確沒有讓乾隆失望，他不僅通曉軍事，平時處理政務也明敏練達，深合乾隆心意，屢次受到乾隆的稱讚。傅恒任首席軍機大臣共二十三年，始終都能得到乾隆的信任。當然，這與他的才能是分不開。

乾隆在訥親之後提拔比自己還小十多歲的小舅子傅恒擔任首席軍機大臣，而沒有像人們所猜測的那樣由「年高望重者」任此職，當然有其深意。這一方面顯示出皇權的至高無上，皇帝可以乾綱獨斷，擁有懾服群臣、不受干擾的無限權力；另一方面也向朝野表明，皇帝對於具備傑出才能的人才，即使年輕位卑，也可以得到破格提升。由此創造出一種蓬勃向上的朝氣，這也正是乾隆前期政治較為清明的一個重要原因。

用　人　點　撥

　　領導地位是否鞏固，很大程度上取決於高層官員的素質，以及對他們的控制和駕馭，僅有高素質、高能力的下屬，而領導缺乏駕馭之術的話，也難以有效發揮其應有的作用。

　　同時，在駕馭人才使其按照自己意願工作的時候，也要多多綜合各方意見，切莫一意孤行，以免造成不當的過失。

學會恰當的授權

　　有人統計過，從曾國藩門下崛起的人，囊括了晚清政治、文化、科技領域人才的三分之二，曾國藩不僅是個教主，更是個沒有加冕的皇帝。其勢力之大，影響之深，從古至今沒有哪個人敢望其項背。到底是什麼原因呢？原來曾國藩有一個培養人才、籠絡人才的秘訣，等他把人才放出去，這些人爭得的權力和利益，同時也就是他的權力和利益。權力就像雪球一樣，越滾越大。

　　曾國藩的成功，追根究底是拉攏、培植、扶持人才的成功。他在造就人才方面有一條很重要的體會：「人才尤其應當愛惜，褒獎他的時候就像是甘雨滋養禾苗，訓誡他的時候則像嚴霜對待萬物；嘴上要不停地稱許，筆下要不停地勸勉，還有哪個人不一心向上呢！」

　　從歷史和自己的經歷中，曾國藩總結出一條成功的鐵則，那就是如要將規模做大，就必須放權，讓手下自由發展。但是讓什麼樣的手下和什麼時候讓手下去另謀發展，卻是大有講究的。

　　曾國藩在分權方面有技巧，一個是緊。對有異心的害群之馬一定要清除，局面小時，要盡力維護手下的團結統一；對另立門戶者堅決予以打擊，因為在這時自立門戶，無異於分裂隊伍、瓦解自己。另一個是放。具備了一定規模，足以自立於世的時候，一定要讓忠於自己的手下另謀發展。這不僅是所謂「自達達人之道」，更是自己事業的擴大。因為即使另謀發展，總還是自己的屬下，可以為自己節制；即使完全獨立，也是血濃於水，總可以互相照應。

　　對於李鴻章、左宗棠等人，都體現了他鼓勵下屬謀求發展的精神。李鴻章赴上海練淮軍，曾國藩說：「少荃去，我高枕無憂矣。只是這裡少了

一個臂膀相助，奈何？」李鴻章再請，曾國藩不但欣然同意，還全力幫助李鴻章創辦淮軍，甚至從湘軍中調出精銳，使淮軍能成軍，令李鴻章終生銘記。

李鴻章所募淮勇到安慶後，曾國藩親自為他定營伍之法，器械之用，薪糧之數，全部仿照湘軍章程，並且也用湘軍營規加以訓練。同治元年二月二十二日，李鴻章移駐安慶北門城外營內，曾國藩親臨祝賀。

李鴻章深知淮勇實力單薄，難擔重任。因此他懇請曾國藩調撥數營湘勇，以加強戰鬥力。

曾國藩既害怕淮勇不堪一擊，又打算憑藉湘軍榜樣以陶鑄淮軍風氣，因而允其所請，陸續調撥湘勇八營，歸其節制。其中有曾國藩親兵兩營，由韓正國統事，充任李鴻章親兵；開字兩營，借自曾國荃，由程學啟統領，程原是陳玉成部勇將，後兵敗投降清軍；林字兩營，由滕嗣林、滕嗣武統帶，是江蘇巡撫薛煥使之在湖南招募而來，原為四千人，經曾國藩裁汰至千人，編大淮軍；熊字營由陳飛熊統帶，坦字營由馬先槐統帶，都是奉曾國藩之命在湖南所招，原備湘軍部將陳士傑率領，隨同李鴻章援滬，因陳氏不願前往，撥歸淮軍。

所有這些，就是淮軍初創時期的基幹隊伍，共計十三營，六千五百人，其中湘軍出身的占了多數。

三月四日，李鴻章陪同曾國藩檢閱銘、鼎、樹、慶和程學啟、滕嗣林等營，標誌著淮軍正式建成。同源相生者，只能患難相助，不會同根相殘。他認為湘、淮本是一家，淮軍由湘軍而派生，「尤有水源木本之誼」。

對於左宗棠，自從左宗棠投奔曾國藩後，名義上是四品銜幫辦軍務，實際上他一上任，曾國藩就派他去編練湘軍。左宗棠回鄉招募兵勇，自成一軍，後來這支部隊發展到五萬多人，成了一支舉足輕重的力量。曾國藩派他收復了浙江和福建，大膽任用，使他很快與自己平起平坐。

由於曾國藩在屬下自立門戶的問題上政策開明，適時加以鼓勵，湘軍的力量發展很快，成為一個龐大的集團勢力，而且始終保持著相對的統一

性。這使曾國藩的事業規模迅速擴大，到十年後，湘軍集團中督撫大帥，紛出並立，與曾國藩地位相當相近者就有二十餘人，這些軍隊與督撫協調行動，互相配合照應，更使曾國藩的聲望如日中天，即使曾國藩已經去世，湘淮勢力仍控制中國政局達五十年之久。曾、李兩家世代關照，自不待言，就是左宗棠，雖嘴上對曾國藩不以為然，實際上對曾家非常照顧。他多次推薦曾國藩的女婿和兒子出任高級職務，同時與曾國荃相互依傍，並推薦他出任兩江總督兼南洋大臣，使曾家數世不衰，這恐怕是很多人都沒想到的。

用人點撥

從歷史上來看，授權對於行走於官場中的人來說是有其積極意義的，而對於現代領導來說，恰當的授權更加能夠發揮員工的積極性、主動性和主人翁精神，大大提高工作的效率，所以領導者要學會恰當的授權。

如果下屬有能力去執行任務，領導者應賦予他們一定的權力，不干預或牽制他們的行動。只有這樣，領導者才可以充分調動下屬的積極性、發揮下屬的才能，才有利於領導工作目標的完成。

筆記頁

筆 記 頁

筆 記 頁

筆記頁